皱纹铝套电力电缆缓冲层缺陷检测与修复

郝艳捧　刘刚　著

中国电力出版社
CHINA ELECTRIC POWER PRESS

内 容 提 要

本书汇集了作者团队在皱纹铝套电力电缆缓冲层故障机理、缺陷检测与修复方面的多年研究成果以及最新进展。全书主要内容包括：皱纹铝套电力电缆缓冲层基础知识，缓冲层缺陷特征、形成及影响机理，局部放电检测、气体检测、宽频阻抗检测、分布式光纤检测等缓冲层缺陷检测方法，缓冲层缺陷修复技术，以及预防缓冲层缺陷的新型电力电缆研究成果的应用案例等。这是我国第一部系统阐述电力电缆缓冲层缺陷机理、检测方法、修复技术的著作，体现了科学研究和工程实践的结合。

本书可供从事电力电缆基础研究和应用研究的相关技术人员参考使用。

图书在版编目（CIP）数据

皱纹铝套电力电缆缓冲层缺陷检测与修复 / 郝艳捧，刘刚著. -- 北京：中国电力出版社，2025. 7.
ISBN 978-7-5198-9992-9

Ⅰ. TM757

中国国家版本馆 CIP 数据核字第 2025ZX8019 号

出版发行：中国电力出版社
地　　址：北京市东城区北京站西街 19 号（邮政编码 100005）
网　　址：http://www.cepp.sgcc.com.cn
责任编辑：熊荣华（010-63412543）
责任校对：黄　蓓　王小鹏
装帧设计：王红柳
责任印制：吴　迪

印　　刷：北京锦鸿盛世印刷科技有限公司
版　　次：2025 年 7 月第一版
印　　次：2025 年 7 月北京第一次印刷
开　　本：787 毫米×1092 毫米　16 开本
印　　张：16.5
字　　数：284 千字
定　　价：68.00 元

序

能源电力是经济社会发展的重要物质基础和动力源泉。电力系统作为现代工业体系的基础，其发展攸关国计民生和国家安全。在习近平总书记提出的“四个革命、一个合作”能源安全新战略指引下，我国碳达峰、碳中和战略积极稳步推进，能源电力系统结构快速转型。能源安全新战略提出以来，我国能源电力基础设施建设取得了重大成就，建设了全球规模最大、电压等级最高的电力系统；在大力发展新能源的背景下，正在发展和构建以新能源为主体的新型电力系统。

在新型电力系统构建快速发展的同时，支撑新型电力系统构建的电力关键核心技术装备存在一系列亟待攻关突破的问题，其中作为关键输电设备的电力电缆近年来逐步成为研究热点，学术界、工业界基于电缆运行经验与发展趋势，聚焦于电缆新型材料、结构设计以及缺陷检测技术等基础问题。

电力电缆基础研究和应用研究得到国家、地方、行业、企业以及全社会的广泛关注和支持，国家科技部在该领域设立了多个“973”“863”项目以及科技支撑计划，行业中诸多企业也开展了大量研究和实践，取得了丰硕成果，有力地促进了电力电缆产业的发展。华南理工大学作为以工见长、理工结合的教育部直属综合性研究型大学，在电力电缆领域主持和参与了多项国家“973”“863”项目以及科技支撑计划，与南方电网公司合作开展了大量生产实践相关的针对性研究。华南理工大学的研究工作主要涉及电缆载流量仿真计算、剩余寿命评估等方法研究，绝缘空间电荷行为、介电特性等理论研究，检测装备研制、前沿检测方法等技术开发。这些研究所形成的科研成果与现场应用，在推动我国电力电缆产业高质量发展中起到了重要作用。

华南理工大学电力学院的老师和专业团队在电力电缆缓冲层领域的探索、实践以及大量现场应用基础上，总结撰写了《皱纹铝套电力电缆缓冲层缺陷检测与修复》一书。本书内容主要包括：皱纹铝套电力电缆缓冲层缺陷机理、局部放电检测方法、气体检测方法、宽频阻抗检测方法、分布式光纤检测方法、缺陷修复技术，以及预防缓冲层缺陷的新型电力电缆、研究成果的应用案例等。这是我国第一部系统阐述电力电缆缓冲层缺陷机理、检测方法、修复技术的著作，体现了科学研究和工程实践的结合。

希望本书的出版，能够为从事电力电缆领域技术人员提供参考，为进一步开展电力电缆可靠性研究及应用发挥作用，为我国电力事业发展作出贡献。

中国工程院院士

华南理工大学电力学院名誉院长

李立浧

前言

随着城市电网负荷日益增长及供电可靠性要求不断提高，城市输电系统中电力电缆占比逐年升高。交联聚乙烯（XLPE）绝缘电缆凭借电气性能与机械性能优异、传输容量大、制造工艺简单、安装与维护方便等优点，逐渐成为地下输电系统的核心输电设备之一。XLPE 绝缘电缆线路多位于城市核心地段，一旦发生故障，故障定位难、修复难度大、检修耗时长，造成的损失远大于架空线路，对社会造成的负面影响较大。

近年来国内外发生了多起 110kV 及以上 XLPE 绝缘电缆本体击穿故障，故障并非电缆本体绝缘缺陷原因导致，而是由电缆铝套和绝缘屏蔽层之间的缓冲层缺陷引起。该类型缺陷主要表现为铝套、缓冲层、绝缘屏蔽层上出现白色粉末斑点及大面积的“烧蚀性放电”痕迹，部分烧蚀位置已损伤电缆主绝缘。截至 2023 年 4 月，国内已报道的缓冲层缺陷、故障电缆案例已近 50 起。缓冲层烧蚀故障诱发原因目前已相对清晰，主要因国内高压电缆采用皱纹铝套结构，这种结构特点可导致绝缘屏蔽层与铝套间电气接触不良，但烧蚀缺陷形成与发生过程机理尚不明确。此外，缓冲层缺陷形成周期长，缺陷潜伏期特征表现不明显，常规技术手段难以有效检测，导致大面积停电风险始终存在，给电网可靠运行带来安全隐患。因此，需要准确掌握缓冲层缺陷发展机理，在故障发生前对缺陷及时检测、识别、修复，提高电缆线路运行可靠性。

目前国内未见有关皱纹铝套电力电缆缓冲层缺陷检测与修复方面的专业书籍出版，缺乏展现这一领域最新科技成果和发展动态的学术成果。针对以上问题，作者团队开展了一系列研究工作，并组织编写了本书。本书汇集了作者团队在电缆缓冲层故障机理、缺陷检测与修复方面的最新研究进展。全书共 10 章，从内容划分上可归为 6 个部分。第 1 章介绍了皱纹铝套电力电缆缓冲层基础知识，结合相关标准概述了皱纹铝套电力电缆组成，以及缓冲层性能、材料与结构。第 2、3 章介绍了缓冲层缺陷特征、形成及影响机理，结合缓冲层缺陷模拟试验方法、有限元模型与等值电路模型分析，为缺陷检测与修复提供理论参考。第 4～7 章介绍了几种缓冲层缺陷检测方法，主要包括局部放电检测、气体检测、宽频阻抗检测、分布式光纤检测等方法，并结合理论分析与试验验证讨论了检测方法的有效性与应用价值。第 8 章介绍了缓冲层缺陷修复技术，并给出了修复效果予以验证，使缺陷被检出后得到有效处理。第 9 章介绍了新型结构电缆，结合试验与有限元仿真探究了平滑铝套电缆等的结构设计以及热、机械、电气性能，讨论了抑制缓冲层缺陷，以平滑铝套替代皱纹铝套的可行性。第 10 章介绍了缓冲层缺陷研究成果应用案例，这一章有助于国内外读者直观了解本书价值。作者期待以本书为起点，吸引更多学者对本领域给予关注和研究，形成系列专著性科技丛书。

前言

本书是作者团队在皱纹铝套电缆缓冲层缺陷检测与修复领域多年研究成果的集中体现。参加本书资料整理的有博士研究生成延庭、周文青、张鹏、肖启昊，硕士研究生陈林昊、田万兴、王志毅。全书由上海电缆研究所有限公司徐晓峰博士审定，由华南理工大学朱宁西副教授校对。

本书成果得到了国家自然科学基金委员会-国家电网公司智能电网联合基金重点项目（编号：U1766220）、中国南方电网有限责任公司科技项目（编号：080045KK52190021 和 GDKJXM20220062）的资助。在此感谢参与这些项目并为本书成果作出贡献的研究生们，他们是陈云、刘顺满、赖庆波、吴智恒、赵鹏、李启舜、谭皓天、赖林桦、尹酽洋等。在研究工作的初始阶段，西安交通大学屠德民教授在研究方向上给予了指导。在研究过程中，还得到了华南理工大学李立浧院士、阳林副教授，南方电网科学研究院有限责任公司惠宝军高级工程师、朱闻博高级工程师，广东电网有限责任公司广州供电局黄嘉盛教授级高级工程师，广东电网有限责任公司东莞供电局吴勋高级工程师、黎灼佳高级工程师，广东电网有限责任公司电力科学研究院余欣教授级高级工程师，广东电网有限责任公司汕头供电局曾挺高级工程师，国网江苏省电力有限公司电力科学研究院陈杰高级工程师、胡丽斌高级工程师、曹京荥高级工程师的指导和帮助，在此一并表示感谢！还要感谢广州南洋电缆集团有限公司对本书中试验研究提供的样品、场地、设备支持和帮助！感谢华南理工大学电力学院创造的卓越教育与研究氛围，这为本书的课题研究提供了丰富条件，使作者得以深入探索并顺利完成研究工作。

本书由多位学者共同完成，力求全面、详细、科学地阐述皱纹铝套电缆缓冲层缺陷、检测及修复相关的研究内容，各部分写作风格不尽相同。限于编者的水平和学识，书中难免有疏漏和不妥之处，恳请读者和同行专家予以批评指正。

郝艳捧、刘刚

2025 年 1 月于广州

目录

目录

目录

本书配套数字资源

第1章

皱纹铝套结构的电力电缆缓冲层

随着新型工业化持续加快推进和电力需求的日益增长，交联聚乙烯（XLPE）绝缘高压电力电缆因电气绝缘性能优异，耐热性能、机械性能良好，制造工艺简便等优势，广泛应用于城市电网、水电送出、海底输电和资源环境保护等[1]，是新型电力系统的关键输电设备。考虑到高压电缆敷设环境、运行中面临的弯曲、外力挤压特点，多选用抗压能力强、弯曲半径较小的皱纹铝套。同时，为了避免电缆生产过程中铝套挤压损伤内部结构，国内高压电力电缆通常在绝缘屏蔽层与皱纹铝套间设置缓冲层。本章首先介绍皱纹铝套电力电缆结构，然后结合国内外标准综述电缆缓冲层的性能要求，最后从类型、材料、结构三个角度总结电力电缆缓冲层半导电带的技术和应用现状。

1.1 皱纹铝套电力电缆结构

目前，国内生产的额定电压 110kV、220kV、500kV 交联聚乙烯绝缘电力电缆分别参照标准 GB/T 11017.2—2024[2]、GB/T 18890.2—2015[3]、GB/T 22078.2—2008[4]设计。皱纹铝套电力电缆主要由导体、导体屏蔽层、主绝缘、绝缘屏蔽层、缓冲层、皱纹铝套、外护套组成，如图 1-1 所示。上述国家标准从材料、结构、性能等方面对电力电缆产品进行了详细规定。

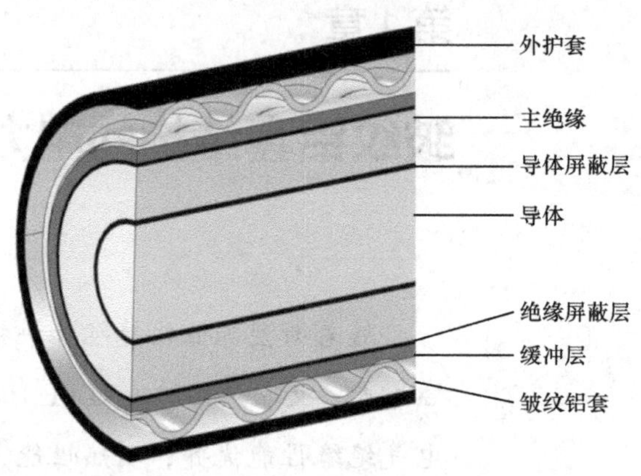

图 1-1　皱纹铝套电力电缆剖面

1．导体

电缆导体的作用是高效、经济传输电流。材料通常采用电阻率低、机械强度大、易加工、耐腐蚀的铜导体，导体单线参照标准 GB/T 3953—2024[5]规定选用 TR 型软铜线。在考虑经济性的情况下也可采用资源丰富、价格较低的铝导体，参照标准 GB/T 3955—2009[6]规定选用 LY4 型或 LY6 型硬铝线。

导体结构按标称截面积大小分类：截面积 800mm² 以下的导体采用标准 GB/T 3956[7]规定的紧压绞合圆形结构，有利于均匀电场、提高电压等级、提高导体柔软性；截面积 800mm² 以上的导体采用分割导体，通常由 5 个股块绞合而成，股块间用薄绝缘纸隔离，有利于充分利用集肤效应减小导体交流阻抗[8]；截面积 800mm² 的导体采用上述两种结构均可。导体表面要求光洁、无油污、无损伤屏蔽及绝缘的毛刺及锐边、无凸起或断裂的单线。

导体的电气性能表征指标主要为导体直流电阻。标准 GB/T 3956[7]规定，导体直流电阻应在整根长度的电缆或至少 1m 长的电缆试样上测量，由式（1-1）～式（1-2）校正到 20℃和 1km 条件下可得：

$$R_{20} = R_t \cdot K_t \cdot \frac{1000}{L} \tag{1-1}$$

$$K_t = \frac{1}{1 + 0.004(t - 20)} = \frac{250}{230 + t} \tag{1-2}$$

式中：R_{20} 为 20℃时的导体电阻，Ω/km；R_t 为 t℃时测量长度为 L 的电缆导体电阻，Ω；K_t 为 t℃时的电阻温度校正系数；L 为电缆长度，m；t 为测量时的导体温度，℃。导体单线的电气、机械性能应参照标准 GB/T 3953—2024[5]，满足相应的电阻率、抗拉强度、伸长率等要求。

2．导体屏蔽层

导体屏蔽层的作用是填充导体与主绝缘间的间隙，使导体周边电场分布均匀，防止出现场强集中和局部放电。其材料采用与相邻材料相容性良好的交联型半导电屏蔽塑料，由聚乙烯（polyethylene，PE）、乙烯-丙烯共聚物（ethylene-propylene polymer，EPM）或乙烯-醋酸乙烯共聚物（ethylene-vinyl acetate，EVA）等极性聚合物和高导炭黑混合制成。

其结构为挤包半导电层；挤包的半导电层应厚度均匀，与主绝缘牢固黏结，易于与导体剥离。导体屏蔽层与主绝缘的界面应连续光滑，无明显绞线凸纹、尖角、颗粒、焦烧及擦伤痕迹。

导体屏蔽层的电气性能表征指标主要为体积电阻率。以标准 GB/T 18890.2—2015[3]为例，规定 220kV 电缆导体屏蔽层的体积电阻率在 23℃条件下不大于 1.0Ω · m。

3．主绝缘

主绝缘的作用是承受运行中电力电缆的额定电压、操作过电压和雷电冲击电压，确保电缆不发生相对地或相间击穿短路。材料为交联聚乙烯（crosslinked polyethylene，XLPE），由聚乙烯树脂、交联剂、防老剂等通过化学或物理方法交联制成，最高工作温度 90℃。要求主绝缘各项成分洁净、不含导电及有害杂质、混合均匀且分散性良好。

主绝缘的标称厚度与不同电压等级电缆的导体标称截面积对应[2]~[4]。主绝缘的最小厚度一般不小于标称厚度的 90%，见式（1-3）：

$$t_{\mathrm{i\,min}} \geqslant 0.90 \cdot t_{\mathrm{in}} \tag{1-3}$$

式中：$t_{\mathrm{i\,min}}$ 为主绝缘最小厚度，mm；t_{in} 为主绝缘标称厚度，mm。主绝缘的偏心度要求与电缆电压等级有关；对于 110kV 电缆，偏心度不应大于 10%[9]；对于 220kV、500kV 电缆，偏心度不应大于 8%[10][11]，见式（1-4）：

$$t_p = \frac{t_{i\max} - t_{i\min}}{t_{i\max}} \tag{1-4}$$

式中：t_p为主绝缘偏心度；$t_{i\max}$为主绝缘最大厚度，mm。其中，$t_{i\max}$和$t_{i\min}$为主绝缘同一截面上的最大和最小测量值。

交联聚乙烯绝缘材料的机械性能见表1-1，电、热性能见表1-2[12]。

表1-1　交联聚乙烯绝缘材料的机械性能

性能项目	交联聚乙烯
密度/（$g\cdot cm^{-3}$）	0.9～1.2
抗张强度/Pa	176×10^5
在10%盐酸70℃浸7天后	82×10^5
在苯溶液70℃浸7天后	33×10^5
伸长率/%	526
在10%盐酸70℃浸7天后	83
在苯溶液70℃浸7天后	94
在50℃二甲苯中应力开裂时间/h	7500
耐热老化性能	在150℃下浸14天，机械性能基本不变
耐热变形性能	在120℃下加5N负荷，变形率达30%～40%

表1-2　交联聚乙烯绝缘材料的电、热性能

性能项目	体积电阻率/（$\Omega\cdot cm$）	介质损耗角正切	相对介电常数	热阻系数/10^{-2}℃
交联聚乙烯	$>10^{15}$	1.0×10^{-5}	2.3	350

4．绝缘屏蔽层

作为电力电缆主绝缘与铝套间的过渡层次，绝缘屏蔽层的作用是改善主绝缘表面的电场分布。其材料采用与相邻材料相容性良好的交联型半导电屏蔽塑料，与主绝缘同时挤出，形成半导电层，与主绝缘牢固黏结。绝缘屏蔽层与主绝缘的界面应连续光滑，无明显尖角、颗粒、焦烧及擦伤痕迹。

绝缘屏蔽层的电气性能表征指标主要为体积电阻率。以标准GB/T 18890.2—2015[3]为例，规定220kV电缆绝缘屏蔽层的体积电阻率在23℃条件下不大于1.0Ω·m。

5．缓冲层

缓冲层位于绝缘屏蔽层与皱纹铝套之间，其作用是阻止水分进入电力电缆后继续渗透（要求时）、减小电缆缆芯受热膨胀引发应力挤压绝缘屏蔽层、保持绝缘屏蔽层和铝套近似等电位[13]，是确保高压XLPE绝缘电缆可靠运行的重要部分。

缓冲层绕包带材采用与相邻材料相容性良好的半导电弹性材料，使绝缘屏蔽层与

皱纹铝套保持电气良好接触，同时满足补偿运行时电缆热膨胀的要求[2]~[4]。

6．皱纹铝套

皱纹铝套位于电力电缆绝缘屏蔽层外面，在整个电缆长度上电气连续，起导通故障电流和机械保护作用，同时可径向阻止蒸汽和水分进入电缆主绝缘。考虑到抗压能力强、弯曲半径较小等特点，现有高压电缆多采用皱纹铝套。

皱纹铝套采用纯度不小于 99.50%的铝或铝合金制造[2]~[4]，焊接和挤铝用铝带需符合 GB/T 3880.1—2023[14]要求，其伸长率不小于 16%。皱纹铝套的标称厚度与不同电压等级电缆的导体标称截面积对应[2]~[4]。皱纹铝套的最小厚度加上 0.1mm 后，应不小于标称厚度的 85%，见式（1-5）：

$$t_{\mathrm{z\,min}} + 0.1 \geqslant 0.85 \cdot t_{\mathrm{z\,n}} \tag{1-5}$$

式中：$t_{\mathrm{z\,min}}$为皱纹铝套最小厚度，mm；$t_{\mathrm{z\,n}}$为皱纹铝套标称厚度，mm。测量时，从成品电缆上仔细切取约 50mm 宽的金属套圆环，采用具有两个半径约 3mm 球面测头、精度±0.01mm 的千分尺，沿圆周方向取足够多的测量点，以确保测得最小厚度。

此外，皱纹铝套表面还应涂覆符合 GB/T 494—2010[15]要求的沥青。

7．外护套

外护套位于皱纹铝套外侧，为电力电缆提供耐腐蚀、防刺破的机械保护，阻止外部环境水分、污物和离子等侵入电缆。其材料常采用以聚氯乙烯为基材的 ST_1 和 ST_2 或以聚乙烯为基材的 ST_3、ST_7，具体选用何种类型护套取决于电缆设计、安装和运行时的机械、热、阻燃性能要求。

外护套的最小厚度加上 0.1mm 后，应不小于标称厚度的 85%，见式（1-6）：

$$t_{\mathrm{w\,min}} + 0.1 \geqslant 0.85 \cdot t_{\mathrm{w\,n}} \tag{1-6}$$

式中：$t_{\mathrm{w\,min}}$为外护套最小厚度，mm；$t_{\mathrm{w\,n}}$为外护套标称厚度，mm。测量时应采用具有至少一个半径约 3mm 球面测头、精度±0.01mm 的测微计。

外护套材料老化前后的机械性能要求见表 1-3[9]~[11]。

表 1-3　电力电缆外护套材料的机械性能要求（老化前后）

性能项目	单位	性能要求			
		ST_1	ST_2	ST_3	ST_7
老化前					
最小抗张强度	N/mm²	12.5	12.5	10.0	12.5
最小断裂伸长率	%	150	150	300	300
空气烘箱老化后					

续表

性能项目	单位	性能要求			
		ST_1	ST_2	ST_3	ST_7
处理条件：温度	℃	100	100	100	100
温度偏差	K	±2	±2	±2	±2
持续时间	h	168	168	240	240
抗张强度					
（1）老化后最小值	N/mm²	12.5	12.5	—	—
（2）最大变化率	%	±25	±25	—	—
断裂伸长率					
（1）老化后最小值	%	150	150	300	300
（2）最大变化率	%	±25	±25	—	—

注 变化率：老化后测得中间值与老化前测得中间值的差值除以后者，以百分率表示。

1.2 电力电缆缓冲层性能

基于合成纤维非织造技术的缓冲层带材在国产电力电缆中的应用最早始于 20 世纪 90 年代，由欧洲和日本进口。进入 21 世纪，缓冲层带材逐步实现国产化。“十五”期间，华东、华南地区出于电缆阻水考虑，提出缓冲层带材纵向阻水的设计需求，并逐步推广到国内其他地区。“十一五”以来，缓冲层带材在实际高压电缆应用总量中类型占比已超过 90%，纵向阻水普遍成为 110（66）kV 及以上电力电缆的典型需求[16]。

对于电力电缆缓冲层的性能要求，国内外标准规定缓冲层应具备电气接触良好、补偿电缆缆芯热膨胀、纵向阻水等能力，要求略有不同，见表 1-4。

表 1-4　　国内外标准对电力电缆缓冲层的要求

标准	章节号	要求
GB/T 11017.2—2024[2]	6.4.2	（1）在挤包的绝缘半导电屏蔽层外应有缓冲层。 （2）缓冲层应是半导电的，以使绝缘半导电屏蔽层与金属屏蔽层保持电气上接触良好。 （3）缓冲层的厚度应能满足补偿电缆运行中热膨胀的要求。
	6.4.3	（1）如电缆有纵向阻水要求时，绝缘屏蔽层与径向金属防水层之间应有纵向阻水层。纵向阻水层应由半导电性的阻水膨胀带绕包而成。 （2）阻水膨胀带应绕包紧密、平整，其可膨胀面应面向铜丝屏蔽（如果有）。
GB/T 18890.2—2015[3]	6.4.2	（1）在挤包的绝缘半导电屏蔽层外应有缓冲层。 （2）缓冲层应是半导电的，以使绝缘半导电屏蔽层与金属屏蔽层保持电气上接触良好。 （3）缓冲层的厚度应能满足补偿电缆运行中热膨胀的要求。

续表

标准	章节号	要求
GB/T 18890.2—2015[3]	6.4.3	（1）如电缆有纵向阻水要求时，绝缘屏蔽层与径向金属防水层之间应有纵向阻水层。纵向阻水层应由半导电性的阻水膨胀带绕包而成。 （2）阻水膨胀带应绕包紧密、平整，其可膨胀面应面向铜丝屏蔽（如果有）。
GB/T 22078.2—2008[4]	7.4.1	（1）在绝缘半导电屏蔽层外应有缓冲层。 （2）缓冲层可采用半导电弹性材料或具有纵向阻水功能的半导电阻水膨胀带绕包而成。 （3）绕包应平整、紧密、无皱褶。
	7.4.2	（1）对电缆的金属套内间隙有纵向阻水要求时，绝缘屏蔽与金属套间应有纵向阻水结构。 （2）纵向阻水结构可采用半导电阻水膨胀带绕包而成，半导电阻水带应绕包紧密、平整、无擦伤，也可采用具有纵向阻水性能的金属丝屏蔽布带绕包结构。
AEIC CS9—06[17]	2.5.1	半导电层应与相邻的金属屏蔽层/金属护套在电气上连续或频繁接触，为主绝缘充电电流和泄漏电流、中性点电流、不平衡电流、故障电流和浪涌电流提供导电路径。
	2.5.2	（1）对于交联聚乙烯绝缘，在金属屏蔽/金属护套下面应使用一个连续的半导电垫层，防止主绝缘在最高运行温度或紧急工作温度下由于缆芯径向热膨胀或在电缆弯曲位置受侧压力引起变形。垫层应该能提供厚度为主绝缘标称厚度 5%的最大形变限度。 （2）如果垫层不能纵向阻水，应采用连续半导电阻水带或有阻水粉的附加垫层。如果使用附加垫层的话，半导电垫层和半导电阻水层应能将主绝缘充电电流和泄漏电流从半导电绝缘屏蔽层有效传导到金属屏蔽/金属护套。

针对缓冲层带材的阻水性能、电气性能、机械性能、热性能、化学性能，国内外标准给出了对应的表征参量及其测量方法。

1．阻水性能

高压 XLPE 电力电缆主要靠铝套径向阻水防止水分侵入主绝缘形成水树枝，但当护套破损或接头封铅密封存在缺陷时要求缓冲层能有效阻水，在一定时间内维持电缆稳定运行。

表征阻水性能的参量是膨胀速率和膨胀高度，测量阻水性能的测试仪如图 1-2 所示。膨胀速率为缓冲层带材浸水达 1min 时测试仪盖板的位移距离，单位 mm/min；膨胀高度为缓冲层绕包带材浸水达 5min 时测试仪盖板的位移距离，单位 mm。

将缓冲层带材裁剪成直径 80mm 的试样，其中薄层（光面）朝上置于测试仪中与盖板接触。保持盖板对试样的压强为 100Pa，在 10s 内连续注入 150mL 纯净水或去离子水，记录盖板因缓冲层带材受潮膨胀产生的位移距离。

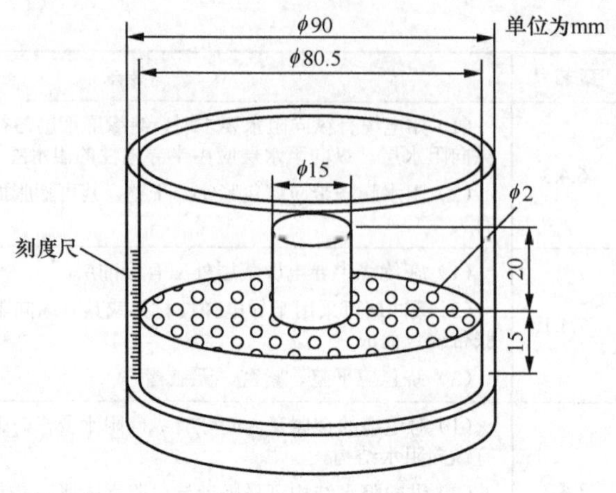

图 1-2 膨胀高度测试仪

此外，含水率也是缓冲层带材的重要阻水性能指标。含水率（w）是缓冲层带材吸水量和带材干燥质量之比的百分比，参照标准 GB/T 462—2023[18]测量，试验温度为105℃±2℃，时间为 1h，见式（1-7）：

$$w = \frac{m_1 - m_0}{m_0} \times 100 \tag{1-7}$$

式中：m_1为受潮缓冲层带材的质量；m_0为干燥缓冲层带材的质量，g。标准 T/CEEIA 610—2022[19]规定，除半导电丁基胶带无阻水要求外，其余缓冲层带材交付时含水率须不超过 5%。成品电缆的缓冲层用带材含水率要求可参考 GB/T 11017.2—2024 等标准的相关规定。

2. 电气性能

标准 AEIC CS9—06[17]规定，电力电缆缓冲层应为主绝缘充电电流、泄漏电流、故障电流和浪涌电流提供导电路径。

（1）电缆充电电流。电力电缆近似为导体和铝套间有主绝缘和缓冲层做介质的电容结构，当导体施加电压时，导体和铝套间存在无功电容电流 I_c，与运行电压 U、电缆电容 C 和电压频率 f 相关，见式（1-8）：

$$I_c = 2\pi \cdot f \cdot U \cdot C \tag{1-8}$$

（2）主绝缘泄漏电流。电力电缆主绝缘可等效为工频 50Hz 下绝缘电阻和电容的并联电路，有泄漏电流经缓冲层带材流入皱纹铝套接地点。

（3）故障电缆。当电力电缆主绝缘发生击穿故障时，会产生数倍于运行负荷的故障电流经缓冲层带材流向皱纹铝套。

（4）浪涌电流。电力电缆线路在雷击、开断大容量负载瞬间会产生浪涌电流，幅值可能达 8～10 倍额定电流，经主绝缘、缓冲层带材流向皱纹铝套。

表征缓冲层带材电气性能的参量是表面电阻和体积电阻率。根据标准 GB/T 31838.3—2019[21]定义，表面电阻为施加到被测量接触电极上的直流电压同足够精确地被测量到的流过电极间电流的比值。根据标准 GB/T 31838.2—2019[20]定义，体积电阻率为在给定的时间及电压下，直流电场强度与绝缘介质内部电流密度之比。

测量方法参照 JB/T 10259—2014[22]和 T/CEEIA 610—2022[19]，测量回路如图 1-3 所示。对于表面电阻，将长宽尺寸为 250mm×250mm 的缓冲层带材试样置于绝缘橡胶垫上，将两个铜杆电极平行放在缓冲层带材试样上，与试样紧密接触。若缓冲层带材宽度小于 250mm，可按接缝垂直于铜杆电极方向拼接。两电极间一般施加 4.5V 直流电压，充电 1min，用万用表读取电阻读数。三个试样测量值取算术平均值，得到缓冲层带材的表面电阻。

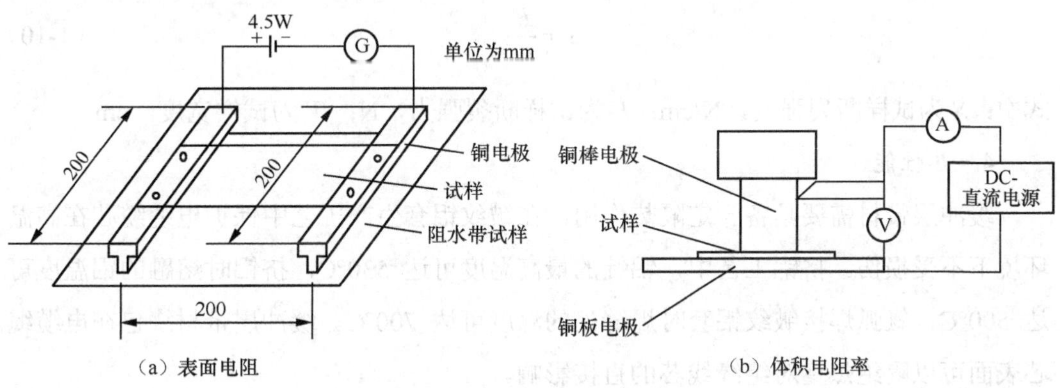

图 1-3　电气参量测量回路

对于体积电阻率，将直径 100mm 的缓冲层带材试样置于铜板电极上，再将质量 2kg 的铜棒电极压在试样上，铜板电极置于绝缘橡胶垫上。两电极间一般施加 4.5V 直流电压，充电 1min，用万用表读取体积电阻数值。按式（1-9）计算体积电阻，三个试样测量值取算术平均值，得到缓冲层带材的体积电阻率。

$$\rho = \frac{R \cdot A}{t} \tag{1-9}$$

式中：ρ 为缓冲层带材的体积电阻率，Ω · cm；R 为缓冲层带材的体积电阻，Ω；A 为铜棒电极截面积，cm^2；t 为缓冲层带材的平均厚度，cm。

3．机械性能

缓冲层带材需要为受热膨胀的电力电缆缆芯提供机械保护，同时缓冲电缆敷设和运行过程中外力对电缆缆芯的作用。标准 AEIC CS9—06[17]规定，对于交联聚乙烯电缆，在金属护套内侧应添加一层半导电层，能提供厚度为主绝缘标称厚度 5%的最大形变限度。电缆缆芯在电缆生产、运行中可能面临以下两种工况，导致受损。

（1）缆芯热膨胀挤压铝套。交联聚乙烯绝缘的线膨胀系数远大于铝套，运行电缆缆芯在焦耳热和介质损耗影响下会产生径向热膨胀，导致皱纹铝套波谷挤压缆芯产生不可恢复的压痕，使主绝缘电场畸变。缓冲层带材可以缓冲电缆缆芯的热膨胀。

（2）外力挤压。电力电缆在敷设或生产的收放线过程中易受侧压力影响，缓冲层带材能起到缓冲作用。此外，在电缆受外力冲击时，缓冲层带材也可以缓冲外力所致铝套变形对电缆缆芯的损伤。

表征缓冲层带材机械性能的参量有断裂强度、纵向断裂伸长率。参照标准 GB/T 24218.3—2010[23]，将缓冲层带材试样裁剪为宽度 20mm±0.5mm、长度≤200mm，试验标距取 100mm，拉伸速率设定为 100mm/min，由式（1-10）计算断裂强度。

$$S=\frac{F}{W} \tag{1-10}$$

式中：S 为试样断裂强度，N/cm；F 为试样断裂强力，N；W 为试样宽度，cm。

4. 热性能

缓冲层带材需要具备一定隔热作用，在皱纹铝套生产工艺中保护电缆缆芯在高温环境下不受损伤。挤铝工艺中，铝锭的最高温度可达 530℃，挤铝时熔融的铝温度可达 500℃，氩弧焊接皱纹铝套时焊缝处的温度可达 700℃。缓冲层带材绕包在电缆缆芯表面可以隔绝热量对绝缘线芯的直接影响。

国内外标准中，仅 T/CEEIA 610—2022[19]规定开展热稳定性试验和热老化试验，测量缓冲层带材的参量变化。

对于热稳定性试验，标准要求取足够数量的试样置于 230℃±2℃自然通风老化箱中，恒温 20s 后取出，在干燥皿中自然冷却至室温，试样应无明显变形、脆化、焦烧等劣化现象，分别测量膨胀高度、表面电阻、体积电阻率。

对于热老化试验，标准要求取足够数量的试样置于 135℃±3℃自然通风老化箱中，恒温 168h 后取出，放入 20℃±2℃恒温室干燥皿中至少 16h 后，分别测量 pH 值、表面电阻、体积电阻率。

5. 化学性能

除阻水性能、电气性能、机械性能、热性能外，还有表征缓冲层带材化学特性的 pH 值参量。在膨胀速率和膨胀高度试验注水后 0.5～1h 内将浸泡液体搅拌均匀，用 pH

计测量读数。五个试样测量值取算术平均值，得到缓冲层带材的 pH 值测量结果。

1.3　电力电缆缓冲层半导电带类型

参照标准 T/CEEIA 610—2022[19]，本节总结了目前缓冲层常用的七种半导电带及其组成，并根据阻水性能将其分为两类，见表 1-5。除此之外，经供需双方协商一致还可采用半导电阻水丁基胶带等其他带材，性能由供需双方协商确定。

表 1-5　　半导电带类型和组成

类型		型号	组成						
			高吸水材料	半导电材料	非织造布	织造布	聚酯纤维	丁基胶带	镀锡铜丝
阻水	半导电缓冲阻水带	BHZD	√	√	√				
	半导电阻水带	BZD	√	√	√		√		
	半导电铜丝纤维混编阻水带	BTZD	√	√			√		√
非阻水	半导电缓冲带	BHD		√	√				
	半导电丁基胶带	BIIRD		√		√		√	
	半导电铜丝纤维混编带	BTD		√			√		√
	铜丝纤维混编带	TD					√		√

对于有镀锡铜丝的半导电铜丝纤维混编阻水带（BTZD）、半导电铜丝纤维混编带（BTD）、铜丝纤维混编带（TD），铜丝应均匀分布、交替出现在半导电带两面，性能应满足标准 GB/T 4910—2022[24]中型号 TXR 镀锡铜丝的要求，直径不应小于 0.20mm。其中，宽度 50mm 及以上的 BTZD、BTD、TD，镀锡铜丝不应少于 20 根；宽度 50mm 以下的 BTZD、BTD、TD，每 10mm 宽度中镀锡铜丝不应少于 4 根。

同时，针对以上七种缓冲层半导电带的阻水性能、电气性能、机械性能、热性能、化学性能，标准 T/CEEIA 610—2022[19]给出了各表征参量的性能指标。对于阻水性能，不同型号、厚度、单重的半导电带的膨胀速率和膨胀高度见表 1-6。

对于其他性能，不同型号半导电带的表征参量性能指标见表 1-7。同时，标准 T/CEEIA 610—2022[19]也规定了半导电带成品盘内圈和外圈的测量结果差异不应超过较大值的 15%，取最大值作为该成品盘试样的测量结果。

表 1-6　　不同型号、厚度、单重半导电带的膨胀速率、膨胀高度

类型	标称厚度及公差 /mm	单重及公差 /（g·m²）	膨胀速率 /（mm·min⁻¹）	膨胀高度 /mm
半导电缓冲带（BHD）	0.5±0.1	110±15	—	—
	1.0±0.2	220±20	—	—
	1.5±0.2	260±20	—	—
	2.0±0.2	300±30	—	—
	2.5±0.3	340±30	—	—
半导电缓冲阻水带（BHZD）	0.5±0.1	110±15	≥4	≥8
	1.0±0.2	220±20	≥6	≥12
	1.5±0.2	260±20	≥8	≥14
	2.0±0.2	300±30	≥10	≥18
	2.5±0.3	340±30	≥12	≥22
半导电阻水带（BZD）	0.50±0.03	170±12	≥4	≥8
半导电丁基胶带（BIIRD）	0.25±0.05	280±40	—	—
	0.30±0.05	300±40	—	—
	0.45±0.05	450±40	—	—
	0.50±0.05	560±40	—	—
半导电铜丝纤维混编带（BTD）	0.40±0.05	—	—	—
铜丝纤维混编带（TD）	0.40±0.05	—	—	—
半导电铜丝纤维混编阻水带（BTZD）	0.40±0.05	380±40	≥6	≥10

表 1-7　　不同型号半导电带的表征参量性能指标

参量	单位	半导电带型号						
		BHD	BHZD	BZD	BIIRD	BTD	TD	BTZD
表面电阻	Ω	≤500	≤500	≤500	≤1000	≤50	≤2	≤50
体积电阻率	Ω·cm	≤1×10⁴	≤2×10⁴	≤2×10⁴	≤1×10⁵	≤100	≤2	≤100
断裂强度	N/cm	≥40	≥40	≥40	≥120	≥50	≥100	≥50
纵向断裂伸长率	%	≥12	≥12	≥12	≥25	≥5	≥12	≥5
pH 值	—	7.0～8.0	7.0～8.0	7.0～8.0	—	7.0～8.0	7.0～8.0	7.0～8.0

1.4　电力电缆缓冲层半导电带材料研究

不同类型的缓冲层材料可用于不同类型的高压电力电缆，根据高压 XLPE 绝缘电缆内部的阻水要求，可以将其分为阻水型和非阻水型两类，目前常用于高压 XLPE 绝

缘电缆内部的缓冲层材料主要有以下几种[24]。

1．半导电丁基橡胶带

半导电丁基橡胶带是一种固体状态的带型缓冲层材料，其具有补偿主绝缘层热膨胀的功能，并且能够有效缓冲机械应力对主绝缘层和绝缘外屏蔽层的损伤，但是其不具有轴向阻水的能力。此种缓冲层带材的组成是将一定量的导电炭黑和添加剂加入丁基橡胶内，使其具备半导电性能，且此缓冲层材料具有耐温等级高的优点。

2．半导电聚酯非织造带

半导电聚酯非织造带是一种海绵状态的带型缓冲层材料，主要成分为聚对苯二甲烯乙二酯（polyethylene terephthalate，PET），化学结构式如图 1-4 所示。

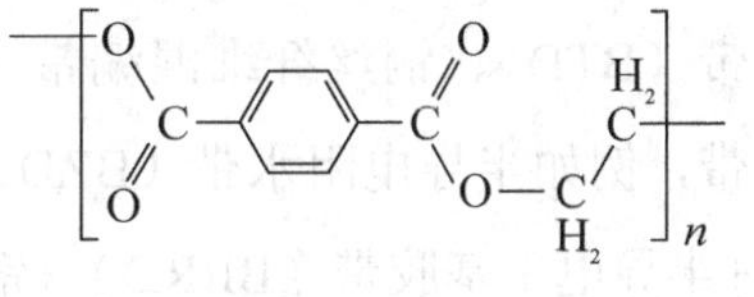

图 1-4　缓冲层带材聚酯纤维化学结构

具有补偿主绝缘层热膨胀的功能，并且能够有效缓冲机械应力对主绝缘层和绝缘屏蔽层的损伤，但是其不具有轴向阻水的能力。为了确保其导电性能，半导电聚酯非织造布中添加了导电炭黑。该缓冲层材料的耐温性能相比于半导电丁基橡胶带要差一些。另外，受缓冲层带材生产制造工艺影响，会引入氯元素等杂质元素，而氯化物会在一定程度上加速高压电缆内部的铝套腐蚀过程[26]。

3．半导电聚酯非织造阻水带

半导电聚酯非织造阻水带是在半导电聚酯非织造带基础上添加了具有高吸水性的阻水粉，使其具备轴向阻水的能力，阻水粉成分主要为聚丙烯酸钠，其化学结构式如图 1-5 所示。

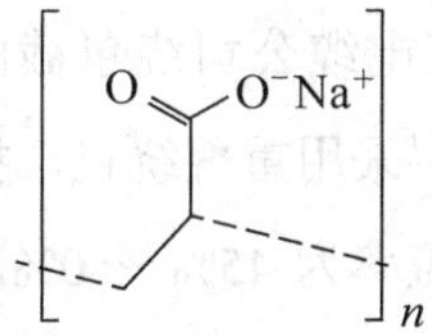

图 1-5　聚丙烯酸钠阻水粉结构

4．铜丝纤维编织布

铜丝纤维编织布是通过细铜丝（或镀锡铜丝）与尼龙纤维带混合编制而制成，通常称其为金布。铜丝纤维编织布通常绕包在缓冲层表面，它的主要作用是使缓冲层和金属护层形成良好的电气连接状态。由于没有明确标准对铜丝直径与尼龙纤维带直径的配合度进行规定，曾有厂家生产的铜丝纤维编织布中铜丝的直径偏小。在缓冲层放电烧蚀缺陷导致的电缆故障中，对含有铜丝纤维编织布结构的故障电缆进行解剖时，发现存在铜丝的直径小于尼龙纤维的直径的情况[27]。当铜丝直径小于尼龙纤维带直径时，缓冲层不能与金属护层形成良好的电气连接，甚至使二者处于近似绝缘状态，此时铜丝中会产生悬浮电位，使周围电场发生畸变现象[28]。在这种情况下，缓冲层区域极易出现放电现象，对电缆绝缘屏蔽造成损伤。

1.5 电力电缆缓冲层结构

电力电缆绝缘屏蔽层与铝套间的缓冲层结构有三种[29]：①采用具有纵向阻水、补偿主绝缘热膨胀的半导电带，如半导电缓冲阻水带（BHZD）、半导电阻水带（BZD）、半导电铜丝纤维混编阻水带（BTZD）中的一种或多种；②采用无纵向阻水性能的半导电带，如半导电缓冲带（BHD）、半导电丁基胶带（BIIRD）、半导电铜丝纤维混编带（BTD）、铜丝纤维混编带（TD）中的一种或多种；③同时采用上述两种半导电带，例如半导电阻水带（BZD）+半导电丁基胶带（BIIRD）或半导电阻水带（BZD）+半导电丁基胶带（BIIRD）+铜丝纤维混编带（TD）。

自 2002 年标准 GB/T 11017.1[9]、GB/T 18890.1[10]发布以来，受用户和设计的引导，纵向阻水型电缆在国内逐渐占据主导地位，缓冲层主要用半导电缓冲阻水带（BHZD）、半导电阻水带（BZD）、半导电铜丝纤维混编阻水带（BTZD）。但受镀锡铜丝质量影响，2007～2009 年某制造企业生产的高压电缆多次发生故障。2009 年后国内制造企业已基本仅采用半导电缓冲阻水带(BHZD)，仅少数企业在 330kV、500kV 电缆中采用半导电阻水丁基胶带（BIIRD）+铜丝纤维混编带（TD）或半导电阻水带（BZD）+半导电丁基胶带（BIIRD）+铜丝纤维混编带（TD）。

缓冲层半导电带的绕包工艺主要有拼接、重叠两种。以某电缆公司绕包截面积 240mm^2 的 110kV 电缆为例，半导电带分内、中、外三层。内层采用重叠绕包，搭盖率为 30%～33%；中层采用拼接绕包；外层采用重叠绕包，搭盖率为 45%～50%。绕包时放带张力均匀，半导电带接头位置用半导电胶带黏合平整。此外，对于有聚酯纤维的半导电带，绕包时聚酯纤维侧朝外布置。

1.6 小　　结

本章首先以高压皱纹铝套电力电缆为对象，阐述了电缆组成及各层结构的功能、材料、性能。其次，总结了国内外高压电缆标准对缓冲层及其材料的性能要求，根据阻水性能梳理了目前国内常用的七种缓冲层半导电带类型。然后，从材料角度对缓冲层半导电带进行了综述。最后，介绍了常用的三种电缆缓冲层结构和两种半导电带绕包工艺。得到以下结论：

（1）皱纹铝套电缆由导体、导体屏蔽层、主绝缘、绝缘屏蔽层、缓冲层、皱纹铝套、外护套组成。

（2）电缆缓冲层主要应具备电气接触良好、补偿电缆缆芯热膨胀、纵向阻水的性能。

（3）目前缓冲层常用的七种半导电带有半导电缓冲阻水带、半导电阻水带、半导电铜丝纤维混编阻水带、半导电缓冲带、半导电丁基胶带、半导电铜丝纤维混编带、铜丝纤维混编带。

（4）半导电带材料可能含氯。需评估氯含量对铝套腐蚀的影响。

（5）电缆绝缘屏蔽层与铝套间的缓冲层结构一般有三种：采用具有纵向阻水、补偿主绝缘热膨胀性能的半导电带，采用无纵向阻水性能的半导电带，同时采用上述两种半导电带。缓冲层半导电带的绕包工艺主要有拼接、重叠两种。国内制造企业已基本仅采用半导电缓冲阻水带，仅少数企业在 330kV、500kV 电缆中采用半导电阻水丁基胶带+铜丝纤维混编带或半导电阻水带+半导电丁基胶带+铜丝纤维混编带。

本章参考文献

[1] 周远翔，赵健康，刘睿，等. 高压/超高压电力电缆关键技术分析及展望[J]. 高电压技术，2014，40(9): 2593-2612.

[2] 国家市场监督管理总局，国家标准化管理委员会. 额定电压 66kV（U_m=72.5kV）和 110kV（U_m=126 kV）交联聚乙烯绝缘电力电缆及其附件 第 2 部分：电缆：GB/T 11017.2—2024[S]. 北京：中国标准出版社，2024.

[3] 中华人民共和国国家质量监督检验检疫总局，中国国家标准化管理委员会. 额定电压 220kV（U_m=252kV）交联聚乙烯绝缘电力电缆及其附件 第 2 部分：电缆：GB/T 18890.2—2015[S]. 北京：中国标准出版社，2015.

[4] 中华人民共和国国家质量监督检验检疫总局，中国国家标准化管理委员会. 额定电压 500kV（U_m=550kV）交联聚乙烯绝缘电力电缆及其附件 第 2 部分：额定电压 500kV（U_m=550kV）交联聚乙烯绝缘电力电缆：GB/T 22078.2—2008[S]. 北京：中国标准出版社，2008.

[5] 国家市场监督管理总局，国家标准化管理委员会. 电工圆铜线：GB/T 3953—2024[S]. 北京：中

国标准出版社，2024.

[6] 国家市场监督管理总局，国家标准化管理委员会. 电工圆铝线：GB/T 3955—2009[S]. 北京：中国标准出版社，2009.

[7] 国家市场监督管理总局，国家标准化管理委员会. 电缆的导体：GB/T 3956—2008[S]. 北京：中国标准出版社，2008.

[8] William A.T., et al. Electrical Power Cable Engineering[M]. Taylor & Francis Group, LLC, 2012.

[9] 国家市场监督管理总局，国家标准化管理委员会. 额定电压 66kV（U_m=72.5kV）和 110kV（U_m=126kV）交联聚乙烯绝缘电力电缆及其附件 第 1 部分：试验方法和要求：GB/T 11017.1—2024[S]. 北京：中国标准出版社，2024.

[10] 中华人民共和国国家质量监督检验检疫总局，中国国家标准化管理委员会. 额定电压 220kV（U_m=252kV）交联聚乙烯绝缘电力电缆及其附件 第 1 部分：试验方法和要求：GB/T 18890.1—2015[S]. 北京：中国标准出版社，2015.

[11] 中华人民共和国国家质量监督检验检疫总局，中国国家标准化管理委员会. 额定电压 500kV（U_m=550kV）交联聚乙烯绝缘电力电缆及其附件 第 1 部分：额定电压 500kV（U_m=550kV）交联聚乙烯绝缘电力电缆及其附件——试验方法和要求：GB/T 22078.1—2008[S]. 北京：中国标准出版社，2008.

[12] 王伟，郑建康，王光明，等. 交联聚乙烯（XLPE）绝缘电力电缆技术基础[M]. 西安：西北工业大学出版社，2011.

[13] 王伟，阎孟昆，姜芸，等. 交联聚乙烯（XLPE）绝缘电力电缆概论[M]. 西安：西北工业大学出版社，2018.

[14] 国家市场监督管理总局，国家标准化管理委员会. 一般工业用铝及铝合金板、带材 第 1 部分：一般要求：GB/T 3880.1—2023[S]. 北京：中国标准出版社，2023.

[15] 国家质量监督检验检疫总局，国家标准化管理委员会. 建筑石油沥青：GB/T 494—2010[S]. 北京：中国标准出版社，2011.

[16] 徐晓峰. 高压电缆缓冲阻水层劣化机理及评价技术研究[J]. 电线电缆，2023，(6): 26-29.

[17] Specification for extruded insulation Power cables and their accessories rated above 46kV through 345kV：AEIC CS9-06 [S]. Birmingham: Association of Edison Illuminating Companies, 2006.

[18] 国家市场监督管理总局，国家标准化管理委员会. 纸、纸板和纸浆 分析试样水分的测定：GB/T 462—2023[S]. 北京：中国标准出版社，2023.

[19] 中国电器工业协会. 额定电压 110kV 及以上电力电缆缓冲层用半导电包带：T/CEEIA 610—2022[S].

[20] 国家市场监督管理总局，国家标准化管理委员会. 固体绝缘材料 介电和电阻特性 第 2 部分：电阻特性（DC 方法）体积电阻和体积电阻率：GB/T 31838.2—2019[S]. 北京：中国标准出版社，2019.

[21] 国家市场监督管理总局，国家标准化管理委员会. 固体绝缘材料 介电和电阻特性 第 3 部分：电阻特性（DC 方法）表面电阻和表面电阻率：GB/T 31838.3—2019[S]. 北京：中国标准出版社，2019.

[22] 中华人民共和国工业和信息化部. 电缆和光缆用阻水带：JB/T 10259—2014[S].

[23] 中华人民共和国国家质量监督检验检疫总局，中国国家标准化管理委员会. 纺织品 非织造布试验方法 第 3 部分：断裂强力和断裂伸长率的测定（条样法）：GB/T 24218.3—2010[S]. 北京：中国标准出版社，2011.

[24] 国家市场监督管理总局，国家标准化管理委员会. 镀锡圆铜线：GB/T 4910—2022[S]. 北京：中国标准出版社，2022.

[25] 邓声华，江福章，刘和平，等. 高压电缆缓冲层材料及结构特性研究[J]. 电线电缆，2019(2): 19-27.

[26] Lai L.H., Wu Z.H., Liu X.D., et al. Analysis for metal sheath corrosion rate in AC high voltage power cable[J]. IET Generation, Transmission & Distribution, 2022, 16(22): 4563-4574.

[27] 李陈莹，李鸿泽，陈杰，等. 高压 XLPE 电力电缆缓冲层放电问题分析[J]. 电力工程技术，2018，37(2): 61-66.

[28] 赖建华. 高压电力电缆皱纹铝套的挤制[J]. 电线电缆，2012(5): 16-19.

[29] 吴长顺. 高压电缆缓冲层特性研究报告[R]. 上海：上海缆慧检测技术有限公司，2019.

第2章

皱纹铝套电力电缆阻水缓冲层水分作用劣化研究

近十年来，澳大利亚、韩国和中国大部分城市（如北京、上海等）相继发现一种发生在电缆本体皱纹铝套与绝缘屏蔽层间的缺陷，通常称为缓冲层缺陷[1]。解剖部分缺陷电缆发现缓冲层有受潮迹象，在缓冲层与铝套波谷紧密接触位置有大量白斑，对应的绝缘屏蔽层有烧蚀痕迹。电缆制造、运行、维护等环节均可能存在水分侵入问题导致缓冲层受潮，同时潮湿环境下铝套作为活跃金属可能发生反应形成白斑。为了研究受潮与白斑这两种缓冲层典型缺陷对缓冲层产生的影响，本章针对受潮缓冲层的电气性能和缓冲层白斑成分、形成机理、电热影响开展试验研究和仿真分析。

首先，以 110kV 电缆缓冲层阻水带为研究对象，开展受潮试验模拟在运电缆缓冲层自然受潮和注水受潮工况，得到受潮阻水带含水量的变化规律，测量不同含水量阻水带的体积电阻率，通过观察受潮阻水带微观形貌解释电气性能变化原因。再次，以某退运的 110kV、220kV 缓冲层故障电缆为研究对象，测量缓冲层不同位置间的接触电阻，分析白斑电气性能，提取故障电缆解剖得到的白斑，开展物理形态观察和化学元素组分分析，研究缓冲层白斑成分。再次，选取受潮、压力、电流等影响因素开展白斑重现试验，分析白斑形成的关键因素，总结白斑物质组分的形成机理。最后，测量干燥、受潮、故障阻水带的电热参量，通过观察微观形貌解释白斑阻水带电热性能变化原因，通过建立 110kV 电缆有限元仿真模型，以某缓冲层故障电缆阻水带测量结果为材料参数水平，仿真计算阻水带白斑对电缆缓冲层电场、温度场的影响。

2.1　受潮缓冲层的电气性能分析研究

2.1.1　缓冲层阻水带受潮试验

为了模拟在运电缆阻水带可能面临的受潮工况，本节用自然受潮、注水受潮方式模拟环境湿气侵入和水分浸没[1]。阻水带试样取自 YJLW03 64/110 1×800 新电缆，尺寸为 56mm×80mm×1.5mm。试验使用 DHG-9230 型干燥箱、XL-WS150 型恒温恒湿箱和 FA2004N 型电子天平，如图 2-1 所示。

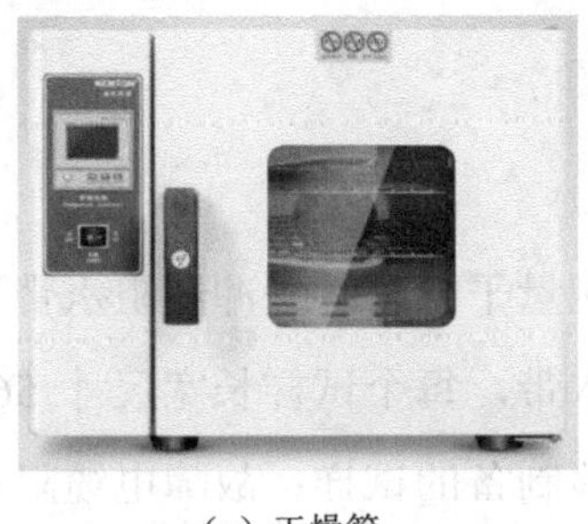

（a）干燥箱　（b）恒温恒湿箱

（c）电子天平

图 2-1　缓冲层受潮试验设备

试样受潮前，先参照标准 ISO 287—2017 置于干燥箱中进行干燥处理[2]，得到干燥质量 m_0。自然受潮试验在恒温恒湿箱中进行，考虑电缆运行湿度环境，设定恒温恒湿箱的相对湿度为 50%、60%、70%、80%、90%，每个湿度下设定温度 35℃、45℃、55℃，每组环境条件下取 5 个阻水带试样，受潮 3h。注水受潮试验用注射器向试样中心注水 1mL、2mL、3mL、4mL、5mL，每组试样 5 个。

阻水带受潮后，测量阻水带质量 m_1，按式（2-1）计算含水量 w：

$$w = \left(m_1 - m_0\right) / m_0 \tag{2-1}$$

由于阻水带内水分在空气中会自然蒸发导致含水量变化，后文所述阻水带含水量均指受潮后立即计算得到的含水量初始值。

2.1.2　受潮缓冲层阻水带的含水量变化规律

自然受潮方式下阻水带含水量与时间的关系如图 2-2 所示。由图可知，含水量先增长后趋于饱和。环境湿度 90%时含水量最大，接近 30%，约 140min 趋于饱和。湿度 80%及以下时约 60min 趋于饱和。这表明阻水带含水量主要由环境湿度决定，温度影响较小。

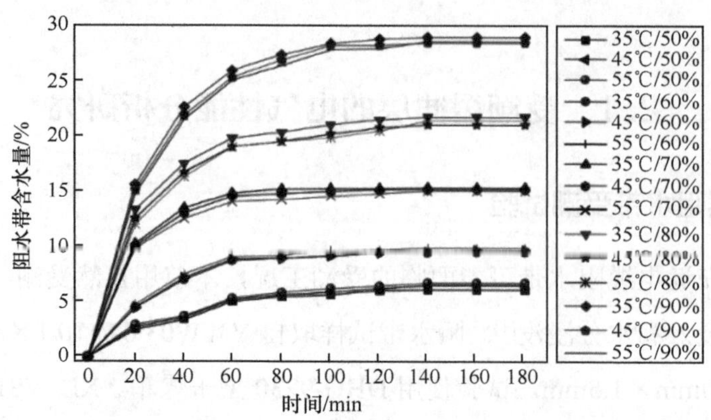

图 2-2　自然受潮方式下阻水带含水量随时间的变化

2.1.3　受潮缓冲层阻水带的体积电阻率测量

2.1.3.1　试验方法

参照标准 JB/T 10259—2014[3]，用图 2-3 所示测量平台测试缓冲层阻水带试样的体积电阻率。试样为干燥、受潮试验和故障电缆阻水带，每个试样长宽尺寸 56mm×80mm。其中，干燥、受潮试验阻水带为 2.1.1 节试验制备的试样；故障电缆阻水带取自某运行 12 年的缓冲层故障电缆，从拆解下的阻水带上裁取表面无白斑的试样。为了减小测量误差，三种试样每种取 5 个阻水带进行测量。

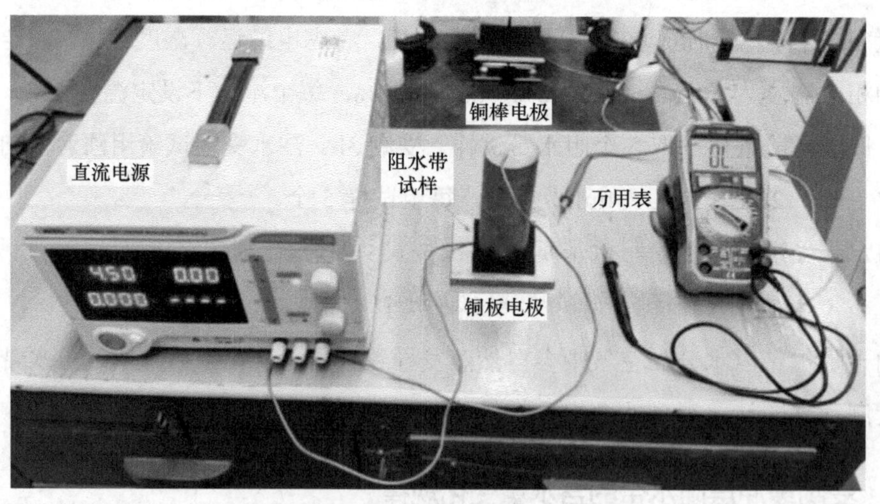

图 2-3　阻水带体积电阻率测量平台

将阻水带试样置于铜板电极上，表面压 2kg 铜棒电极，两电极间加持续时间 1min 的直流电压 4.5V，用万用表两表笔接触电极测量电阻，由式（2-2）计算体积电阻率：

$$\rho = \frac{R \cdot A}{t} \tag{2-2}$$

式中：R 为试样体积电阻，Ω；A 为电极横截面积，cm^2；t 为试样平均厚度，cm。

2.1.3.2　结果分析

自然受潮、注水受潮方式下阻水带体积电阻率如图 2-4（a）（b）所示。

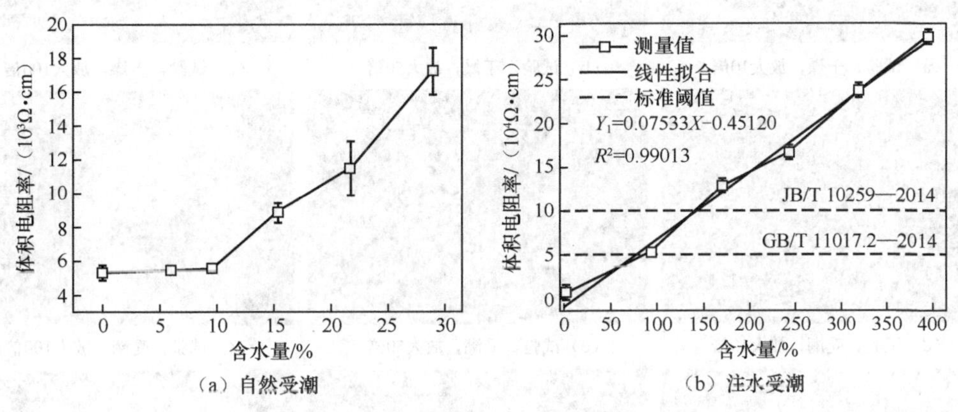

（a）自然受潮　　（b）注水受潮

图 2-4　阻水带含水量与体积电阻率的关系

由图 2-4（a）可知，含水量小于 10%时体积电阻率与干燥阻水带（含水量近为 0）相近，约 $5.4\times10^3\Omega\cdot cm$；含水量大于 10%时体积电阻率线性增大，28.95%时体积电阻率达 $1.7\times10^4\Omega\cdot cm$。由图 2-4（b）可知，注水受潮阻水带体积电阻率随含水量线性增长，从 $5.3\times10^3\Omega\cdot cm$ 增至 $3.0\times10^5\Omega\cdot cm$。含水量 72.36%和 138.74%时阻水带体积电阻率分别达国家标准 GB/T 11017.2—2024[4]中限值 $5.0\times10^4\Omega\cdot cm$ 和行业标准 JB/T 10259—2014[3]中的 $1.0\times10^5\Omega\cdot cm$。

试验测量某无白斑缓冲层阻水带样品体积电阻率达 $1.4\times10^6\Omega\cdot cm$。

2.1.4　受潮缓冲层阻水带体积电阻率变化原因

用 SEM、EDS 观察、对比干燥阻水带、受潮试验制备的阻水带和故障电缆表面无白斑的阻水带。将试样沿厚度一半撕开，取下层聚酯纤维布，用 S-3700N 型扫描电镜放大 10、50、100 倍观察阻水带内各组分的微观形貌和分布，用 Quantax 400 型能谱仪分析指定组分的元素组成。试验设备如图 2-5 所示。

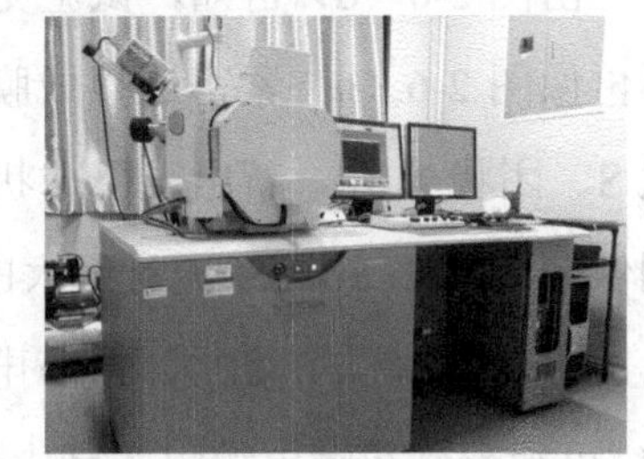

图 2-5　扫描电子显微镜及搭载的能谱仪

干燥、试验受潮、故障电缆无白斑阻水带的

内部微观形貌如图 2-6 所示，其中各组分元素分析结果如图 2-7 所示。

（a）试验，干燥，放大10倍　（b）试验，干燥，放大50倍　（c）试验，干燥，放大100倍

（d）试验，受潮，放大10倍　（e）试验，受潮，放大50倍　（f）试验，受潮，放大100倍

（g）故障，放大10倍　（h）故障，放大50倍　（i）故障，放大100倍

图 2-6　无白斑阻水带的 SEM

由图 2-6（a）可知，阻水带显微形貌主要有丝状 A 和膜状 B 两种，B 紧密连接且不均匀分布于 A 表面。结合图 2-7（a）（b）能谱组分元素分析，A 处主要含 C、O 元素，为聚酯纤维；B 处主要含 C、O、Na 元素，为聚合添加物。由图 2-6（b）（c）可知，干燥阻水带中聚合添加物主要有块状 S 和团状 X 两种。块状 S 表面较光滑，团状 X 由多个小粒径粒子团聚而成。用图像分析软件 ImageJ[5]测量轮廓较清晰的 X 粒子直径约 112μm。

由图 2-6（d）可知，试验受潮阻水带聚合添加物在聚酯纤维表面仍分布不均，但不再像图 2-6（a）紧密连接成膜状。图 2-6（e）（f）中，受潮阻水带聚合添加物除块状 S、团状 X 外，新出现了球状 Y，但数量很少，块状 S、团状 X 仍为主要形态。用图像分析软件 ImageJ 测量最大的一个 Y 粒子直径约为 1327μm。

由图 2-6（g）可知，故障电缆阻水带内部已很难看到聚酯纤维。图 2-6（h）（i）中，可观察到故障电缆阻水带中球状 Y 数量明显增多，在阻水带内体积占比大幅增加，块状 S、团状 X 明显减少。用图像分析软件 ImageJ 测量最大的一个 Y 粒子直径约为 1108μm。

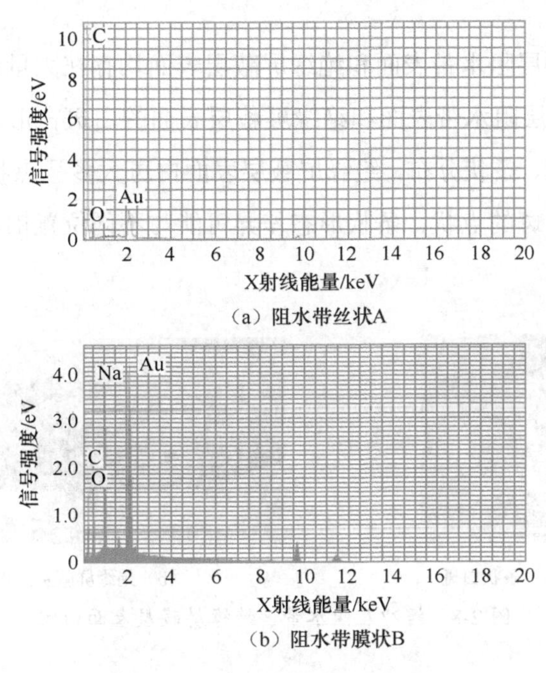

（a）阻水带丝状A

（b）阻水带膜状B

图 2-7 阻水带各组分元素分析

对比图 2-6（c）（f）～（i），无论阻水带干燥或受潮，块状 S 形貌均无明显变化。由文献[6]可知，炭黑颗粒呈块状且轮廓边缘明显，特征与 S 形貌相近。调研阻水带生产工艺可知，用于黏附阻水粉的半导电胶含有炭黑，因此推测 S 为炭黑。部分团状 X 掺杂在球状 Y 间且彼此粘连，推测团状 X 和球状 Y 分别是阻水粉吸水膨胀前后的两种形态，且两者均混有表面粗糙、由小粒子聚合而成的炭黑[7]。以聚丙烯酸钠为基底的阻水粉与水分子接触时，亲水基团变成带电离子对，构成分子链的阴离子因同性互斥使树脂体积增大[8]。而图 2-6（f）中球状 Y 很少是因为 SEM 观察前需常温真空干燥试样，可能导致阻水粉内部水分挥发，体积缩小变成团状 X。图 2-6（i）中球状 Y 成为阻水粉主要形态，可能是因为水分长期保留在阻水粉内不再以自由水形式存在，常温干燥无法完全挥发水分，阻水粉仍保持球状。受潮膨胀后的阻水粉直径较受潮前增大 8.9～10.8 倍。

综上所述，阻水粉从小体积团状膨胀为大体积球状是阻水带受潮的重要特征。受潮后球状阻水粉数量急剧增多、占比增大，宏观表现为阻水带沿厚度方向膨胀。膨胀阻水粉数量增多阻碍载流子经炭黑导电是阻水带体积电阻率增大的微观解释。

2.2 缓冲层白斑成分分析研究

异常的电缆缓冲层阻水带表面和绝缘屏蔽层表面均存在大量白斑，位置与皱纹铝套波谷对应[9]。缓冲层阻水带表面和绝缘屏蔽层表面的白斑在形态上略有差别，阻水带表面的白斑呈点状、条状分布，绝缘屏蔽层表面白斑大多呈点状分布，如图 2-8（a）（b）所示。阻水带白斑的点状、条状形态差异可能与不同位置铝套与阻水带接触面积和接触状态有关。

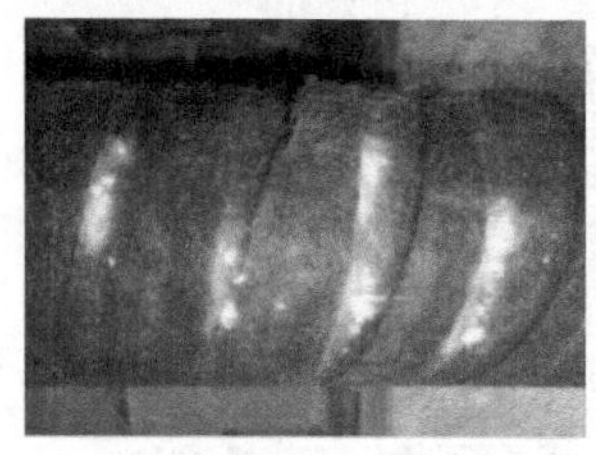

（a）阻水带点状、条状白斑

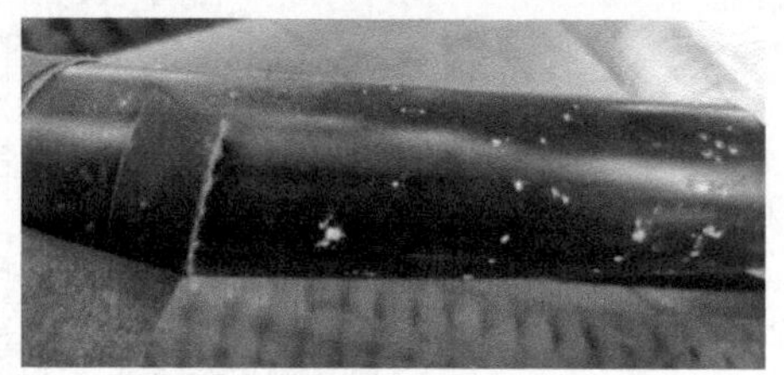

（b）绝缘屏蔽层点状白斑

图 2-8 缓冲层阻水带、绝缘屏蔽层表面白斑

2.2.1 电气性能

为了研究故障电缆缓冲层外表面白斑的电气特性，取某长度 1m 的退运 110kV 故障电缆，将万用表两表笔分别接四处位置测量接触电阻：绝缘屏蔽层不同区域的白斑间、白斑与绝缘屏蔽层间、白斑与铝套间、绝缘屏蔽层与铝套间。其中，第四处位置的接线示意如图 2-9 所示。

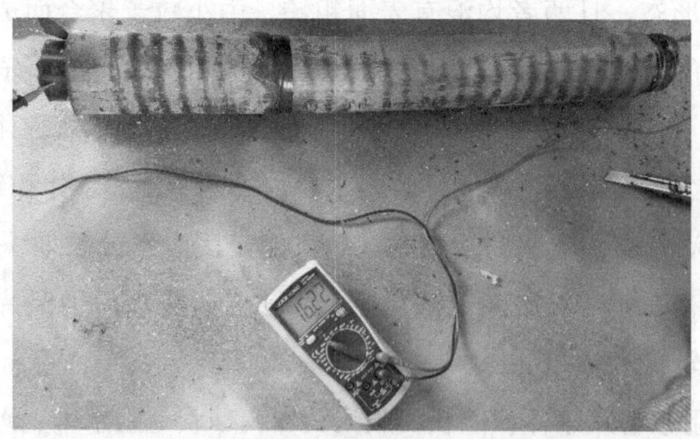

图 2-9 万用表测量故障电缆绝缘屏蔽层与铝套间的接触电阻

110kV 电缆不同位置间的接触电阻见表 2-1。由表可知，缓冲层有白斑的故障电

缆绝缘屏蔽层与铝套间的接触电阻为 12kΩ，相比新电缆的 0.45kΩ 增大了 26.67 倍。同时，当接线位置一端为白斑时，接触电阻大幅增至 MΩ 量级。由此可知，故障电缆中出现的缓冲层外表面白斑导电性明显下降。

表 2-1　　110kV 电缆不同位置间的接触电阻

<table>
<tr><th>电缆类型</th><th>接线位置</th><th>接触电阻</th></tr>
<tr><td>新电缆</td><td>绝缘屏蔽层与铝套间</td><td>0.45kΩ</td></tr>
<tr><td rowspan="4">故障电缆</td><td>绝缘屏蔽层与铝套间</td><td>12kΩ</td></tr>
<tr><td>缓冲层白斑与白斑间</td><td>15MΩ</td></tr>
<tr><td>缓冲层白斑与绝缘屏蔽层间</td><td>15MΩ</td></tr>
<tr><td>缓冲层白斑与铝套间</td><td>4.5MΩ</td></tr>
</table>

取某本体击穿的220kV故障电缆，将万用表两表笔分别接三处位置测量接触电阻：绝缘屏蔽层与铝套间、缓冲层阻水带与阻水带间、缓冲层白斑与白斑间。其中，对于绝缘屏蔽层与铝套间的接触电阻，取距电缆线路中间接头 1m、20m、128m 的电缆段进行测量。

不同位置间的接触电阻见表 2-2。由表可知，故障电缆不同位置的接触电阻均大于新电缆绝缘屏蔽层与铝套间的 0.049kΩ，阻值最大的缓冲层白斑与白斑间接触电阻已超过万用表的电阻测量阈值 200MΩ。对于故障电缆绝缘屏蔽层与铝套间接触电阻，随着电缆段距中间接头距离增大，接触电阻逐渐增大。

表 2-2　　220kV 电缆不同测试点间电阻值

<table>
<tr><th>电缆类型</th><th colspan="2">接线位置</th><th>接触电阻</th></tr>
<tr><td>新电缆</td><td colspan="2">绝缘屏蔽层与铝套间</td><td>0.049kΩ</td></tr>
<tr><td rowspan="5">故障电缆</td><td rowspan="3">绝缘屏蔽层与铝套间</td><td>距中间接头 1m 的电缆段</td><td>3.35kΩ</td></tr>
<tr><td>距中间接头 20m 的电缆段</td><td>3.39kΩ</td></tr>
<tr><td>距中间接头 128m 的电缆段</td><td>4.4kΩ</td></tr>
<tr><td colspan="2">缓冲层阻水带与阻水带间</td><td>55.8kΩ</td></tr>
<tr><td colspan="2">缓冲层白斑与白斑间</td><td>>200MΩ</td></tr>
</table>

综上所述，缓冲层外表面白斑的出现破坏了电缆绝缘屏蔽层与铝套间原本良好的电气连接与电气接触。

2.2.2 物理形态

对于绝缘屏蔽层表面白斑，用 JQB-II 型切片机从某 110kV 故障电缆缺陷段的

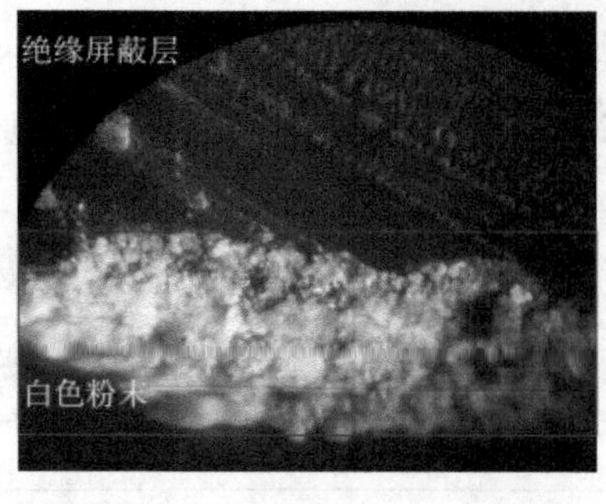

图 2-10 绝缘屏蔽层白斑显微形貌

绝缘屏蔽层严重烧蚀位置切下厚度 0.657mm 的试样，用 15J 型光学显微镜放大 40 倍观察切片试样表面形貌，如图 2-10 所示。绝缘屏蔽层厚度已被削弱，表面凹凸不平，有大量白斑附着。完好绝缘屏蔽层厚度 1.18mm，白斑最大深度 0.19mm，占屏蔽层厚度 16.1%[10]。

对于阻水带表面白斑，用 S-3700N 型 SEM 观察微观形貌[10]。由于阻水带主要结构是半导电的有机高聚物，为避免电子束轰击试样时在表面产生“电荷效应”，影响成像清晰度，试验前在试样表面喷镀一层均匀金属膜增强导电性。放大 200、2000 倍观察、对比新电缆和故障电缆阻水带的表面、内部微观形貌，如图 2-11（a）～（h）所示。

（a）新，表面，×200　（b）新，内部，×200　（c）故障，表面，×200　（d）故障，内部，×200

（e）新，表面，×2000　（f）新，内部，×2000　（g）故障，表面，×2000　（h）故障，内部，×2000

图 2-11 阻水带白斑微观形貌

放大 200 倍情况下，由图 2-11（a）（b）可知，新电缆阻水带和故障电缆阻水带均有纤维丝和团状颗粒，新电缆阻水带表面纤维丝无颗粒物堆积较平滑，内部纤维丝间有块状颗粒粘连，体积更大。由第一章所述缓冲层半导电带材料可知，纤维丝是半导电聚酯非织造带，颗粒是主要成分为聚丙烯酸钠的阻水粉。由图 2-11（c）（d）可知，与新电缆阻水带相反，故障电缆阻水带表面颗粒团聚成块，很难看见纤维丝，而内部纤维丝附着的颗粒尺寸变小，认为可能是故障电缆阻水带内部阻水粉析出至表面形成白斑，导致阻水粉内少外多。放大 2000 倍情况下，由图 2-11（e）～（h）可知，新电缆、故障电缆阻水带团状颗粒的分布规律与上述分析吻合，尤其是阻水带内部微观形貌所示的颗粒尺寸、数量差异对比明显。

2.2.3　化学元素组分

用 EPMA-1600 型电子探针及其搭载的 EDAX Genesis 型能谱仪测量故障电缆不同位置白斑的化学元素组分[11]。试样包括故障电缆铝套内壁白斑、故障电缆阻水带靠近铝套侧白斑、故障电缆阻水带内部阻水粉和故障电缆绝缘屏蔽层表面白斑，结果如图 2-12 所示。

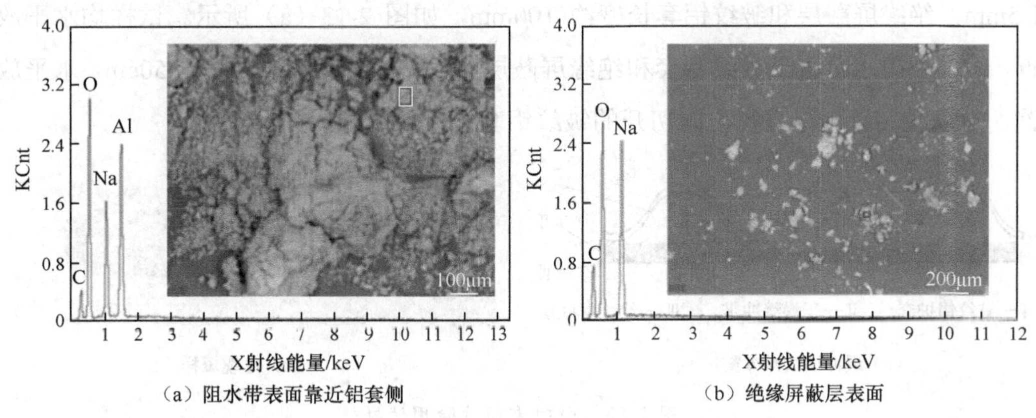

（a）阻水带表面靠近铝套侧　　（b）绝缘屏蔽层表面

图 2-12　新电缆、故障电缆缓冲层不同位置粉末的元素成分测量结果

将故障电缆缓冲层不同位置的测量结果进行横向对比，见表 2-3。由表可知，故障电缆缓冲层不同位置中，铝套内表面及阻水带表面白斑出现了 Al 元素，绝缘屏蔽层表面白斑不含 Al 元素，但含 Na 元素。白斑的物质组分除含 Al 化合物外，还包含白色晶体 Na 盐。

表 2-3　故障电缆缓冲层不同位置粉末的元素组成及其含量

编号	位置	元素组分含量/%						
		C	O	Na	Al	S	Si	Cl
1	铝套内壁白斑	19.19	39.24	12.52	28.73	0.32	—	—
2	缓冲层阻水带近铝套侧的白斑	20.12	39.68	15.60	24.26	0.33	—	0.01
3	缓冲层阻水带内部阻水粉	45.98	29.75	23.15	—	0.44	0.33	0.35
4	绝缘屏蔽层白斑	18.19	58.00	23.81	—	—	—	—

2.3　缓冲层白斑形成机理研究

2.3.1　白斑形成影响因素研究

通过搭建“绝缘屏蔽层-阻水带-皱纹铝套”缓冲层模拟试样，开展受潮、压力、电流、金属护套材料等条件下的单因素、双因素、三因素、多因素白斑重现试验，研究阻水带出现白斑的影响因素及相互作用[12]。同时，为研究金属护套材料对白斑形成的影响，开展铜护套、铝套与阻水带接触试验和铝套与阻水带间薄膜阻隔试验。采用成品电缆短样进行试验验证。

2.3.1.1 试样

缓冲层试样取自截面 800mm^2 的 110kV 新电缆，阻水带尺寸 100mm×50mm×1.5mm，绝缘屏蔽层和皱纹铝套长度约 100mm，如图 2-13（a）所示。试样均水平放置，缓冲层阻水带置于皱纹铝套和绝缘屏蔽层间。成品电缆短样长度约 50cm，水平放置，电缆缆芯置于沿直径方向切开的皱纹铝套上，如图 2-13（b）所示。

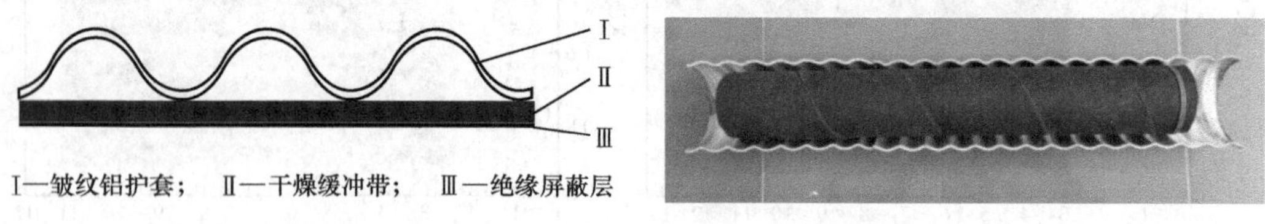

（a）缓冲层试样布置　　（b）电缆短样

图 2-13　白斑重现试验用试样

2.3.1.2 试验方法

白斑形成影响因素取受潮、压力、电流、金属护套材料、铝套与阻水带间薄膜阻隔五种，试验方法如下，如图 2-14（a）～（e）所示。

1．受潮

用注射器向每个皱纹铝套波谷与阻水带接触位置均匀注水，按 2.1.1 节方法制备含水量 100%的阻水带试样。阻水带受潮前先干燥处理。试验所用仪器为 DHG-9230 型干燥箱，恒温范围 5～250℃、控温精确度±1℃；401-B 型恒温恒湿箱，恒温范围−10～85℃、温度波动度±0.1℃、湿度范围 20%～95%RH；FA2004N 型电子天平，精度 0.00001g。

2．压力

将三个质量分别为 500g 的砝码等间距置于皱纹铝套上，模拟电缆底部阻水带在缆芯质量作用下与铝套紧密接触。

3．电流

将调压器两极分别接铝套和绝缘屏蔽层，使电流流经阻水带。缓慢升压直至出现烧蚀现象，记录烧蚀起始电流 I，取电流 I 的一半大小（试验测量为 0.2mA）

作为施加电流条件。试验用 TDGC-2kW 型单相接触调压器，输出电压 0～400V、功率 2000W。

4．金属护套材料

为模拟皱纹铜护套，用长宽尺寸 80mm×20mm 的铜箔沿皱纹铝套波谷周向粘在护套表面，保证缓冲层阻水带与铝套的接触面材料为铜。

5．薄膜阻隔

用单层聚丙烯（polypropylene，PP）薄膜包裹阻水带，隔绝其与铝套接触。

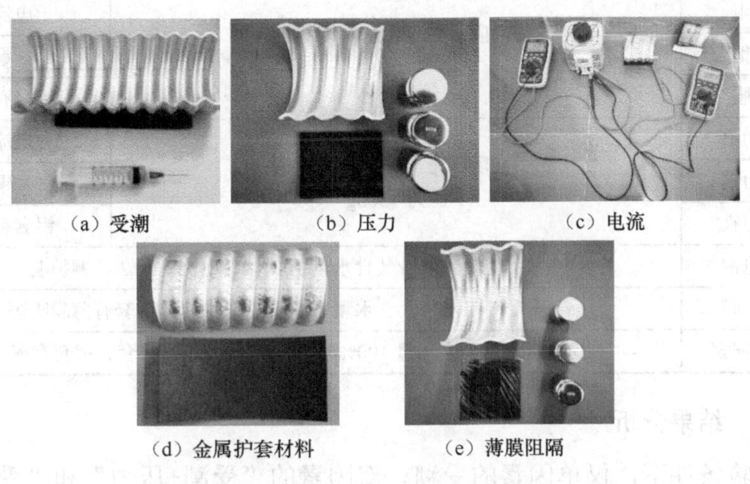

（a）受潮　（b）压力　（c）电流

（d）金属护套材料　（e）薄膜阻隔

图 2-14　五种白斑形成影响因素模拟

五种影响因素共同作用的试样如图 2-15 所示，根据工况条件调整试样。缓冲层试样水平放置，阻水带夹在金属护套和绝缘屏蔽层间，设定不同影响因素。试验中室温 28～30.5℃、平均湿度 56%～66%RH，静置 30d 观察记录阻水带表面白斑重现情况和铝套内壁腐蚀痕迹。

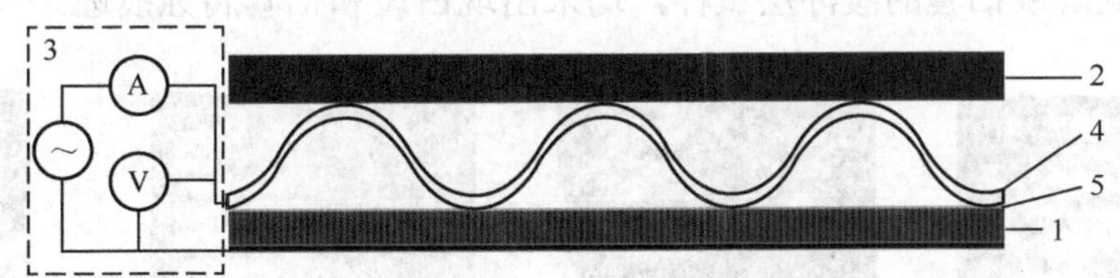

图 2-15　受潮、压力、电流、铜护套、有薄膜阻隔五因素作用下的缓冲层试样

1—受潮缓冲带；2—重物；3—电流装置；4—铜护套；5—有薄膜阻隔

五种影响因素设置的单因素、复合因素试验条件见表 2-4。考虑到试验结果的可重复性，每种条件取 5 个缓冲层试样重复试验。

表 2-4　　缓冲层试样白斑形成影响因素的试验条件

<table>
<tr><th colspan="2">影响因素</th><th colspan="2">试验条件</th></tr>
<tr><td colspan="2">0-正常</td><td colspan="2">干燥阻水带、无压力、无电流、铝套、无薄膜阻隔</td></tr>
<tr><td rowspan="5">单因素</td><td>1-潮</td><td colspan="2">受潮阻水带（含水量 100%）</td></tr>
<tr><td>1-力</td><td colspan="2">质量 1500g</td></tr>
<tr><td>1-电</td><td colspan="2">电流 0.2mA</td></tr>
<tr><td>1-铜</td><td colspan="2">铜护套</td></tr>
<tr><td>1-膜</td><td colspan="2">铝套有薄膜阻隔</td></tr>
<tr><td rowspan="10">复合因素</td><td>2-潮力</td><td rowspan="4">受潮阻水带（含水量 100%）</td><td>质量 1500g</td></tr>
<tr><td>2-潮电</td><td>电流 0.2mA</td></tr>
<tr><td>2-潮铜</td><td>铜护套</td></tr>
<tr><td>2-潮膜</td><td>铝套有薄膜阻隔</td></tr>
<tr><td>3-潮力电</td><td rowspan="3">受潮阻水带（含水量 100%）
压力 1500g</td><td>电流 0.2mA</td></tr>
<tr><td>3-潮力铜</td><td>铜护套</td></tr>
<tr><td>3-潮力膜</td><td>铝套有薄膜阻隔</td></tr>
<tr><td>3-潮电铜</td><td colspan="2">受潮阻水带（含水量 100%）、电流 0.2mA、铜护套</td></tr>
<tr><td>3-潮铜膜</td><td colspan="2">受潮阻水带（含水量 100%）、铜护套、铝套有薄膜阻隔</td></tr>
<tr><td>4-潮力铜膜</td><td colspan="2">受潮阻水带（含水量 100%）、质量 1500g、铜护套、铝套有薄膜阻隔</td></tr>
</table>

2.3.1.3　结果分析

上述试验条件下，仅单因素的受潮、双因素的“受潮+压力”和“受潮+电流”、三因素的“受潮+压力+电流”作用下的缓冲层阻水带表面出现白斑，且铝套波谷出现腐蚀痕迹，如图 2-16（a）～（d）。受潮单因素作用下，阻水带与铝套接触位置出现极少量白斑，铝套波谷表面有少量腐蚀痕迹。“受潮+压力”和“受潮+电流”双因素作用下，阻水带表面有白斑出现，且白斑量相比受潮单因素显著增多。“受潮+压力+电流”三因素作用下，阻水带表面有大量白斑出现，同时铝套波谷腐蚀明显。观察影响因素中无受潮或铝套的缓冲层试样，均未出现白斑和铝套腐蚀痕迹。

（a）受潮

（b）受潮+压力

（c）受潮+电流

（d）受潮+压力+电流

图 2-16　电缆缓冲层试样在不同影响因素作用下白斑生成情况

电缆短样试验结果如图 2-17（a）～（d）。受潮单因素作用下，缓冲层阻水带出现少量白斑，铝套波谷表面有少量腐蚀痕迹。“受潮+压力”和“受潮+电流”双因素作用下，缓冲层阻水带表面出现大量白斑，铝套波谷表面有大量腐蚀痕迹。影响因素中无受潮或铝套的电缆短样，均未出现白斑和腐蚀痕迹。试验结果与缓冲层试样一致。

（a）正常、铜护套

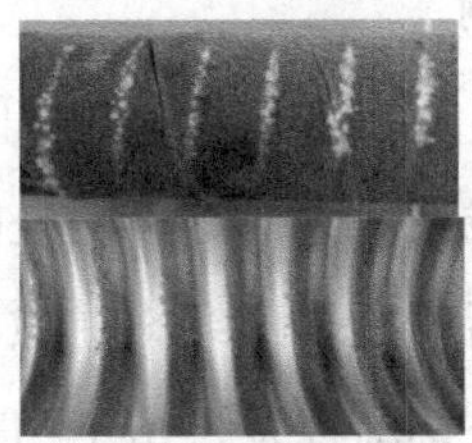
（b）受潮

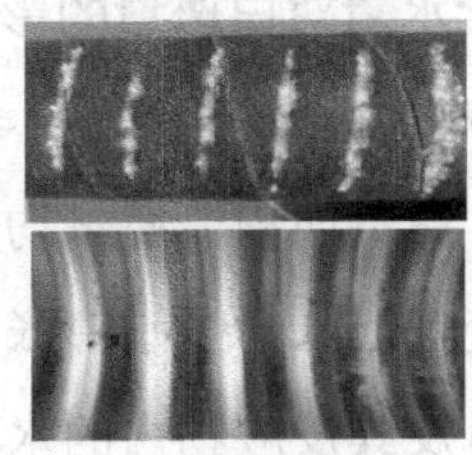
（c）受潮+压力

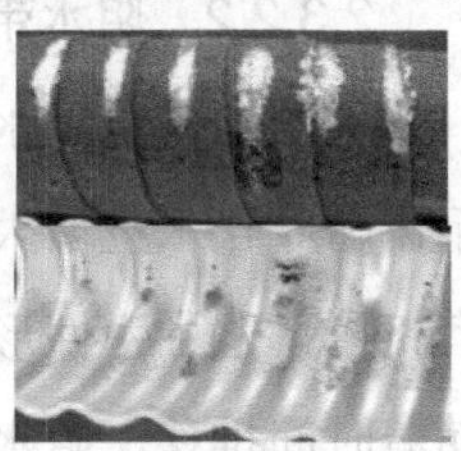
（d）受潮+电流

图 2-17　电缆短样在不同影响因素作用下白斑生成情况

综上所述，受潮和铝套材质是皱纹铝套电力电缆缓冲层白斑形成的关键因素，压力和电流对白斑形成起加速作用。

2.3.2　考虑阻水带含水量的白斑重现试验研究

受潮阻水带与铝套接触会生成白斑，为了研究阻水带含水量与白斑量的关系，在上节试验的基础上，调节注水量制备不同含水量的阻水带试样，开展白斑重现试验[1]。

2.3.2.1　试验方法

取长宽尺寸为 56mm×80mm 的阻水带试样分为 5 组，每组 5 个试样。为了模拟环境水分浸没电缆引起受潮，用注射器向每个阻水带试样中心注水，5 组注水量依次为 1mL、2mL、3mL、4mL、5mL，按 2.1.1 节计算阻水带含水量。含水量相同的 5 个阻水带试样均匀排列在长宽尺寸为 280mm×80mm 的绝缘屏蔽层上，每个阻水带上放一个铝套波谷截片，谷底正对阻水带中心。在 5 个铝套截片上施加 3kg 重物以模拟相同长度缆芯质量。铝套-阻水带-绝缘屏蔽层试样如图 2-18 所示，各试样均取自 YJLW03 64/110 1×800 电缆。

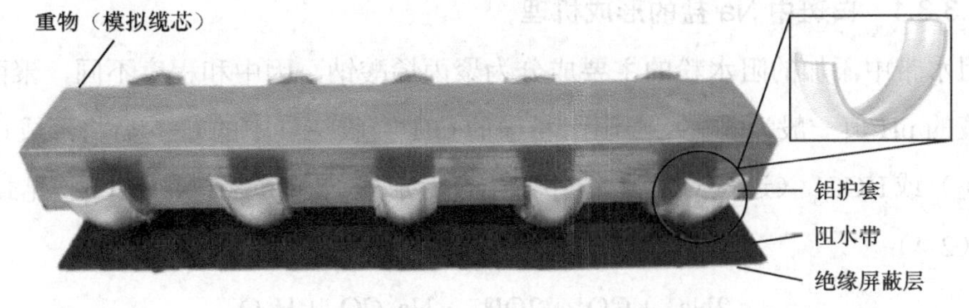

图 2-18　铝套-阻水带-绝缘屏蔽层试样

室温下置 14d 后测量白斑面积、质量。白斑面积用拍照法计算白斑像素数表示。白斑质量用称重法测量，用有白斑时阻水带干燥质量 m_2，减去无白斑时阻水带干燥质量 m_0，可得白斑质量 m。

2.3.2.2 阻水带含水量对白斑量的影响

不同含水量阻水带受铝套挤压静置 14d 后出现白斑，白斑面积、质量如图 2-19 所示。随着含水量增大，白斑面积、质量均线性增大。这可能是因为蓬松状阻水带在铝套挤压下发生弹性形变，阻水粉吸水膨胀后透过聚酯纤维孔隙与铝套接触发生反应。随着时间推移，阻水粉及其反应物内的水分逐渐挥发，留下白斑在阻水带表面。随着含水量增大，吸水膨胀的阻水粉增多，与铝套接触后产生的白斑也增多。

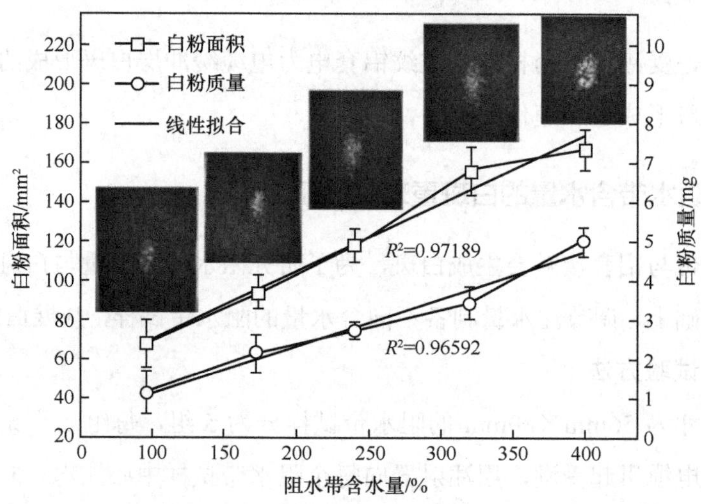

图 2-19 不同含水量阻水带受挤压出现白斑的面积、质量

2.3.3 白斑物质组分的形成机理

由前述研究可知，故障电缆缓冲层白斑含有 Na 盐和含 Al 化合物，在 2.3.1 节白斑形成影响因素的基础上，研究并提出电缆缓冲层白斑物质组分的形成机理[9]。

2.3.3.1 白斑中 Na 盐的形成机理

阻水带中添加的阻水粉的主要成分为聚丙烯酸钠，因中和程度不同，聚丙烯酸钠水溶液的 pH 值一般为 6～9。当阻水粉中的 OH^- 吸收空气中的 CO_2 后将形成 CO_3^{2-}（少量 CO_2）或 HCO_3^-（过量 CO_2），与 Na^+ 结合后形成 Na_2CO_3 或 $NaHCO_3$，见式（2-3）和式（2-4）：

$$2Na^+ + CO_2 + 2OH^- = Na_2CO_3 + H_2O \tag{2-3}$$

$$2Na^{+} + CO_2 + OH^{-} = NaHCO_3 \quad (2\text{-}4)$$

2.3.3.2　白斑中含 Al 化合物的形成机理

对于白斑中含 Al 化合物的由来，一般认为有两个途径：受潮和压力作用下的化学腐蚀；受潮、压力、电流三因素作用下的电化学腐蚀。

1. 化学腐蚀反应

电缆受潮情况下，阻水粉吸水膨胀后从阻水带蓬松多孔处析出，游离在阻水带聚酯纤维布或无纺布表面，并向电缆径向两侧扩散到绝缘屏蔽层或铜丝织造带和铝套内表面。

Al 元素在元素周期表中的原子序数为 13，是相对活泼金属。OH^-与铝套接触会发生反应生成 AlO_2^-。AlO_2^- 吸收空气中的 CO_2 后形成 $Al(OH)_3$。$Al(OH)_3$ 可以分解成 Al_2O_3 和 H_2O。这就形成化学腐蚀，可能的化学反应过程见式（2-5）～式（2-7）：

$$2Al + 2OH^{-} + 2H_2O = 2AlO_2^{-} + 3H_2\uparrow \quad (2\text{-}5)$$

$$2AlO_2^{-} + CO_2 + 2H_2O = Al(OH)_3\downarrow + HCO_3^{-} \quad (2\text{-}6)$$

$$2Al(OH)_3 = Al_2O_3 + 3H_2O \quad (2\text{-}7)$$

2. 电化学腐蚀反应

要求存在电解液和电极电位不同的两个（阴、阳）金属电极，这两个电极可以是两种不同的金属，或者是同一个金属件的不同区域。

电缆进水受潮后，由于地下水等水质一般是电解质，在潮湿的空气间隙里（皱纹铝套与缓冲层之间），铝套内表面便吸附了一层薄水膜，水微弱电离会使这层水膜里含有少量的 H^+与 OH^-，同时还溶解了 O_2、CO_2 等气体，于是水中 H^+增多，如式（2-8）和式（2-9）所示，这样在铝套内表面就形成了一层电解质溶液薄膜，而浸泡在这层溶液中的金属一般是不纯的，再加上阻水带中半导电炭黑的脱落或溢出，以及带有铜丝织造带电缆中的镀锡铜丝等，它们大多数没有 Al 活泼，所以铝套和这些金属、炭黑或其他杂质之间就会形成无数微小的“原电池”，产生电位差。

$$H_2O + CO_2 = H_2CO_3 \quad (2\text{-}8)$$

$$H_2CO_3 = H^{+} + HCO_3^{-} \quad (2\text{-}9)$$

当铝套内表面吸附的水膜酸性较弱或呈中性时，发生吸氧腐蚀，化学反应过程见式（2-10）～式（2-12）：

负极（Al）：

$$Al - 3e^{-} + 3OH^{-} \rightarrow Al(OH)_3\downarrow \quad (2\text{-}10)$$

正极：

$$O_2 + 2H_2O + 4e^- \rightarrow 4OH^- \tag{2-11}$$

总反应：

$$4Al + 3O_2 + 6H_2O = 4Al(OH)_3 \downarrow \tag{2-12}$$

当铝套内表面吸附的水膜酸性较强时，发生析氢腐蚀，化学反应过程见式（2-13）～式（2-16）：

负极（Al）

$$2Al - 6e^- \rightarrow 2Al^{3+} \tag{2-13}$$

$$2Al + 6H_2O \rightarrow 2Al(OH)_3 \downarrow + 6H^+ \tag{2-14}$$

正极（杂质）

$$6H_2 + 6e^- \rightarrow 3H_2 \uparrow \tag{2-15}$$

总反应

$$2Al + 6H_2O = 2Al(OH)_3 \downarrow + H_2 \uparrow \tag{2-16}$$

同理，$Al(OH)_3$可以进一步分解成 Al_2O_3 和 H_2O。化学腐蚀和电化学腐蚀产生的腐蚀产物和绝缘膜，如阻水粉溢出后在长时间运行情况下被烘干（不导电），以及 $Al(OH)_3$ 和 Al_2O_3 的出现（导电性能比 Al 差或不导电），都将使铝套与绝缘屏蔽层间的接触电阻大大增加。

2.4 缓冲层白斑电热影响研究

2.4.1 白斑阻水带电热参量测量

阻水带试样为干燥、受潮试验、白斑重现试验和故障电缆阻水带 4 种条件。其中，干燥、受潮试验阻水带为 2.1.1 节试验制备的试样；白斑重现试验阻水带为 2.3.2 节试验制备的试样；故障电缆阻水带取自某运行 12 年的缓冲层故障电缆，从拆解下的阻水带上裁取表面有白斑和无白斑的试样各 5 个。

用 2.1.3 节方法测量阻水带体积电阻率。用 TH2826 型阻抗分析仪测量阻水带相对介电常数，试样长宽尺寸裁剪为 30mm×30mm，设定温度常温、频率 50Hz，测量设备如图 2-20（a）所示。用 PPMS-9 型综合物性测量系统测量阻水带导热系数，试样长宽尺寸裁剪为 5mm×5mm，设备如图 2-20（b）所示。上述阻水带物性参量的测量结果为 5 个试样测量后取算术平均值。

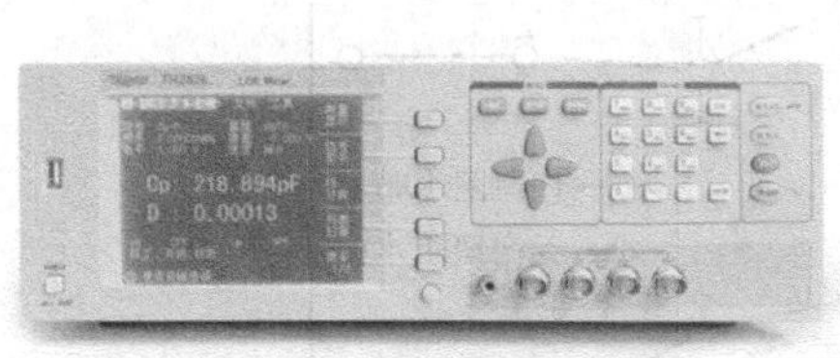
（a）阻抗分析仪

（b）综合物性测量系统

图 2-20　阻水带物性参量测量设备

试验得到的白斑阻水带和无白斑阻水带体积电阻率、相对介电常数如图 2-21 所示。由图 2-21（a）可知，随着含水量增大，白斑阻水带体积电阻率从 $1.5\times10^4\Omega\cdot cm$ 增至 $2.9\times10^4\Omega\cdot cm$，无白斑阻水带体积电阻率约 $1.3\times10^4\Omega\cdot cm$。白斑阻水带体积电阻率总体大于无白斑阻水带。

由图 2-21（b）可知，随着含水量增大，白斑阻水带相对介电常数从 30.5 降至 14.1，无白斑阻水带相对介电常数约 32.3。白斑阻水带相对介电常数总体小于无白斑阻水带。

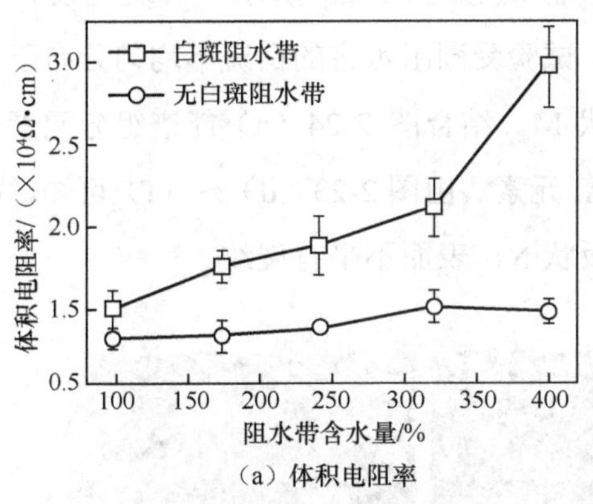

（a）体积电阻率

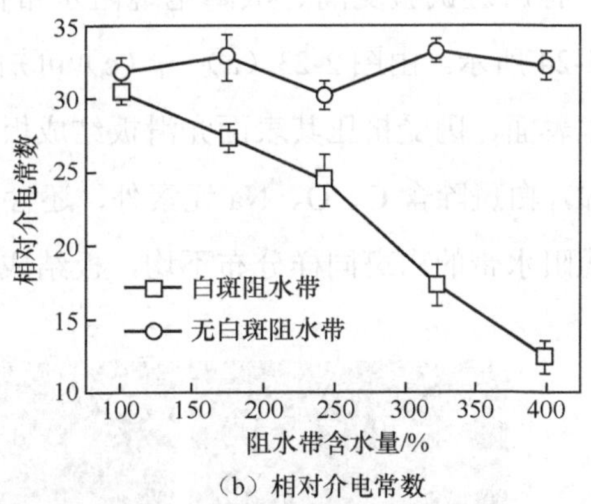

（b）相对介电常数

图 2-21　不同含水量下阻水带体积电阻率和相对介电常数

此外，测量故障电缆白斑阻水带体积电阻率 $3.2\times10^7\Omega\cdot cm$，相对介电常数 12.5；无白斑阻水带体积电阻率 $1.4\times10^6\Omega\cdot cm$，相对介电常数 27.4。

试验测得白斑阻水带和无白斑阻水带导热系数如图 2-22 所示。由图可知，随着含水量增大，白斑阻水带导热系数从 2.3×10^{-2}W/（m·K）降至 1.3×10^{-2}W/（m·K），降幅达 43.5%；无白斑阻水带导热系数约 2.9×10^{-2}W/（m·K）。白斑阻水带导热系数总体小于无白斑阻水带。

测量故障电缆的白斑阻水带导热系数为 1.9×10^{-2}W/（m·K），无白斑阻水带导热系数为 6.1×10^{-2}W/（m·K）。

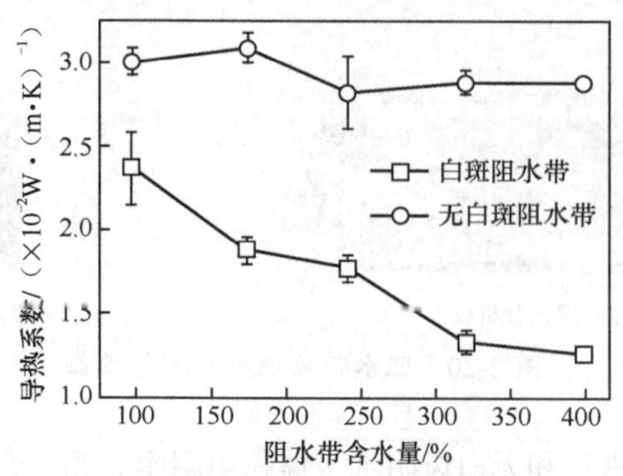

图 2-22 不同含水量下白斑和无白斑阻水带导热系数

2.4.2 白斑阻水带体积电阻率、导热系数变化原因

试样为白斑重现试验制备的阻水带和故障电缆表面有白斑的阻水带。将试样沿厚度一半撕开，取下层聚酯纤维布，用 S-3700N 型扫描电镜放大 10、50、100 倍观察阻水带白斑的微观形貌，用 Quantax 400 型能谱仪分析白斑的元素组成[1]。

有白斑试验受潮、故障电缆阻水带微观形貌如图 2-23 所示，白斑元素分析如图 2-24 所示。由图 2-23（a）～（c）可知，试验受潮阻水带的白斑不均匀分布于聚酯纤维表面，因受挤压其表面光滑板结成板状 M。结合图 2-24（a）能谱组分元素分析可知，白斑除含 C、O、Na 元素外，还含 Al 元素。由图 2-23（d）～（f）可知，故障电缆阻水带的白斑同样分布不均，板结成板状 N，表面不平有裂纹。

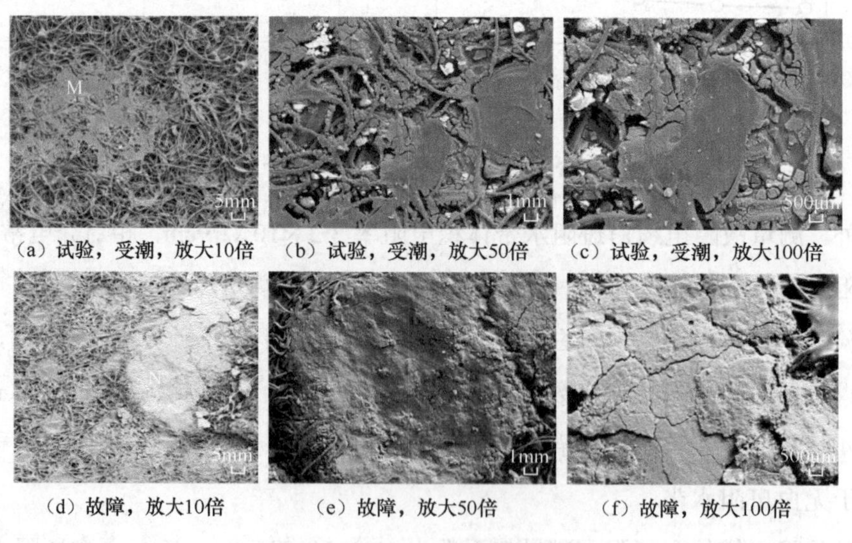

（a）试验，受潮，放大10倍 （b）试验，受潮，放大50倍 （c）试验，受潮，放大100倍

（d）故障，放大10倍 （e）故障，放大50倍 （f）故障，放大100倍

图 2-23 白斑阻水带的 SEM

对比图 2-23（c）（f），试验受潮阻水带和故障电缆阻水带的白斑周围均未观察到块状 S，推测炭黑可能被白斑遮盖；且前者白斑表面比后者光滑，这可能是因为白斑形成试验中阻水带受力比实际电缆运行时大，模拟试验条件更严苛。

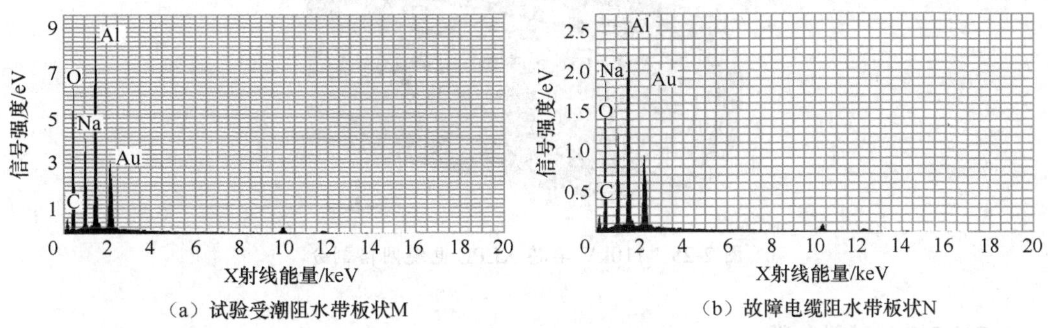

（a）试验受潮阻水带板状M　　（b）故障电缆阻水带板状N

图 2-24　阻水带白斑元素分析

由图 2-24（b）能谱元素分析可知，故障电缆阻水带的白斑也含 Al 元素，与本章文献[13]分析结果一致。结合故障电缆白斑阻水带体积电阻率 $9.2\times10^6\Omega\cdot cm$，推测试验白斑与故障阻水带白斑可能为同种含 Al_2O_3 的高阻值物质。

综上所述，一方面，阻水粉受潮膨胀挤占阻水带内部空间，而新生成的白斑则局部板状结块，两者均阻碍载流子经炭黑导电，宏观表现为阻水带电阻率增大；另一方面，根据固体物理学理论，半导电材料靠声子热振动导热，在导热系数不同的二相界面发生散射。膨胀阻水粉和新生成白斑与空气形成的二相界面增大，加剧声子散射、增大界面热阻，宏观表现为阻水带导热系数减小。

2.4.3　白斑对电缆缓冲层电场和温度场影响的仿真研究

为了进一步研究白斑阻水带的体积电阻率、相对介电常数、导热系数变化对电缆缓冲层产生的影响，本节建立了 110kV XLPE 电缆有限元仿真模型，用 2.4.1 节试验测量的阻水带电热参量水平，仿真计算了阻水带无白斑、有白斑情况下的缓冲层电场和温度场[1]。

2.4.3.1　几何模型与网格剖分

参照某 YJLW03—64/110-1×800 退役缓冲层缺陷电缆的结构尺寸，用有限元仿真软件 COMSOL Multiphysics 6.2 建立了长度 240mm 的单芯 110kV XLPE 电缆三维仿真模型。为便于观察电缆内部计算结果，沿 *zx* 工作平面分割模型。

网格剖分采用自由四面体，将导体、主绝缘、气隙、铝套、外护套的网格大小设定为粗化，阻水带设定为更细化，导体屏蔽层、绝缘屏蔽层设定为极细化，如图 2-25 所示。

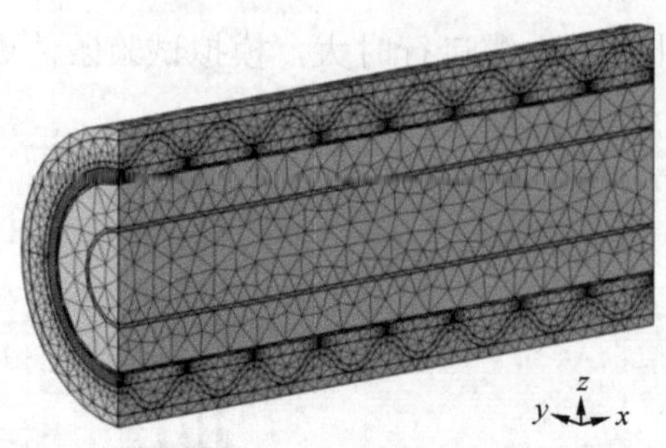

图 2-25 110kV 单芯 XLPE 电缆网格剖分

2.4.3.2 材料参数

仿真模型的材料参数见表 2-5。其中，导体、导体屏蔽层、绝缘层、绝缘屏蔽层、气隙、皱纹铝套、外护套的参数取自文献[13][14]中同型号电缆，阻水带电阻率ρ、相对介电常数ε和导热系数λ取试验实测值，设定阻水带整体参数均匀一致。

表 2-5 110kV 电缆电场、温度场仿真结构材料参数

结构	厚度 /mm	外径 /mm	体积电阻率 /（Ω·cm）	相对介电常数	导热系数 /［W·（m·K）$^{-1}$］
导体	—	34.10	1.67×10^{-6}	1.00×10^{4}	4.00×10^{2}
导体屏蔽层	1.50	37.10	1.00×10^{2}	5.00×10^{2}	1.00
绝缘层	16.00	69.10	1.00×10^{17}	2.30	2.90×10^{-1}
绝缘屏蔽层	1.10	71.30	1.00×10^{2}	5.00×10^{2}	1.00
缓冲层阻水带	3.00	77.30	ρ	ε	λ
空气	—	—	1.00×10^{16}	1.00	2.00×10^{-2}
皱纹铝套	5.50	88.30	3.30×10^{-10}	1.00×10^{4}	2.37×10^{2}
外护套	4.60	97.50	1.00×10^{8}	2.30	1.43×10^{-1}

2.4.3.3 控制方程

对于电场仿真，采用电准静态场求解[13]。考虑到仿真研究的电缆缓冲层为绝缘屏蔽层、阻水带等半导电结构，等效电路模型为阻容性电路，不宜使用只考虑容性效应的静电场或只考虑阻性效应的电流场进行求解。控制方程见式（2-17）～式（2-20）：

$$\nabla\times\boldsymbol{H}=\boldsymbol{J}+\partial\boldsymbol{D}/\partial t \tag{2-17}$$

$$\nabla\cdot\boldsymbol{B}=0 \tag{2-18}$$

$$\nabla\times\boldsymbol{E}=0 \tag{2-19}$$

$$\nabla \cdot \boldsymbol{D} = \rho \tag{2-20}$$

式（2-17）～式（2-20）中，∇ 为矢量微分算符哈密顿算子；$\boldsymbol{H}$ 为磁场强度，A/m；$\boldsymbol{J}$ 为电流密度矢量，A/m^3；$\boldsymbol{D}$ 为电场通量，V·m；$\boldsymbol{B}$ 为磁感应强度，Wb/m^2；$\boldsymbol{E}$ 为电场强度矢量，V/m；ρ为电荷体密度，C/m^3。由于各向同性介质满足式（2-21）和式（2-22）：

$$\boldsymbol{J} = \gamma \cdot \boldsymbol{E} \tag{2-21}$$

$$\boldsymbol{D} = \varepsilon \cdot \boldsymbol{E} \tag{2-22}$$

式中：γ 为介质的电导率，S/m；ε为介质的介电常数。由矢量计算公式$\nabla \cdot \nabla \times \boldsymbol{H} = 0$易得：

$$(\gamma + jw\varepsilon)\nabla \cdot E = 0 \tag{2-23}$$

因此，在电准静态场中，阻水带的体积电阻率和介电常数将同时影响电场分布。

对于温度场仿真，使用固体传热场求解，控制方程见式（2-24）：

$$k'C_p' \cdot \nabla T = \nabla \cdot (\lambda \nabla T) + Q' \tag{2-24}$$

式中：k' 为固体材料的密度；C_p' 为固体材料常压下的比热容；λ 为固体材料的导热系数，W/（m·K）；Q' 为固体材料中的热源，W/m^3。

对于电场和温度场的电热耦合仿真，电缆热源为载流在导体中产生的焦耳热，控制方程见式（2-25）：

$$kC_p \cdot \frac{\partial T}{\partial t} + kC_p \nabla T = \nabla \cdot (\lambda \nabla T) + Q = \nabla \cdot (\lambda \nabla T) + \boldsymbol{J} \cdot \boldsymbol{E} \tag{2-25}$$

式中：k 为材料的密度；C_p 为材料常压下的比热容；Q 为材料中的热源，W/m^3。

2.4.3.4 仿真条件

对于电场，仿真研究额定电压工况，导体电压设定为 64kV，铝套接地。对于温度场，仿真研究正常负荷电流工况，导体电流设定为 1300A，电缆两端绝热，环境温度恒定 30℃，外护套与周围空气对流换热系数取 5W/（m·K）。

2.4.4 白斑阻水带体积电阻率、介电常数对电缆缓冲层电场的影响

额定电压 64kV 下新阻水带（ρ=5.3×10^3Ω·cm、ε=32.3）和故障阻水带（ρ=3.2×10^7Ω·cm、ε=12.5）时电缆及其缓冲层的电势分布如图 2-26 所示。

由图 2-26（a）（b）可知，新阻水带时电缆的最大电势 64kV 在导体，阻水带和铝套间最大电势差 U_{max}（2.1×10^{-7}V）出现在两者接触位置的阻水带，该电势差数值很小，阻水带和铝套近似等电位。由图 2-26（c）（d）可知，故障阻水带时电缆的最大

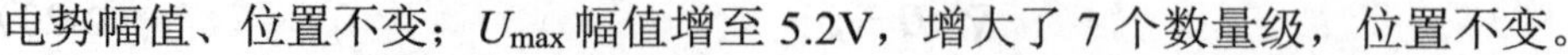
电势幅值、位置不变；U_{max} 幅值增至 5.2V，增大了 7 个数量级，位置不变。

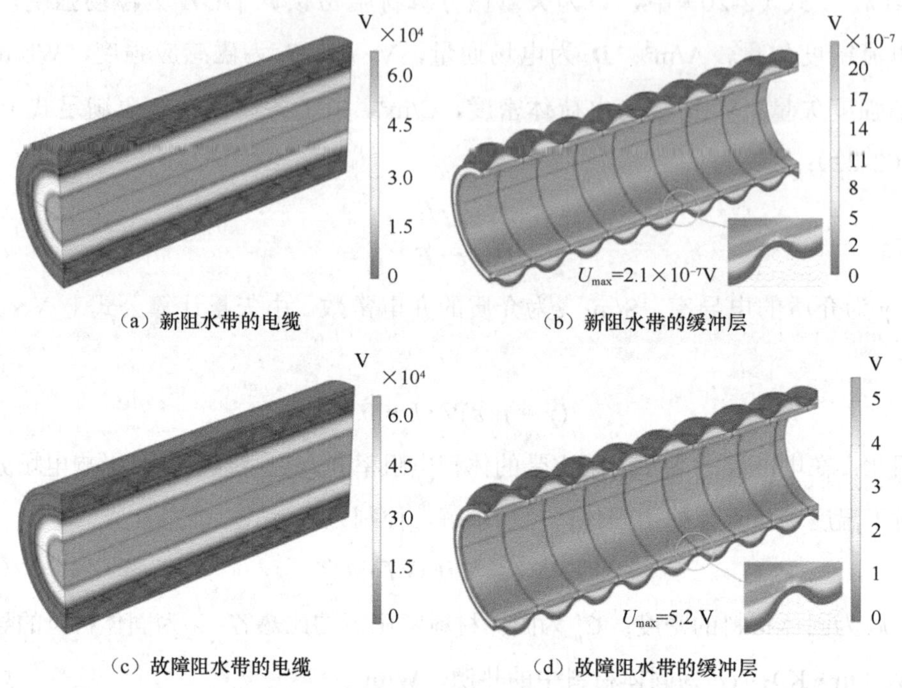

（a）新阻水带的电缆　（b）新阻水带的缓冲层

（c）故障阻水带的电缆　（d）故障阻水带的缓冲层

图 2-26　额定电压 64kV 下电缆和缓冲层电势分布

额定电压 64kV 下新阻水带和故障阻水带时电缆、缓冲层的电场分布如图 2-27 所示。由图 2-27（a）（b）可知，新阻水带时电缆的最大场强 5.5kV/mm 在绝缘层内表面处，小于 XLPE 允许平均工作场强 20kV/mm，阻水带和铝套间最大场强 E_{max}（6.1×10^{-4}kV/mm）在两者接触位置的阻水带。由图 2-27（c）（d）可知，故障阻水带时电缆的最大场强幅值、位置不变，但 E_{max} 由 6.1×10^{-4}kV/mm 增至 3.6kV/mm。显然，阻水带是由纤维、阻水粉和内部大量空气组成的蓬松状物质，击穿场强水平很低。

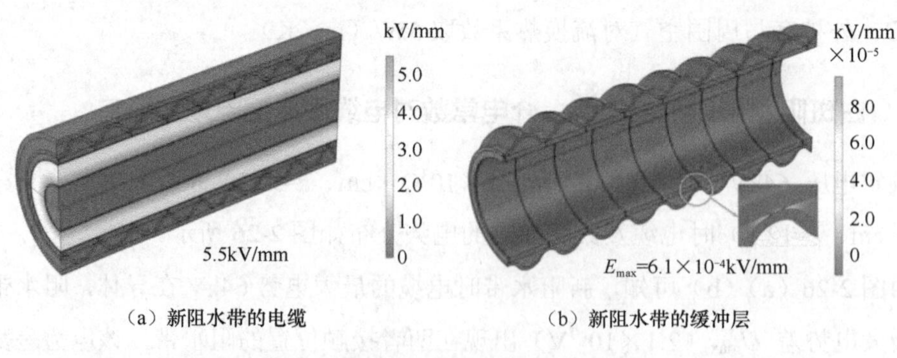

（a）新阻水带的电缆　（b）新阻水带的缓冲层

图 2-27　额定电压 64kV 下电缆和缓冲层电场分布（一）

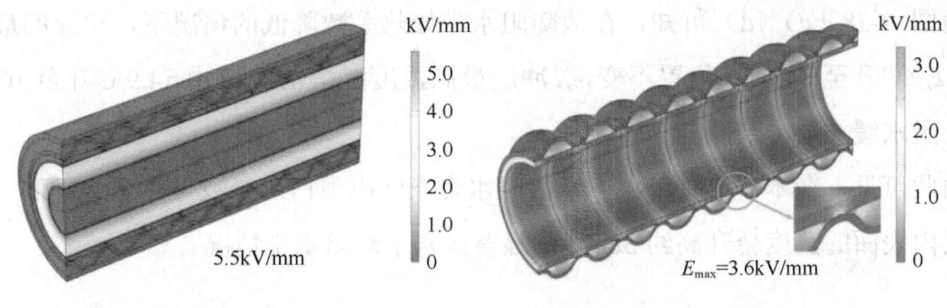

（c）故障阻水带的电缆　　（d）故障阻水带的缓冲层

图 2-27　额定电压 64kV 下电缆和缓冲层电场分布

综上所述，白斑析出引起阻水带电阻率增大、相对介电常数减小会导致阻水带和铝套接触不良，增大阻水带和铝套间的电势差、电场强度，在额定电压下即可能发生局部放电。

2.4.5　白斑阻水带导热系数对电缆缓冲层温度场的影响

环境温度 30℃、负荷电流 1300A 下新阻水带［λ=6.1×10^{-2}W/（m·K）］和故障阻水带［λ=1.9×10^{-2}W/（m · K）］时电缆、缓冲层的温度分布如图 2-28 所示。

由图 2-28（a）、（b）可知，新阻水带情况下，电缆的最高温度为 62.9℃，位于导体位置；缓冲层的最高温度 T_{max} 为 54.9℃，出现在阻水缓冲层内表面，阻水带和铝套接触点温度偏低。仿真计算出的电缆导体温度与文献[15]试验测量值相近。

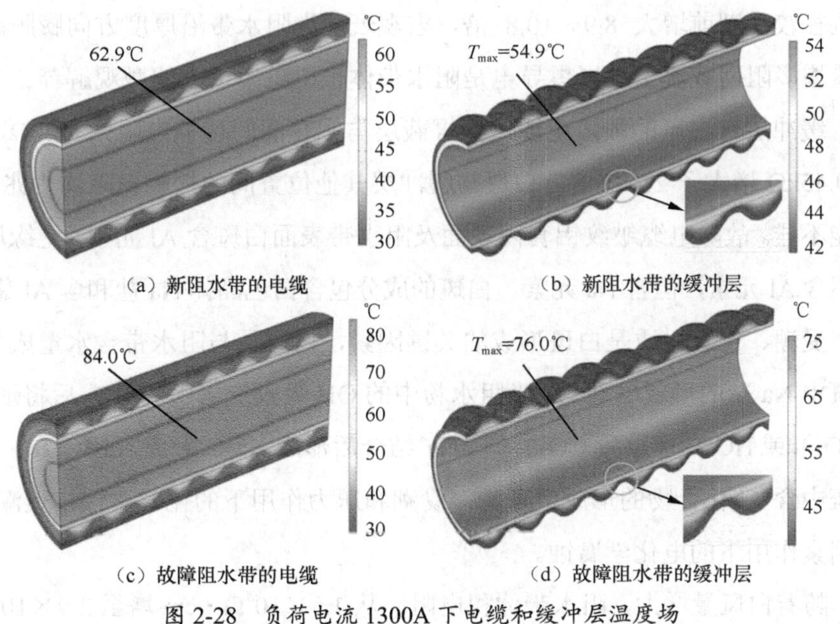

（a）新阻水带的电缆　　（b）新阻水带的缓冲层

（c）故障阻水带的电缆　　（d）故障阻水带的缓冲层

图 2-28　负荷电流 1300A 下电缆和缓冲层温度场

由图 2-28（c）（d）可知，在故障阻水带导热系数降低的情况下，电缆的最高温度从 62.9℃升至 84.0℃，位置不变，缓冲层最高温度 T_{max} 的幅值由 54.9℃升至 76.0℃，仍位于阻水缓冲层内表面。

由此可见，在本节仿真条件下，因阻水带表面出现白斑导致导热系数降低，阻水缓冲层内表面的温度会升高约 38.4%，显著区别于新阻水带情况。

2.5 小　　结

本章开展了缓冲层阻水带受潮试验，测量了不同含水量阻水带的体积电阻率，通过分析故障电缆缓冲层白斑的电气性能、物理形态、化学元素组分研究了白斑成分，总结了白斑的形成机理。以某 110kV 故障电缆阻水带电热参量测量结果为材料参数水平，仿真计算了白斑对电缆缓冲层的电热影响。得到以下结论：

（1）自然受潮方式下阻水带含水量先增长后趋于饱和，环境湿度 90%时含水量最大，接近 30%，约 140min 趋于饱和。含水量小于 10%时阻水带体积电阻率与干燥阻水带相近，约 $5.4\times10^3\Omega\cdot cm$，含水量大于 10%时阻水带体积电阻率线性增大，含水量 72.36%和 138.74%时阻水带体积电阻率分别达标准 GB/T 11017.2—2024 规定限值 $5.0\times10^4\Omega\cdot cm$ 和标准 JB/T 10259—2014 规定限值 $1.0\times10^5\Omega\cdot cm$。

阻水粉从小体积团状膨胀为大体积球状是阻水带受潮的重要特征。受潮膨胀后的阻水粉直径较受潮前增大 8.9～10.8 倍，宏观表现为阻水带沿厚度方向膨胀。膨胀阻水粉数量增多阻碍载流子经炭黑导电是阻水带体积电阻率增大的微观解释。

（2）缓冲层有白斑的故障电缆绝缘屏蔽层与铝套间的接触电阻为 12kΩ，相比新电缆的 0.45kΩ 增大了 26.67 倍。白斑与缓冲层其他位置间的接触电阻均为兆欧量级，导电性能不佳。故障电缆皱纹铝套内表面及阻水带表面白斑含 Al 元素，绝缘屏蔽层表面白斑不含 Al 元素，但含 Na 元素。白斑的成分包含白色晶体 Na 盐和含 Al 化合物。

（3）受潮、铝套材质是白斑形成的关键因素，白斑量与阻水带含水量成呈相关。

白斑中 Na 盐的形成机理为：当阻水粉中的 OH 吸收空气中的 CO_2 后将形成 CO_3^{2-}（少量 CO_2）或 HCO_3^-（过量 CO_2），与 Na^+结合后形成 Na_2CO_3 或 $NaHCO_3$。

白斑中含 Al 化合物的形成机理为：受潮和压力作用下的化学腐蚀；受潮、压力、电流三因素作用下的电化学腐蚀。

（4）随着白斑量增大，阻水带体积电阻率从 $1.5\times10^4\Omega\cdot cm$ 增至 $2.9\times10^4\Omega\cdot cm$，

相对介电常数从 30.5 降至 14.1。阻水带和铝套间最大场强在两者接触位置的阻水带，额定电压 64kV 下故障阻水带电阻率 $3.2\times10^{7}\Omega\cdot cm$、相对介电常数 12.5 时气隙最大场强达 3.6kV/mm。

随着白斑量增大，导热系数从 2.3×10^{-2}W/（m·K）降至 1.3×10^{-2}W/（m·K）。缓冲层最高温度在阻水缓冲层内表面，阻水带和铝套接触点温度偏低，正常负荷电流 1300A 下故障阻水带导热系数 1.9×10^{-2}W/（m·K）时缓冲层最高温度达 76.0℃，比新阻水带情况下升高 38.4%。

本章参考文献

[1] Cheng Y.T., Hao Y.P., Chen Y., et al. Effects of condition of water blocking tape on the buffer layer failures of high voltage XLPE cables in electric field and temperature field[J]. Engineering Failure Analysis, 2022, 131, Art No. 105823.

[2] Paper and board – Determination of moisture content of a lot – Oven-drying method: ISO 287—2017 [S]. Geneva, Switzerland, 2017.

[3] JB/T 10259-2014，电缆和光缆用阻水带[S]. 北京：中华人民共和国工业和信息化部，2014.

[4] 国家市场监督管理总局，国家标准化管理委员会. 额定电压 110kV（U_m=126kV）交联聚乙烯绝缘电力电缆及其附件　第 2 部分：电缆：GB/T 11017.2—2024[S]. 北京：中国标准出版社，2024.

[5] Schneider C., Rasband W., and Eliceiri K.. NIH Image to ImageJ: 25 years of image analysis[J]. Nature Methods, 2012, 9(7): 671-675.

[6] Narendranath C.S., Rohatgi P.K., Yegneswaran A.H.. Observation of graphite structure under optical and scanning electron microscopes[J]. Journal of Materials Science Letters, 1986, 5(6): 592-594.

[7] Zhang A.Q., Wang L.S., Lin Y.L., et al. Carbon black filled powdered natural rubber: preparation, particle size distribution, mechanical properties, and structures[J]. Journal of Applied Polymer Science, 2006, 101(3): 1763-1774.

[8] Mudiyanselage T.K., Neckers D.C.. Highly absorbing superabsorbent polymer[J]. Journal of Polymer Science: Polymer Chemistry, 2008, 46(4): 1357-1364.

[9] 陈云. 高压 XLPE 电缆缓冲层故障特征与机理[D]. 广州：华南理工大学，2020.

[10] Chen Y., Hao Y.P., Cheng Y.T., et al. Failure investigation of buffer layers in high-voltage XLPE cables[J]. Engineering Failure Analysis, 2020, 113, Art No. 104546.

[11] 惠宝军. 高压电缆缓冲层烧蚀故障机理、缺陷检测与消除方法研究[D]. 广州：华南理工大学，2023.

[12] Hui B.J., Cheng Y.T., Huang J.S., et al. The formation mechanism of white powder in cable water blocking tape and its influence on volume resistivity and thermal conductivity[C]// 22nd International Symposium on High Voltage Engineering (ISH 2021), Xi'an, China, 2021: 2261-2265.

[13] Du B.X., Du X.Y., Kong X.X., et al. An investigation on discharge fault in buffer layer of 220kV XLPE AC cable[J]. IET Science, Measurement & Technology, 2021, 15(6): 508-516.

[14] 胡列翔，许烽，裘鹏，等. 交流 XLPE 电缆在两种直流运行方式下的热电耦合仿真[J]. 高电压技术，2019，45(7): 2307-2313.

[15] Yang L., Hu Z.H., Hao Y.P., et al. Internal temperature measurement and conductor temperature calculation of XLPE power cable based on optical fiber at different radial positions[J]. Engineering Failure Analysis, 2021, 125: 105407.

第3章

皱纹铝套电力电缆缓冲层缺陷机理研究

第 2 章对阻水缓冲层表面白色粉末的形成机理进行了研究分析，通过实验验证了水分是白色粉末形成的必要条件。在高压 XLPE 绝缘电缆短样的试验中，当阻水缓冲层表面出现白色粉末后，由于白色粉末的绝缘性，绝缘屏蔽层和铝套之间的交流和直流电阻均有明显的增大。就缓冲层的电气性能而言，缓冲层存在的重要目的是为了使绝缘外屏蔽层和铝套之间形成良好的电气连接状态，但是缓冲层表面白色粉末的出现严重影响了缓冲层的电气性能，并且破坏了绝缘外屏蔽层和铝套之间良好的电气连接状态。因电缆内部电场分布发生变化导致的电缆缓冲层和绝缘外屏蔽层的放电烧蚀现象有待分析研究。

针对这些问题，本章的主要内容有：一、从缓冲层和铝套的接触状态变化出发，建立缺陷状态的等效电路模型；二、分析缓冲层缺陷的影响因素，通过仿真计算研究不同条件下缓冲层缺陷的影响，分析缓冲层出现烧蚀现象的原因；三、设计模拟实验，对缓冲层放电烧蚀现象进行模拟，并利用退役的缓冲层存在缺陷的电缆搭建试验平台，检测电缆内部的局部放电情况；四，对缓冲层和绝缘外屏蔽层的放电烧蚀原因进行总结。

3.1 缓冲层缺陷电路模型

3.1.1 缓冲层和铝套之间的接触状态分析

在高压 XLPE 绝缘电缆结构中，缓冲层绕包在绝缘屏蔽层表面，并与铝套直接接触。对于缓冲层的电气性能而言，缓冲层使得绝缘屏蔽层和铝套形成良好的电气连接，并为电缆内部的径向电流提供通路。在缓冲层表面出现的白色粉末对缓冲层和铝套之间的接触状态产生了不良的影响。在研究缓冲层放电烧蚀的机理时，分析白色粉末出现后缓冲层和铝套之间的接触状态变化十分必要。

在正常高压电缆中，可以从径向和轴向两个角度对缓冲层和铝套的接触状态进行分析。从高压电缆的轴向截面示意图（见图 3-1）来看，由于高压电缆使用皱纹铝套结构，因此并非所有的缓冲层区域均与铝套处于直接接触的状态，只有在铝套的波谷处缓冲层能与铝套直接接触。在铝套的波峰处，缓冲层和铝套之间存在空气间隙，这个空气间隙的大小与铝套的轧纹深度以及缓冲层厚度相关，一般皱纹铝套的轧纹越浅、缓冲层厚度越厚，二者之间的空气间隙越小。

从高压电缆的径向截面示意图（见图 3-2）来看，当皱纹铝套对绝缘屏蔽层产生的挤压力过大时，绝缘外屏蔽层可能会因为形变而损伤。而缓冲层的存在能对外力起到有效的缓冲，从而保护绝缘外屏蔽层不受其损伤。根据第二章电缆结构参数的测量结果可知：有些电缆生产厂家在生产高压 XLPE 电缆时，为了减小铝套给缓冲层带来的挤压力，会在缓冲层和皱纹铝套之间留出一定的裕度空间，使缓冲层的外径小于铝套的内直径。在这种情况下，由于电缆自身重力的影响，铝套和电缆的绝缘缆芯通常不是处于同心圆结构，位于电缆下半部分的缓冲层能与铝套紧密接触，而位于电缆上半部分的缓冲层则与铝套之间存在空气间隙，二者实际上可能并未良好有效接触，因此，绝缘屏蔽层与铝套的电气连接将由电缆下半部分缓冲层和铝套的接触状态决定。

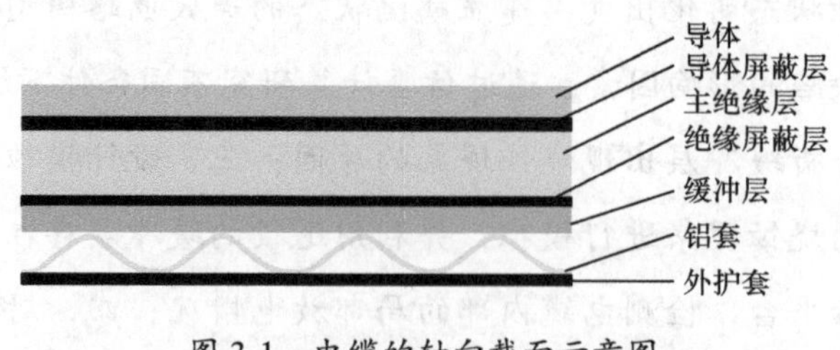

图 3-1　电缆的轴向截面示意图

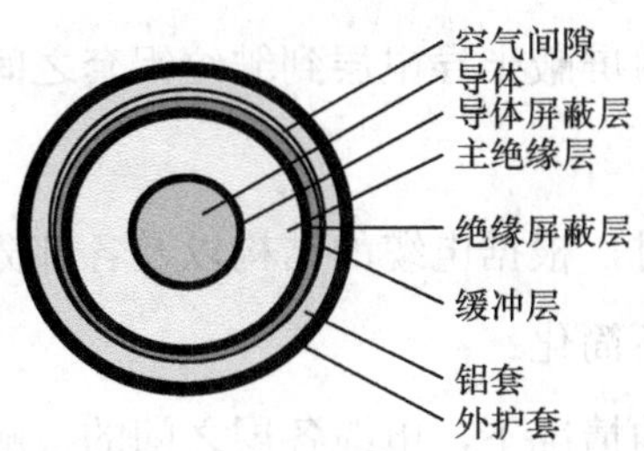

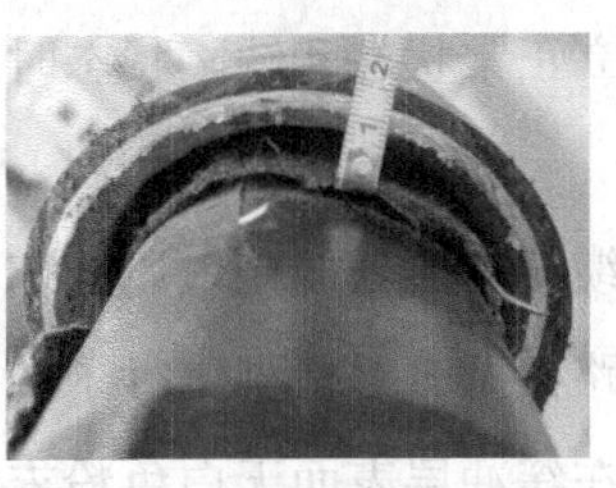

图 3-2 电缆的径向截面示意图

当缓冲层表面出现白色粉末后，由第 2 章的理论分析和试验验证可知：白色粉末会集中出现在缓冲层和铝套紧密接触的地方。在这种情况下，正常区域和缺陷区域的缓冲层和皱纹铝套之间将呈现不同的接触状态。从高压电缆的轴向截面示意图来看，若将长电缆按照单个铝套波纹截距的长度分为等长的单元，并按照每个单元内部缓冲层和皱纹铝套的接触状态来分类，可以将所有单元分为两类：第一类为内部接触良好的单元，第二类为内部接触不良的单元。对于内部接触良好的单元而言，由于此单元内部的缓冲层表面无白色粉末，在缓冲层本身具有一定的导电性能的情况下，该单元内部的绝缘外屏蔽层和皱纹铝套之间可以形成良好的电气连接；对于内部接触不良的单元而言，白色粉末覆盖在缓冲层表面，且白色粉末具有绝缘特性，缓冲层自身的导电性能会被白色粉末破坏，所以此单元内部的绝缘外屏蔽层和铝套之间的电气连接性能下降。从高压电缆的径向截面示意图来看，对于内部接触良好的单元而言，电缆下半部分的缓冲层与铝套直接接触，且由于电缆自身重力的作用，电缆下半部分的缓冲层和铝套之间的接触压力较大，在这种情况下缓冲层和皱纹铝套之间的接触电阻相对较小[1]。此时，可以认为此单元内部缓冲层的外表面与皱纹铝套的内表面等电位；对于内部接触不良的单元而言，白色粉末附着在缓冲层和皱纹铝套的接触面上，随着时间的推移白色粉末的面积将会越来越大，即在缺陷初期白色粉末呈现斑状，随着时间的推移白色粉末会变成半环状，最终，缓冲层和皱纹铝套之间的接触面会完全被白色粉末覆盖。由于电缆上半部分存在空气间隙，缓冲层和铝套不接触，电缆下半部分的电气连接也被白色粉末影响，甚至是完全被破坏。此时，缓冲层的外表面和皱纹铝套的内表面不能视为完全一致等电位，在这种情况下，电缆各单元内部的电压分布将会发生变化。

3.1.2 高压 XLPE 电缆缓冲层等效电路模型

当缓冲层表面出现白色粉末，为了掌握电缆内部电压分布的变化，在 3.1.1 节中对缓冲层和皱纹铝套之间接触状态的变化进行了分析。本节将从电缆内屏蔽半导电层开始，分别建立正常状态和缺陷状态时内屏蔽半导电层到皱纹铝套之间区域的等效电路模型。

当高压电缆缓冲层表面无白色粉末时，根据电缆的结构以及各部分的材料属性，在建立等效电路模型时对模型进行了如下简化：

（1）由于在缓冲层表面无白色粉末的情况下，电缆各层之间的接触状态均处于良好的情况，此时各层之间的接触电阻很小，因此将电缆各层之间的接触电阻忽略。

（2）由于铜（20℃时，电阻率为0.0172μΩ·m）和铝（20℃时，电阻率为0.0283μΩ·m）的电阻率很小，因此，将电缆导体和皱纹铝套的电阻忽略，即认为导体和皱纹铝套各处电压均相等。

基于上述分析和假设，以单个皱纹铝套波距长度的高压电缆作为最小单元，进而建立正常情况下的电缆等效电路模型，如图 3-3 所示。其中，A 区域为单个最小单元的等效模型。

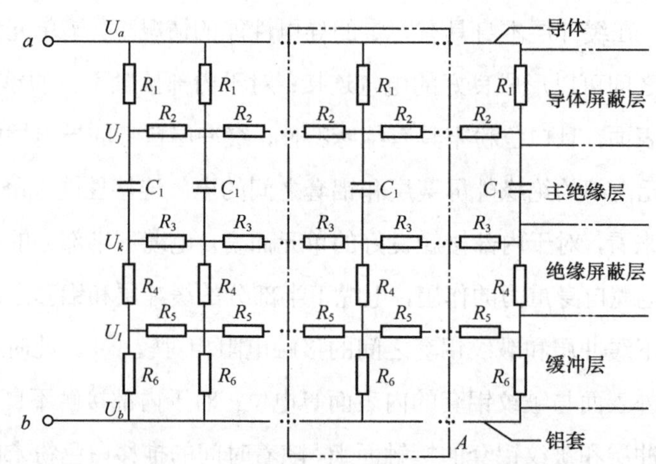

图 3-3　正常情况下的电缆等效电路模型

在图 3-3 所示的模型中，R_1 为导体屏蔽层的径向电阻，R_2 为导体屏蔽层的轴向电阻，C_1 为绝缘层的等效电容，R_3 为绝缘屏蔽层的轴向电阻，R_4 为绝缘屏蔽层的径向电阻，R_5 为缓冲层的轴向电阻，R_6 为缓冲层的径向电阻。

在将高压电缆各层之间接触电阻忽略的情况下，各层之间相接触的界面可认为是等电位，即 U_a 表示电缆导体和导体屏蔽层内表面的电压；U_j 表示电缆导体屏蔽层外表面的电压和主绝缘层内表面的电压，U_k 表示电缆主绝缘层外表面和绝缘屏蔽层内表面的电压，U_l 表示电缆绝缘屏蔽层外表面和缓冲层内表面的电压，U_b 表示皱纹铝套和缓冲层外表面的电压。

当高压电缆缓冲层表面出现白色粉末时，缓冲层和皱纹铝套处于不良的电气连接状态，所以不能将缓冲层和皱纹铝套之间的接触电阻忽略。此外，白色粉末和空气间隙具有绝缘特性，而在交流高压电缆线路运行过程中，电缆导体和皱纹铝套的电位差会使主绝缘层上流过泄漏电流，因主绝缘层所用的材料交联聚乙烯的阻抗远大于电缆导体与皱纹铝套之间的容抗[2]，因此，流经主绝缘层的电流主要为电容电流。在这种情况下，流经白色粉末的电流也主要为电容电流。所以本节通过对白色粉末和空气间隙的等效电容进行分析计算，来等效白色粉末和空气间隙对电气连接的破坏作用。根据上述分析，可以建立缺陷情况下的电缆等效电路模型，如图 3-4 所示。

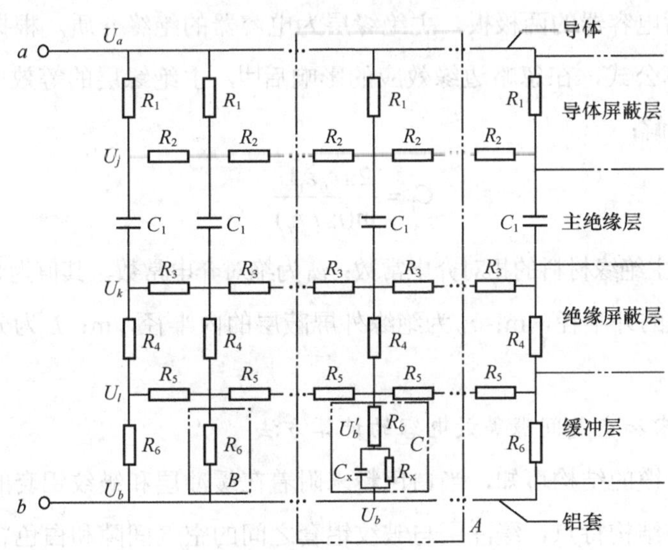

图 3-4 缺陷情况下的电缆等效电路模型

在图 3-4 所示的模型中，B 区域表示正常区域的缓冲层等效支路（下文简称为正常支路），C 区域表示缺陷区域的缓冲层等效支路（下文简称为缺陷支路）。C_x 为白色粉末和空气间隙的等效电容，R_x 为缓冲层和皱纹铝套之间的接触电阻，U_b' 表示缺陷区域缓冲层外表面的电压。由于在缺陷区域缓冲层和铝套之间存在一定接触电阻，则缺陷区域处缓冲层外表面的电压（U_b'）不等于铝套的电压（U_b）。

3.1.3 缓冲层等效电路模型的参数计算

1．各层轴向电阻和径向电阻的计算方法

根据高压电缆的结构特点可知，导体屏蔽层、绝缘屏蔽层与缓冲层均可视为同轴空心圆柱。由同轴空心圆柱的电阻计算公式[3]可得，导体屏蔽层、绝缘屏蔽层与缓冲层的径向电阻可用式（3-1）进行求解：

$$R_{\mathrm{x}} = \rho \cdot \frac{L}{\pi(r_{\mathrm{od}}^2 - r_{\mathrm{id}}^2)}$$

$$R_{\mathrm{y}} = \frac{\rho}{2\pi L} \cdot \ln \frac{r_{\mathrm{od}}}{r_{\mathrm{id}}} \tag{3-1}$$

式中：R_{x}表示轴向电阻；R_{y}表示径向电阻；ρ 为电阻率，$\Omega \cdot \mathrm{m}$；r_{od}为同轴空心圆柱的外径，m；r_{id}为同轴空心圆柱的内径，m；L 为等效电路模型中最小单元的长度，m。

2．主绝缘层等效电容的计算方法

导体屏蔽层与绝缘屏蔽层之间可等效为一个同轴空心圆柱形电容器，导体屏蔽层与绝缘屏蔽层为电容器的两极板，主绝缘层为电容器的绝缘介质。根据同轴空心圆柱形电容器的计算公式，在忽略边缘效应的影响后[4]，主绝缘层的等效电容 C_1 可用式（3-2）来近似求解：

$$C_1 = \frac{2\pi \varepsilon_0 \varepsilon_1 \mathrm{L}}{\ln(r_b / r_a)} \tag{3-2}$$

式中：ε_1为电缆主绝缘材料的相对介电常数；ε_0为绝对介电常数，其值为8.86×10^{-12}F/m；r_a为导体屏蔽层的外半径，m；r_b为绝缘外屏蔽层的内半径，m；L 为分压模型中最小单元的长度，m。

3．白色粉末和空气间隙等效电容的计算方法

根据高压电缆的结构可知，当白色粉末附着在缓冲层和皱纹铝套的接触面上时，由于皱纹铝套的结构特点，缓冲层与皱纹铝套之间的空气间隙和白色粉末并非规则的几何体，二者的实际形状为等效电容的理论计算带来了困难。

文献[5]使用有限元法对复杂几何体的等效电容进行计算，在计算过程中有效地克服了非规则形状给计算带来的困难，并且得到了精度较高的计算结果。因此，本节使用有限元法对缺陷支路中的 C_{x} 进行计算。根据重力与尺寸因素导致的非同心结构、皱纹铝套的形状以及缓冲层与皱纹铝套之间接触面的形状，在 Comsol 软件中建立形状与空气间隙和白色粉末相同的几何模型[6]，如图 3-5 所示，然后使用电容计算功能对二者的等效电容进行计算[7][8]，通过此方法可以快速准确地对 C_{x} 和 C_a 进行求解。

4．缓冲层和皱纹铝套之间接触电阻的取值

在缓冲层表面形成白色粉末的初期，白色粉末呈斑状分布在缓冲层与皱纹铝套的

接触面上，随着时间的推移，白色粉末在缓冲层和皱纹铝套之间接触面的占比越来越大，在这个过程中，缓冲层和皱纹铝套之间的直接有效接触面积越来越小，二者之间的接触电阻也将越来越大。当白色粉末完全占据缓冲层和皱纹铝套之间接触面时，缓冲层和皱纹铝套之间不接触，此时缓冲层和皱纹铝套之间不存在接触电阻，即在缺陷支路中将接触电阻支路视为开路。

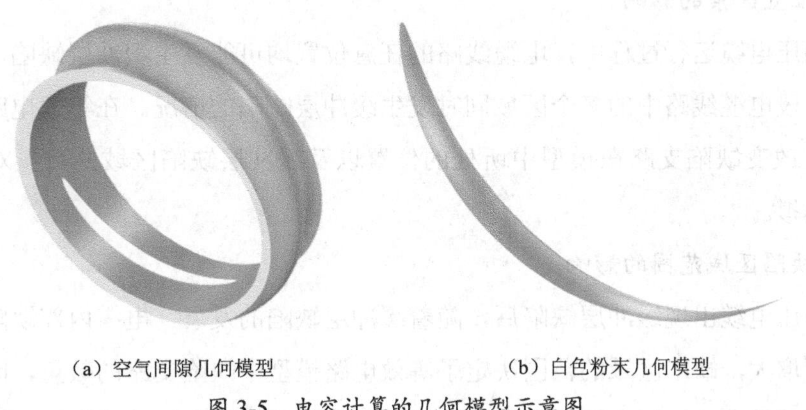

（a）空气间隙几何模型　　（b）白色粉末几何模型

图 3-5　电容计算的几何模型示意图

由正常区域和白色粉末区域的电阻测量结果可知：正常区域的缓冲层轴向电阻处于千欧级别，而白粉区域的电阻处于 10MΩ 以上的级别。因此，在设置缺陷支路的接触电阻时，将缓冲层表面白色粉末的形成过程分成三个阶段，分别为初期、中期以及末期，并假设三个阶段中白色粉末占据接触面的比例分别为 1/3、2/3 以及 1，并将三个阶段的接触电阻分别设置为 1kΩ、10MΩ 以及开路。

3.1.4　缓冲层等效电路模型的影响因素分析

在实际情况中，不同表现形式的缓冲层缺陷可能会对高压电缆的运行产生不同影响，因此，需要根据缺陷特征量的变化，改变等效电路模型中的相关参数与设置，来对不同表现形式的缓冲层缺陷进行模拟，进而研究这些形式的缓冲层缺陷对电缆产生的影响。影响因素以及等效电路模型的相关调整如下所述。

1. 白色粉末面积变化的影响

在白色粉末形成过程中，白色粉末区域的面积以及缓冲层和皱纹铝套之间的接触电阻会发生变化，当白色粉末区域的面积变化时，白色粉末的等效电容会随之发生变化。因此，在等效电路模型中，可以通过改变缺陷支路 C_x 和 R_x 的取值对白色粉末面积的变化进行模拟。

2. 缓冲层电阻率的影响

目前尚无标准对高压成品电缆缓冲层的等效电阻率进行明确规定，由缓冲层电阻率测量结果可知，不同厂家生产的电缆缓冲层体积电阻率存在差异，缓冲层电阻率主要影响等效电路模型中缓冲层的径向和轴向电阻。因此，在等效电路模型中，可以通过改变缺陷支路在模型中缓冲层的径向和轴向电阻对此因素的影响进行模拟。

3. 位置因素的影响

在高压电缆运行过程中，电缆线路的任意位置均可能发生缓冲层缺陷，而且，可能出现一段电缆线路中的多个区域同时发生缓冲层缺陷的情况。在等效电路模型中，可以通过改变缺陷支路在模型中所处的位置以及缓冲层缺陷区域的数量对这两种情况进行模拟。

4. 缺陷区域范围的影响

当高压电缆出现缓冲层缺陷后，随着缓冲层缺陷的发展，电缆内部缺陷区域的范围将逐渐增大，缺陷区域的范围决定了等效电路模型中缺陷支路的数量，因此，可以通过改变等效电路模型中缺陷支路的数量，对缓冲层缺陷发展过程中缺陷区域范围的变化进行模拟。

5. 白色粉末厚度的影响

当高压电缆出现缓冲层缺陷后，随着电缆运行时间的增加，缺陷处白色粉末的厚度将会增大，当白色粉末的面积不变时，白色粉末厚度的变化会影响缺陷支路中等效电容，因此，可以通过改变缺陷支路中 C_x 的取值，对缺陷发展过程中白色粉末厚度的变化进行模拟。值得说明的是：由于铝套波谷处的曲率影响，白色粉末的几何结构一般呈现中间薄两侧厚的特点。因此，白色粉末的厚度是指白色粉末中心处的厚度。

6. 白色粉末最大析出面积的影响

由上文分析可知，白色粉末一般只出现在缓冲层与铝套的接触面上，即接触面的面积决定了白色粉末的最大析出面积。在实际情况中，影响接触面面积的因素可分为两类：接触面轴向宽度和接触面对应的圆心角。接触面轴向宽度主要与铝套波谷处的曲率半径有关，由图 3-6 可知，铝套波谷处曲率半径越大，缓冲层与铝套接触面的轴向宽度越大（$w_1 < w_2$）；决定接触面对应圆心角的主要因素为铝套波谷处的内径和缓冲层外径的差值，由图 3-7 可知，当缓冲层内径和铝套外径的差值发生变化时，二者接触面发生了明显变化，且铝套波谷处的内径和缓冲层外径的差值越小，接触面对应

的圆心角越大（$\theta_1 > \theta_2$）。当白色粉末厚度不变时，白色粉末的析出面积的变化会影响缺陷支路等效电容的大小，因此可以通过改变缺陷支路中的 C_x 和 C_a 的取值，对白色粉末最大析出面积的变化进行模拟。

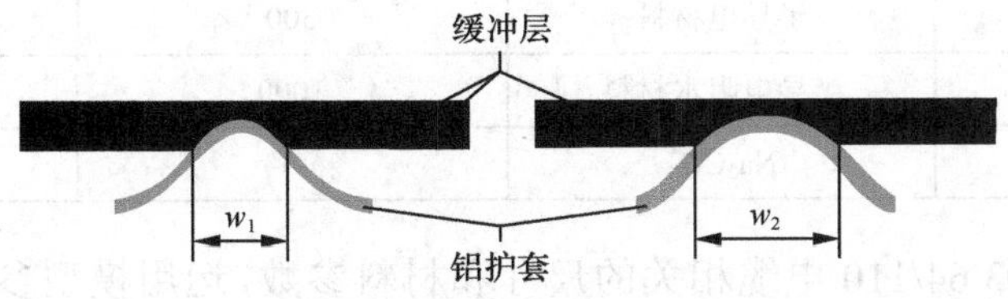

图 3-6　接触面宽度的变化示意图

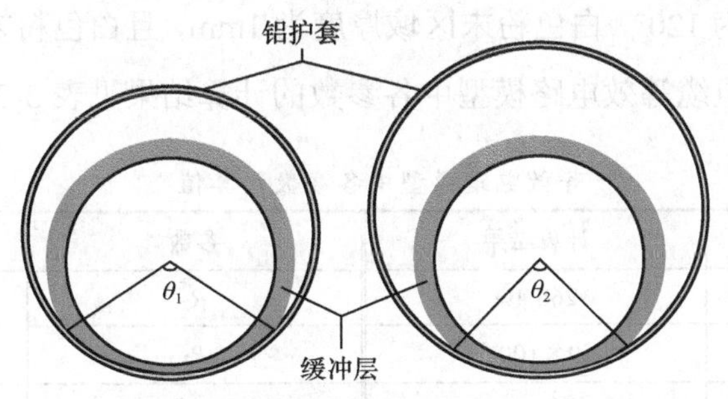

图 3-7　接触面圆心角的变化示意图

3.2　缓冲层缺陷等效电路模型仿真分析研究

3.2.1　仿真对象及设置

基于高压电缆等效电路模型，本节以 YJLW03 64 /110 皱纹铝套电缆为例，对缓冲层缺陷放电烧蚀机理进行研究。电缆的相关尺寸参数见表 3-1，电缆各部分的材料参数见表 3-2[9]。

表 3-1　　YJLW03 64 /110 皱纹铝套电缆的尺寸参数

结构	尺寸	结构	尺寸
导体	34.1mm	铝套内径	82.5mm
导体屏蔽层	37.1mm	铝套外径	91.5mm
主绝缘层	69.1mm	接触面宽度	10mm
绝缘屏蔽层	71.3mm	接触面对应的圆心角	120°
缓冲层	76.5mm	皱纹铝套波距	25mm
铝套厚度	2mm		

表 3-2　　YJLW03 64 /110 皱纹铝套电缆材料参数

结构	材料性质	电阻率/（Ω·m）	相对介电常数
导体屏蔽层	半导电材料	500	—
主绝缘层	交联聚乙烯	—	2.5
绝缘屏蔽层	半导电材料	500	—
缓冲层	半导电阻水材料	1000	—
白色粉末	Na_2CO_3	—	8.4

结合 YJLW03 64/110 电缆相关的尺寸和材料参数，运用模型参数的计算方法对图 3-3 中的参数进行计算。其中，C_x 是在缓冲层和皱纹铝套的接触面宽度为 10mm，接触面对应圆心角为 120°，白色粉末区域厚度为 1mm，且白色粉末完全占据接触面时的计算结果。高压电缆等效电路模型中各参数的计算结果见表 3-3。

表 3-3　　等效电路模型中各参数计算值

参数	计算结果	参数	计算结果
R_1	268.4Ω	R_2	7.4×10^4Ω
C_1	5.59×100^{-12}F	R_3	5.1×10^4Ω
R_4	99.8Ω	R_5	448.1Ω
R_6	4.1×10^4Ω	C_x	6.29×10^{-11}F

基于图 3-4 中的等效电路模型，在 PSCAD 中建立了等效长度为 5m 的高压电缆仿真模型。由缓冲层缺陷的特征现象可知：缓冲层缺陷一般集中出现在电缆线路的某一区域。根据此现象，缺陷支路被集中设置在仿真模型中。仿真模型中各区域的设置如图 3-8 所示，其中 L_1 表示第一段正常区域的长度，L_2 表示缺陷区域的长度，L_3 表示第二段正常区域的长度。

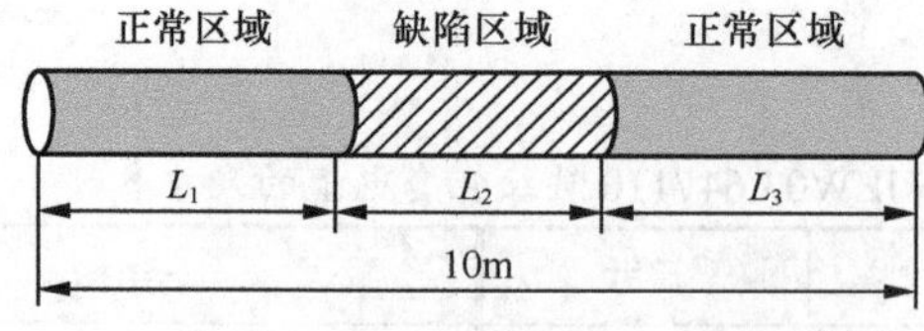

图 3-8　仿真模型的区域设置

PSCAD 中的仿真模型如图 3-9 所示，模型中建立了三个模块，分别对应图 3-8 中的三个区域。仿真模型中的电源设置与 110kV 电缆线路的实际运行电压相同，电源的工频有效电压幅值为 64kV，频率为 50Hz，电源加载在 1、2 端口之间，与图 3-4 分压模型中的 a、b 端口对应，并将 2 端口接地，模拟实际运行中的铝套接地。

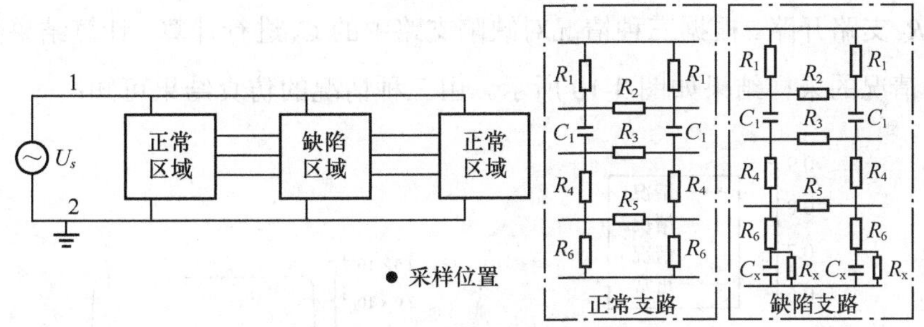

图 3-9　仿真模型的设置

3.2.2　影响因素的仿真分析

为了对缓冲层和绝缘屏蔽层的烧蚀原因进行分析，本节对缓冲层外表面的电压U_b和U_b'进行采样，模型中的采样位置如图 3-9 所示。在对不同表现形式下的缓冲层缺陷进行仿真分析时，为了控制研究变量，基于下述假设，对仿真模型中的元件参数与元件位置进行了设置。

（1）在研究白色粉末面积 s 变化的影响时，假设等效电路模型中其他元件参数不变，只对仿真模型中缺陷支路的等效电容 C_x 和接触电阻 R_x 进行相应的修改。

（2）在研究缓冲层电阻率 ρ_h 的影响时，假设等效电路模型中其他元件参数不变，只对仿真模型中缓冲层的轴向电阻 R_5 和径向电阻 R_6 进行相应修改。

（3）在研究位置因素的影响时，假设等效电路模型中其他元件参数不变，只对仿真模型中缺陷支路的位置进行相应的修改。

（4）在研究缺陷区域范围的影响时，假设等效电路模型中其他元件参数不变，只对仿真模型中缺陷支路的数量 k 进行相应的修改。

（5）在研究白色粉末厚度 h 的影响时，假设等效电路模型中其他元件参数不变，只对仿真模型中缺陷支路的等效电容 C_x 和 C_a 进行相应的修改。

（6）在研究白色粉末析出的最大面积的影响时，假设等效电路模型中其他元件参数不变，只对仿真模型中缺陷支路的等效电容 C_x 和 C_a 进行相应的修改。

3.2.2.1　白色粉末面积变化的影响

在高压电缆的运行过程中，异常缓冲层表面白色粉末的面积 s 一般会随着反应时间的增加而增大。在研究白色粉末面积 s 变化对电缆造成的影响时，针对三种不同情况进行了仿真计算。在三组仿真计算中，白色粉末的厚度 h=1mm，缺陷支路的数量 k=40，L_1=2m，L_2=1m，L_3=2m。此外，三组仿真中，白色粉末在接触面的占比以及接触电阻为：①情况 1：占比=1/3，R_x=1kΩ；②情况 2：占比=2/3，R_x=10MΩ；③情况 3：

占比=1，R_x 支路开路。根据三种情况对缺陷支路中的 C_x 进行计算，计算结果见表 3-4。此外三种情况的采样结果如图 3-10 所示。由三种情况的仿真结果可知：

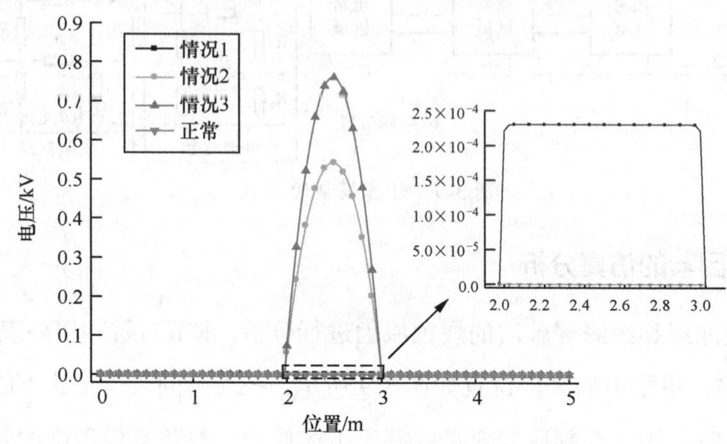

图 3-10　接触状态变化时的电压采样结果

（1）相较于正常区域的电压计算结果，缺陷区域的电压呈现明显的增大现象。在缺陷区域中，缺陷区域中心处缓冲层外表面的电压最高，且缺陷区域的电压分布以缺陷区域中心为对称轴呈现对称分布。

（2）随着缓冲层和铝套之间接触电阻的增大，在缺陷区域中，缓冲层外表面的电压有明显的提升，这说明在缓冲层和铝套之间的接触面逐渐被白色粉末占据的过程中，即缓冲层和铝套之间的接触状态变差的过程中，缺陷区域缓冲层外表面的电压逐渐增大，当缓冲层和铝套之间的接触面完全被白色粉末占据，此时电压的提升现象最为明显。

由于接触面完全被白色粉末占据属于缺陷最严重的情况，在后续研究中，均以白色粉末完全占据缓冲层和铝套之间的接触面为仿真前提，即仿真分析在缺陷最严重的情况下电缆内部电压、电场分布的变化。

3.2.2.2　缓冲层电阻率的影响

由于没有明确标准对高压成品电缆缓冲层的等效电阻率进行详细规定，不同厂家生产的缓冲层电阻率存在差异，为了研究出现缓冲层缺陷后缓冲层电阻率的影响。针对三种不同情况进行了仿真计算。在三组仿真计算中，均以白色粉末完全占据接触面为前提，且白色粉末的厚度 h=1mm，缺陷支路的数量 k=40，L_1=2m，L_2=1m，L_3=2m。此外，三组仿真中缓冲层电阻率的设置情况为：①情况 1：ρ_h=50Ω · m；②情况 2：ρ_h=500Ω · m；③情况 3：ρ_h=1000Ω · m。三种情况的采样结果如图 3-11

所示。

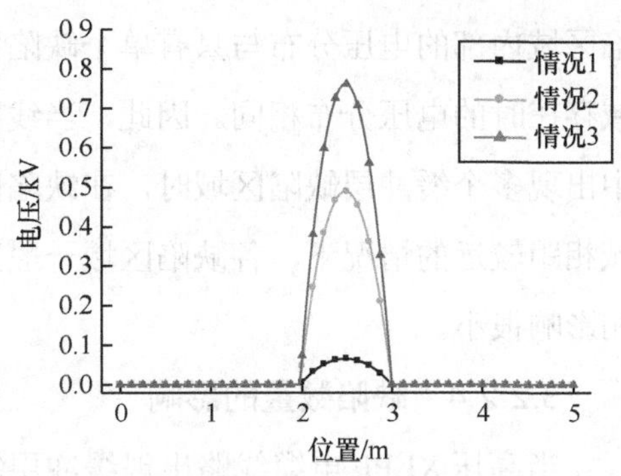

图 3-11　电阻率变化时的电压采样结果

由图 3-11 的电压采样结果可知：当其他条件相同的情况下，随着缓冲层电阻率的增大，在缺陷区域中，缓冲层外表面的电压有明显的提升。当缓冲层电阻率为 1000Ω · m 时，电压最大值为 0.76kV，相较于电阻率为 50Ω · m 时（0.06kV）提高了 1166%。这说明电阻率较小的缓冲层能有效减轻缓冲层缺陷的影响，因此在实际高压电缆的设计和生产中倾向选取电阻率较小的缓冲层。

3.2.2.3　位置因素的影响

在高压电缆的实际运行中，电缆线路中的任意位置均可能出现缓冲层缺陷，为了研究缓冲层缺陷出现在线路不同位置时对电缆线路造成的影响，针对三种不同情况进行了仿真计算。在三组仿真计算中，均以白色粉末完全占据接触面为前提，白色粉末的厚度 h=1mm，缺陷支路的数量 k=40，ρ_h=1000Ω · m。此外，三组仿真中缺陷区域的位置为：①情况 1：L_1=2m，L_2=1m，L_3=2m；②情况 2：L_1=0m，L_2=1m，L_3=4m；③情况 3：L_1=4m，L_2=1m，L_3=0m。三种情况的采样结果如图 3-12 所示。

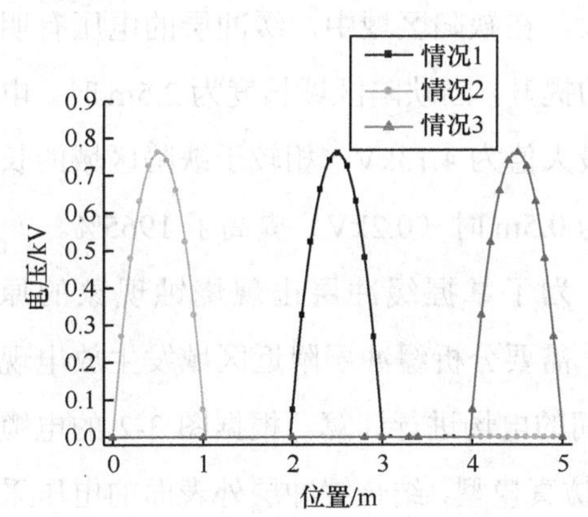

图 3-12　缺陷区域位置不同时的电压采样结果

由图 3-12 的电压采样结果可知：当缺陷区域被设置在不同位置时，缺陷区域缓冲层外表面电压的最大值及变化趋势均相同，这说明在缓冲层缺陷严重程度相同的情况下，缺陷区域位置的变化不会对缺陷区域内部的电压分布造成影响。

此外，在高压电缆的运行过程中，可能出现线路中多个区域同时发生缓冲层缺陷的情况，为了研究这种情况对电缆线路的影响，在仿真模型的首端、中心和末端均设置了等效长度为 1m（缺陷支路数 k=40）的缺陷区域，且白色粉末的厚度 h=1mm。仿真结果如图 3-13 所示。

由图 3-13 可知：对于三处缺陷区域而言，缓冲层外表面的电压分布均相同，且缺陷区域内部的电压分布与只有单个缺陷区域存在时的电压分布相同。因此，当线路中出现多个缓冲层缺陷区域时，在缺陷区域相距较远的情况下，各缺陷区域一般互相影响很小。

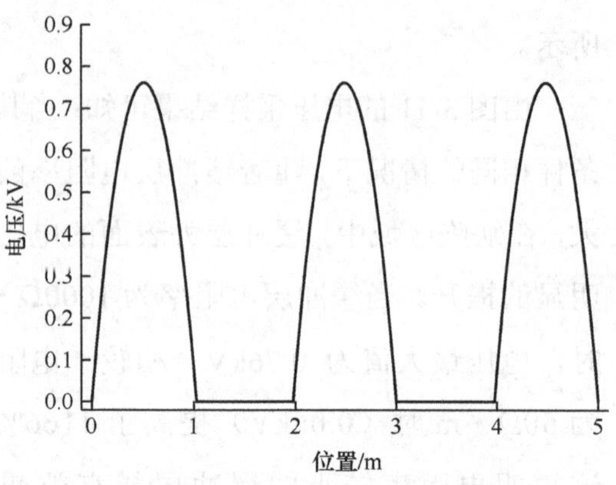

图 3-13　三处缺陷区域的电压采样结果

3.2.2.4　缺陷数量的影响

当高压XLPE电缆线路出现缓冲层缺陷时，随着时间的推移，缓冲层缺陷会逐渐往缺陷区域的两侧扩张。在这种情况下，线路中的缺陷区域的范围会逐渐增大，为了研究此变化产生的影响，针对五种情况进行了仿真计算。在这五组仿真中，白色粉末的厚度 h=1mm，缺陷区域的设置为：①情况 1：缺陷支路数 k=20，L_1=2.25m，L_2=0.5m，L_3=2.25m；②情况 2：缺陷支路数 k=40，L_1=2m，L_2=1m，L_3=2m；③情况 3：缺陷支路数 k=60，L_1=1.75m，L_2=1.5m，L_3=1.75m；④情况 4：缺陷支路数 k=80，L_1=1.5m，L_2=2m，L_3=1.5m；⑤情况 5：缺陷支路数 k=100，L_1=1.25m。五种情况的电压和电场仿真结果如图 3-14 所示。

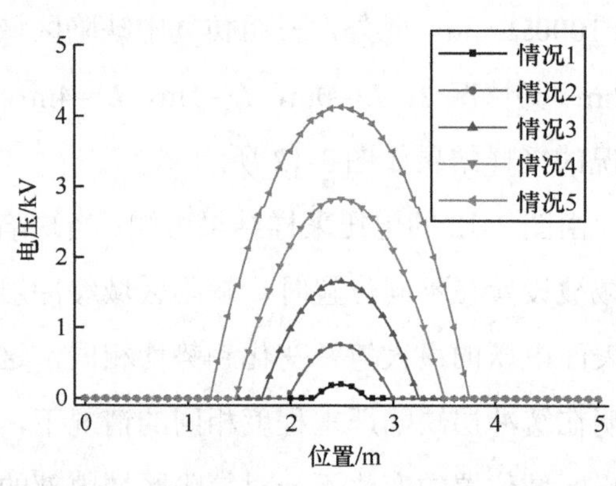

图 3-14　缺陷数量变化时的电压采样结果

由图 3-14 可知：随着缺陷区域范围的增大，在缺陷区域中，缓冲层的电压有明显的提升，当缺陷区域长度为 2.5m 时，电压最大值为 4.13kV，相较于缺陷区域的长度为 0.5m 时（0.2kV）提高了 1965%。

为了掌握缓冲层出现烧蚀现象的原因，需要分析缓冲层附近区域发生放电现象的可能性，因此，有必要对缓冲层与铝套之间的电场进行计算。根据图 3-2 的电缆结构与表 3-2 的尺寸参数，在 Comsol 中建立了仿真模型，结合缓冲层外表面的电压采样结果，在缓冲层表面加载相应的电压，并将铝套设置为接地。然后，对缓冲层与铝套之间的电场进行了计算，电场分布如图 3-15 所示，此图是缺陷支路数 k=100、白色粉末厚度 h=1mm 时缺陷区域中心处的电场分布情况。

计算结果显示：缓冲层与铝套之间出现了场强较高的电场，且电缆底部区域的电场强度要明显大于电缆顶部区域的电场强度，底部区域的电场最大值已经超过了空气的击穿场强（3MV/m）。利用相同的方法，根据不同位置的采样结果，分别对缓冲层与铝套之间的电场进行计算，并将此区域的电场最大值导出，整个仿真模型缓冲层与铝套之间电场最大值的变化如图 3-16 所示。

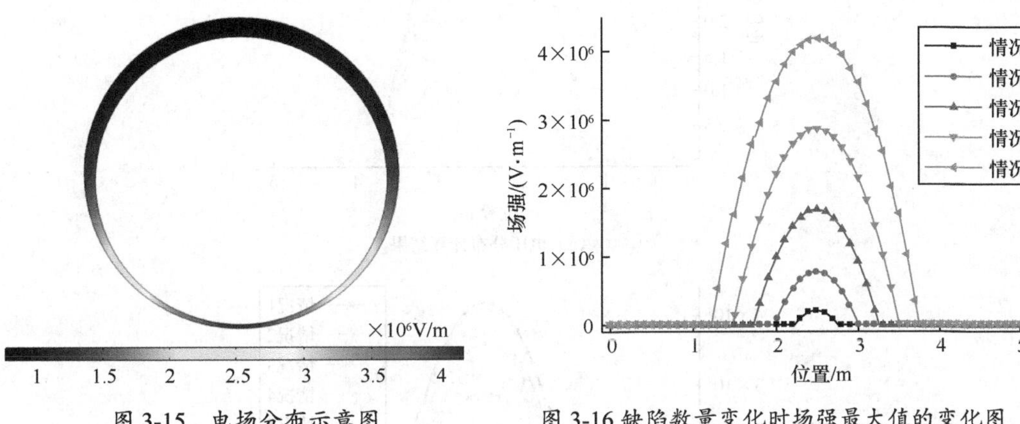

图 3-15　电场分布示意图　　图 3-16 缺陷数量变化时场强最大值的变化图

由图 3-16 可知：在正常区域中缓冲层与铝套之间的电场强度很小，而在缺陷区域中电场强度有明显的提升，且随着缺陷区域长度的增大，电场强度的最大值也随之增大。当缺陷区域长度为 2.5m 时，部分缺陷区域中的电场强度已经超过空气的击穿场强（3MV/m），在这种情况下，极有可能出现放电现象对缓冲层造成损伤。在实际运行中，随着缓冲层缺陷区域的逐渐增大，缺陷区域内部可能出现放电现象的局部区域也会逐渐增大。

3.2.2.5　白色粉末厚度的影响

当高压电缆线路出现缓冲层缺陷时，随着时间的推移，缓冲层内部的阻水粉与铝套反应生成的白色粉末将会逐渐增多，在这种情况下，缓冲层表面附着的白色粉末厚度将会逐渐增大。为了研究白色粉末厚度的变化对电缆产生的影响，针对五种情况进行了仿真。在这五组仿真中，缺陷支路的数量 k=100，缺陷区域的位置均为：L_1=1.25m，L_2=2.5m，L_3=1.25m，白色粉末的厚度变化范围为 0.2～1mm，以 0.2mm 为步长进行仿真计算，在白色粉末厚度的变化过程中，C_x 计算结果见表 3-4，电压采样结果如图 3-17（a）所示，此外，采用与 3.2.2.4 节相同的方法对电场强度进行计算，电场分布的结果如图 3-17（b）所示。

表 3-4　　白色粉末厚度变化时 C_x 的计算结果

厚度/mm	0.2	0.4	0.6	0.8	1
C_x/F	1.58×10^{-10}	1.07×10^{-10}	8.92×10^{-11}	7.12×10^{-11}	6.29×10^{-11}

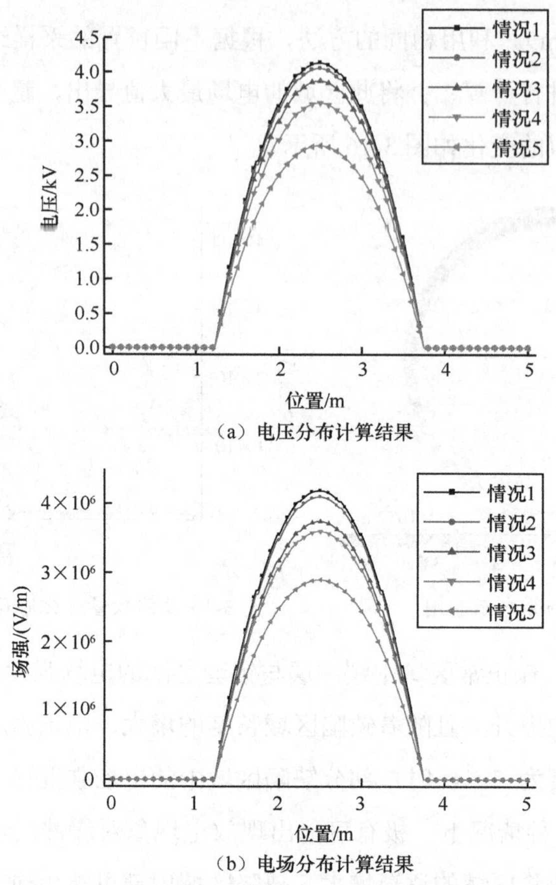

（a）电压分布计算结果

（b）电场分布计算结果

图 3-17　白色粉末厚度变化时的仿真计算结果

由图 3-17 可知：随着缺陷处白色粉末厚度的增大，在缺陷区域中，缓冲层的电压呈现增大的趋势，当白色粉末的厚度为 1mm 时，电压最大值为 4.13kV，相较于厚度为 0.2mm 时（2.93kV）增大了 40.9%；同时，缓冲层与铝套之间的电场强度也随白色粉末厚度的增大而增大，当白色粉末的厚度为 0.4mm 时，已经有部分区域的电场强度超过空气的击穿场强，且此区域的范围随着厚度的增大而增大。在实际运行中，随着阻水粉与铝套反应时间的增加，接触面上生成的白色粉末会逐渐增多，这会使白色粉末厚度增大，在这种情况下，电缆内部可能发生放电现象的区域也会逐渐增大。

3.2.2.6　白色粉末最大析出面积的影响

在高压电缆的设计过程中，不同的设计参数可能导致缓冲层和铝套之间接触面积的变化，而当电缆出现缓冲层缺陷时，接触面积的大小影响了白色粉末的最大析出面积。当白色粉末厚度不变时，析出面积的变化会影响缺陷支路中 C_x 的取值。由上文分析可知，影响接触面积的主要因素包括：铝套波谷处的曲率半径（轴向因素）以及铝套最小内径与缓冲层外径的差值（径向因素），为了研究这两个因素变化时对电缆产生的影响，本节进行了两组仿真。

1．轴向因素的影响

铝套波谷处曲率半径（轴向因素）主要影响接触面的轴向宽度，曲率半径越大接触面的轴向宽度越大。为了研究此因素产生的影响，在 YJLW03 64 /110 电缆其他结构参数不变的情况下，假设在铝套波谷处曲率半径的变化过程中，接触面宽度的变化范围为 6～14mm，以 2mm 的步长对缺陷支路中的 C_x 进行计算，计算时取白色粉末的厚度 h=1mm。缺陷支路的等效电容计算结果见表 3-5。

表 3-5　接触面宽度变化时 C_x 的计算结果

宽度/mm	6	8	10	12	14
C_x/F	4.05×10^{-11}	5.07×10^{-11}	6.29×10^{-11}	7.35×10^{-11}	8.92×10^{-11}

根据缺陷支路等效电容 C_x 的计算结果进行了五组仿真计算，在仿真模型中，缺陷区域的设置为：缺陷支路 k=100，L_1=1.25m，L_2=2.5m，L_3=1.25m，电压与电场计算结果如图 3-18 所示。

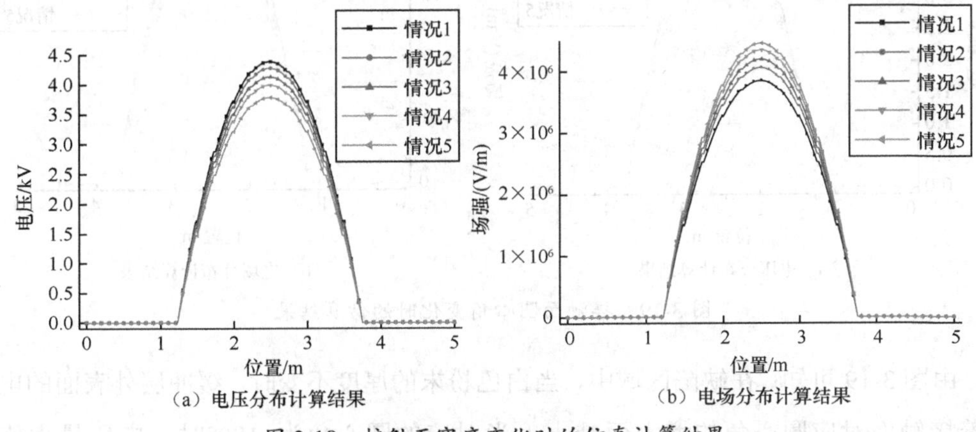

（a）电压分布计算结果　（b）电场分布计算结果

图 3-18　接触面宽度变化时的仿真计算结果

由图 3-18 可知：在缺陷区域中，当白色粉末的厚度不变时，缓冲层外表面的电压随着接触面宽度的增大而减小，当接触面宽度为 14mm 时，电压最大值为 3.78kV，相较于接触面宽度为 6mm 时（4.38kV）减小了 13.7%；同时，缓冲层与铝套之间的电场强度也随接触面宽度的增大而减小。

2．径向因素的影响

铝套最小内径与缓冲层外径的差值（径向因素）主要影响接触面对应的圆心角，差值越小接触面对应的圆心角越大，为了研究此因素产生的影响，在 YJLW03 64 /110

电缆其他尺寸参数不变的情况下改变铝套的最小内径，并假设每当铝套最小内径减小0.5mm 时，接触面对应的圆心角增大 30°，且铝套最小内径的变化范围为−1～1mm，以 0.5mm 的步长对缺陷支路中的 C_x 进行计算，计算时取白色粉末的厚度 h=1mm。缺陷支路的等效电容 C_x 计算结果见表 3-6。

表 3-6　接触面对应的圆心角变化时的 C_x 计算结果

铝套内径/mm	42.25	41.75	41.25	40.75	40.25
圆心角/（°）	60	90	120	150	180
C_x/F	3.65×10^{-11}	4.68×10^{-11}	6.29×10^{-11}	7.44×10^{-11}	8.78×10^{-11}

根据缺陷支路等效电容的计算结果进行了五组仿真计算，在仿真模型中，缺陷区域的设置为：缺陷支路数 k=100，L_1=1.25m，L_2=2.5m，L_3=1.25m，电压与电场计算结果如图 3-19 所示。

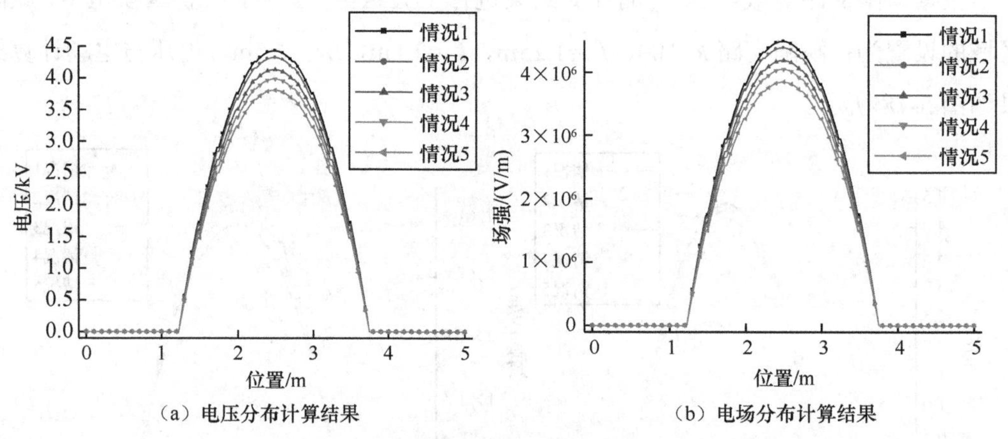

（a）电压分布计算结果　（b）电场分布计算结果

图 3-19　接触面圆心角变化时的仿真结果

由图 3-19 可知：在缺陷区域中，当白色粉末的厚度不变时，缓冲层外表面的电压随着接触面对应圆心角的增大而减小，当对应的圆心角为 180°时，电压最大值为3.81kV，相较于对应的圆心角为 60°时（4.43kV）减小了 14.0%；同时，缓冲层与铝套之间的电场强度随对应圆心角的增大而减小。

从关于接触面面积变化的仿真结果可以看出：当高压电缆出现缓冲层缺陷时，在其他条件相同的情况下，铝套与缓冲层的接触面积越大，缺陷区域中可能出现放电现象的区域越小，因此，在电缆设计过程中，可以通过适当增大铝套波谷处的曲率半径或者减小铝套最小内径与缓冲层外径的差值的方式来增大缓冲层与铝套的接触面积，进而减小缓冲层缺陷对电缆的影响。

3.3 缓冲层缺陷放电模拟实验研究

针对上一节的仿真结果和分析，本节将进行缓冲层样品放电模拟试验和缺陷电缆局部放电检测，目的在于模拟缓冲层放电烧蚀的过程，进而研究存在缓冲层缺陷时高压电缆内部的放电情况，最终得到缓冲层放电烧蚀缺陷的形成过程和缺陷机理。

3.3.1 缓冲层缺陷放电模拟实验

由于缓冲层位于铝套内部，在不破坏铝套结构的前提下无法观察到白色粉末形成的具体情况。因此，根据前文分析的白色粉末组成成分以及缺陷情况下缓冲层和铝套之间的接触状态变化，使用铝套和缓冲层样品设计并进行了两组放电模拟试验。

第一组放电模拟试验的接线示意图如图 3-20 所示，该试验装置由铝套、缓冲带、铝板以及白色粉末组成，其中铝套和缓冲带的长度均为 3 个铝套波纹节距。首先将缓冲带放置在铝板上，其次在缓冲带表面设置 3 个白色粉末（主要成分为 Na_2CO_3）区域。白色粉末区域如图 3-21 所示，该区域中白色粉末的厚度约为 1mm，再次将铝套放置在白色粉末区域的上方，并将交流电压源的高压侧与铝套相连接，最后将底部的铝板与交流电压源的接地侧相连接。

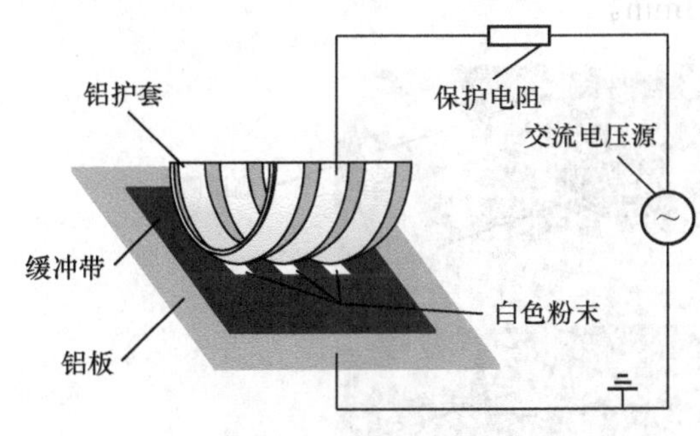

图 3-20　第一组放电模拟试验接线图

图 3-21　白色粉末区域示意图

在这种布置方式下，能够对缓冲带和铝套之间的接触面进行直接观察，能更好地掌握缓冲带和铝套之间的放电情况。在试验中，以 0.1kV/s 的升压速度使交流电压在 0～2kV 范围内变化。当电压达到 2kV 时，保持此电压 3min。在升压过程中观察缓冲带和铝套之间的放电情况，并记录起始放电电压。对同一缓冲带样品共进行了三次升压操作，三次升压操作过程中缓冲层样品的起始放电电压见表 3-7。放电模拟试验结束后，铝套和缓冲带的表面形貌如图 3-22 所示。

表 3-7　　第一组模拟实验的起始放电电压

次数	第一次	第二次	第三次
起始放电电压/V	1200	1000	600

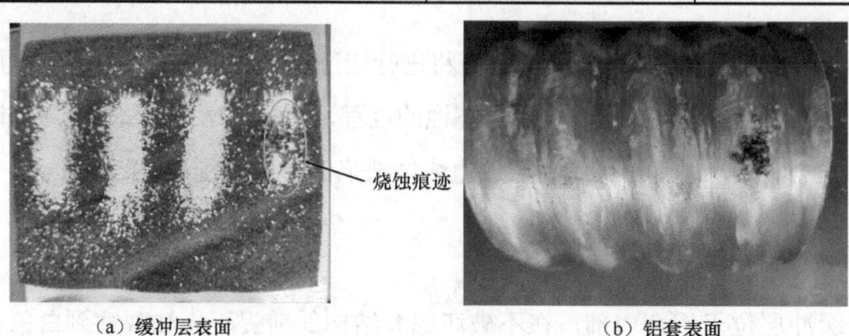

（a）缓冲层表面　　（b）铝套表面

图 3-22　铝套和缓冲层表面形貌图

第二组放电模拟试验的接线示意图如图 3-23 所示，该试验装置由铝套、缓冲带样品、电缆缆芯以及白色粉末组成，其中铝套的长度为 7 个铝套波纹节距。首先将缓冲带按照 1/2 搭盖的方式缠绕在绝缘外屏蔽层表面，并在铝套波谷处布置白色粉末区域，白色粉末区域如图 3-24 所示，该区域中白色粉末的厚度约为 1mm，然后将电缆缆芯和缓冲带放置在铝套上方，并将交流电压源的高压侧与绝缘外屏蔽层相连接，最后将铝套与电压源的接地侧相连接。以 0.1kV/s 的升压速度使实验电压在 0～2kV 范围内变化。当电压达到 2kV 时，保持此电压 3min。

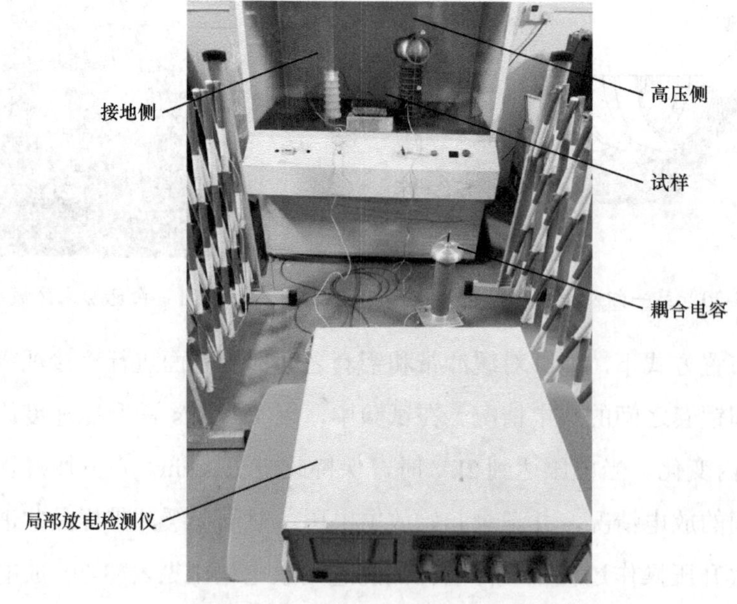

图 3-23　模拟放电试验接线图

图 3-24　铝套白色粉末区域示意图

由于此情况下无法直接观察缓冲带与铝套之间的放电现象，因此在试验装置两端接入 JF2008 型局部放电检测仪，监测缓冲带和铝套之间的放电情况，当局部放电检测仪出现放电信号时，记录当时的电压源电压作为起始放电电压。对同一缓冲层样品共进行了三次升压操作，三次升压操作过程中缓冲层样品的起始放电电压见表 4-8。

表 3-8　第二组模拟实验的起始放电电压

次数	第一次	第二次	第三次
起始放电电压/V	700	500	400

三次升压操作结束后将试验装置取出，观察缓冲带和铝套表面的形貌特征，结果如图 3-25 所示。

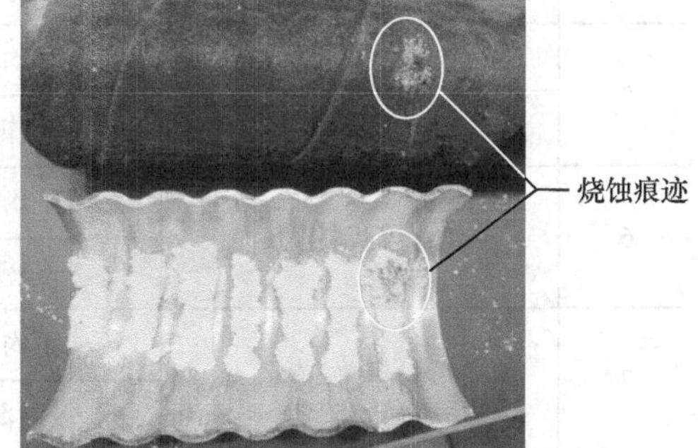

图 3-25　缓冲层和铝套表面的形貌特征

由两组缓冲带样品的放电模拟试验可知：

（1）当缓冲带和铝套之间存在电位差（0.7kV 以上）时，缓冲带和铝套之间会发生放电现象，并对缓冲带造成烧蚀现象。这一结果验证了仿真分析所得结论。

（2）放电现象发生后，缓冲带和铝套之间的白色粉末并未减少，而是继续附着在缓冲带和铝套之间的接触面上，这说明放电现象发生后，白色粉末并未被放电现象损坏，会继续影响缓冲带和铝套之间的接触状态，使二者保持电气连接不良的状态。

（3）随着放电次数的增加，缓冲带和铝套之间的放电起始电压越来越低，这是因为缓冲层被烧蚀后，缓冲带均匀电场的能力会受影响，受损区域的电场会发生畸变现象，进而导致放电现象更容易发生。

3.3.2　缺陷电缆样品相关测试

在 3.3.1 节中利用铝套和缓冲带样品进行了放电模拟实验，为了掌握实际缺陷电缆内部的放电情况，在由于缓冲带缺陷而导致击穿的高压电缆线路的击穿点附近截取了一段缺陷电缆样品，缺陷电缆样品的长度为15m，缺陷电缆的型号为YJLW03 64/110 1×800，此缺陷电缆仅投入运行12年，远远未达到其30年的设计寿命。在对缺陷电缆取样的过程中，发现电缆内部存在明显的缓冲层缺陷特征，即缓冲带和铝套的接触面上存在明显的白色粉末。

对于缺陷电缆样品，首先根据GB/T 11017.1—2024的试验要求进行试验研究，试验结果见表3-9。检测结果表明，电缆样品符合GB/T 11017.1—2024标准要求，未发生击穿处的主绝缘仍是良好状态。

表3-9　　缺陷电缆样品试验结果

序号	项目名称		检验结果
1	交流耐压试验		绝缘未发生击穿
2	雷电冲击电压试验		电缆未发生击穿
3	介损		9.9×10^{-6}（$\leqslant10\times10^{-4}$）
4	半导电屏蔽表面电阻率		380Ω·m（≤500Ω·m）
5	XLPE绝缘厚度	平均厚度	16.1mm
		最薄点	15.8mm（≥14.85mm）
6	绝缘屏蔽层厚度	平均厚度	1.1mm
		最薄点	1.0mm
7	缓冲带厚度	平均厚度	1.6mm
		最薄点	1.4mm
8	绝缘抗张强度		23.75MPa（≥12.5MPa）
9	绝缘断裂伸长率		557.46%（≥200%）
10	负荷下最大伸长率		75%（≤175%）
11	冷却后最大永久伸长率		1.8%（≤15%）

然后利用15m长的缺陷电缆样品搭建了局部放电信号检测平台，试验接线与布置图如图3-26所示。

根据标准GB/T 11017.1—2024的要求，对缺陷电缆样品进行了局部放电信号检测试验。试验场所的背景噪声约为2.92pC，在电缆导体上施加大小为$1.5U_0$的电压（U_0=64kV），测量了导体温度在30℃、60℃和90℃时缺陷电缆样品内部的局部放电信号，结果如图3-27所示。

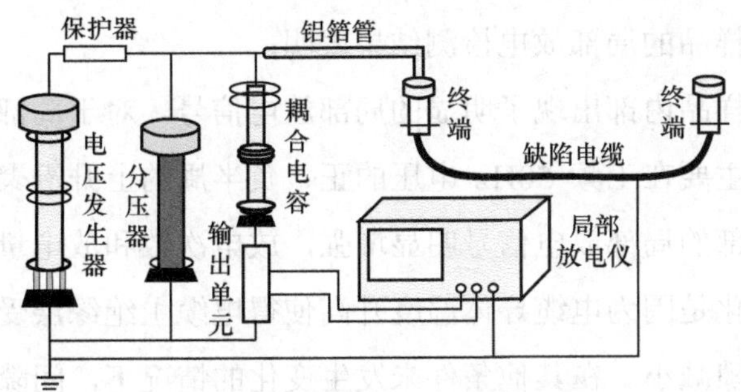

(a) 试验接线图

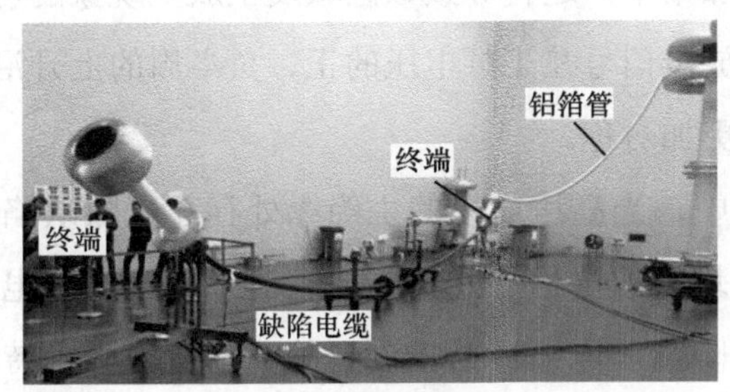

(b) 试验布置图

图 3-26　局部放电测试试验平台

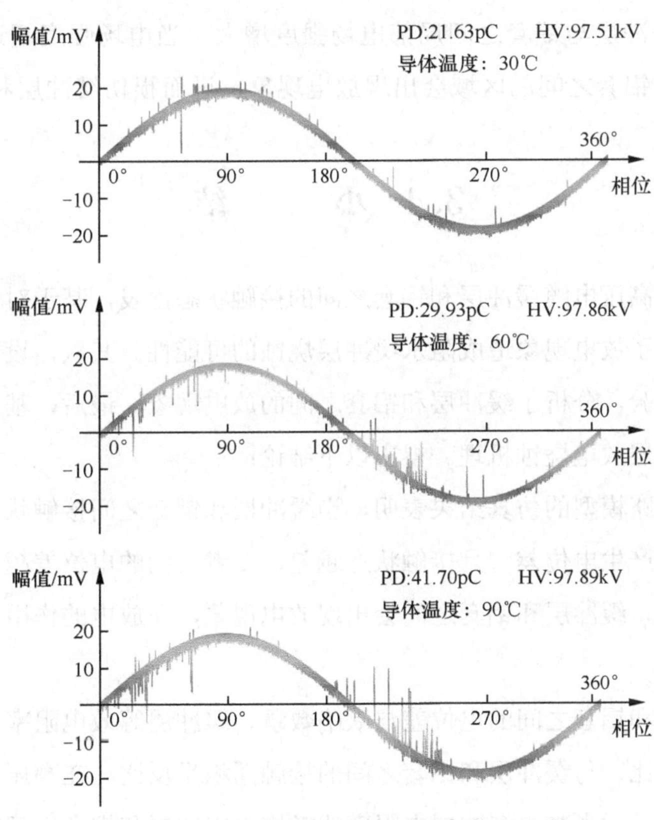

图 3-27　缺陷电缆样品内部的局部放电信号

缺陷高压电缆样品的局部放电检测结果表明：

（1）缺陷电缆样品内部出现了明显的局部放电信号，对于局部放电信号的特征而言，局部放电信号主要在工频 50Hz 电压的正、负半周的上升沿聚集。当电缆导体温度升高时，电缆内部的局部放电信号明显增强，放电次数和放电量均逐渐增大。局部放电信号强度的变化是因为电缆导体温度升高使得电缆主绝缘层受热膨胀，导致缓冲层和铝套之间的间隙减小。在其他条件未发生变化的情况下，间隙减小会使缓冲层和铝套之间电场分布更加集中，这将导致该区域发生放电现象的可能性变大。此外，温度的升高也使得局部放电信号在工频电压的正、负半周的上升沿更加聚集，且关于工频电压的正、负半周更加对称。

（2）在实际情况中，当高压电缆的主绝缘处存在气隙缺陷时，在工频正、负半周的上升沿和下降沿均有放电信号的存在，且局部放电的放电量在电压的峰值处会达到最大值。而在缺陷高压电缆样品检测到的局部放电信号特征与该情况存在明显差异，但其与接触不良类型的局部放电信号特征相似。因此，缺陷电缆内部出现局部放电信号的原因为：缓冲层与铝套的不良接触状态导致缓冲层出现局部电位提升现象，这将使缓冲层与铝套之间局部电场强度增大，当电场强度超过空气的击穿场强时，缓冲层和铝套之间的区域会出现放电现象，进而损伤缓冲层和绝缘屏蔽层。

3.4 小　　结

本章首先从高压电缆缓冲层和铝套之间的接触状态出发，基于对等效电路模型的仿真计算，分析了放电现象造成阻水缓冲层烧蚀的可能性。其次，设计了放电模拟试验与局部放电试验，分析了缓冲层和铝套之间的放电现象。最后，基于仿真和试验结果，总结了缓冲层放电烧蚀机理。得出以下结论：

（1）等效电路模型的仿真结果表明，当缓冲层和铝套之间接触状态变差时，缓冲层与铝套之间会产生电位差，且接触状态越差，二者之间的电位差越大。在这种电位差存在的情况下，缓冲层和铝套之间会出现放电现象，在放电的作用下，缓冲层会出现烧蚀现象。

（2）缓冲层和铝套之间的电位差与缺陷数量、缓冲层等效电阻率以及缺陷处白色粉末的厚度呈正比，与缓冲层和铝套之间的接触面积呈反比。在高压电缆的设计生产过程中，可以通过适当减小缓冲层电阻率或者增大缓冲层和铝套之间的接触面积来降低缓冲层缺陷对电缆运行的影响。

（3）在缓冲层放电模拟试验中验证了因不良接触状态而产生的电位差，会使缓冲层和铝套之间出现放电现象。在缺陷电缆样品的局部放电检测试验中也检测到明显的局部放电信号，且此局部放电信号与接触不良类型的局部放电信号特征相似。

（4）缓冲层缺陷的发展机理可以概况为：在水分的参与下，阻水粉和铝套发生反应会在缓冲层和铝套的接触面上形成白色粉末；因白色粉末导致的不良接触状态会使缓冲层和铝套之间出现电位差，进而导致缓冲层和铝套之间出现放电现象，长期的放电会使缓冲层出现烧蚀痕迹；随着电缆运行时间的增加，放电现象会继续对绝缘外屏蔽层和主绝缘层造成损伤，随着绝缘损伤的不断累积，最终发生高压电缆击穿故障。

本章参考文献

[1] 杨帆，朱宁西，刘晓东，等. 基于阻抗评估电缆缓冲层间隙状况的实验与分析[J]. 广东电力，2018, 31(12): 93-98.

[2] 苑吉河，杨阳，张曦，等. 基于材料和电场分布的不同电缆缺陷的震荡波表征效果研究[J]. 电力 科学与技术学报，2020, 35(4): 42-48.

[3] 李根，王航，刘海康，等. 基于逻辑回归的高压电缆交叉互联接地系统缺陷分类识别方法[J/OL]. 高电压技术，2021:1-10.

[4] 杨帆. 110kV 电缆线路载流量关键技术研究[D]. 广州：华南理工大学，2019.

[5] Z. Zhang, X. Zhou, X. Wang, et al. A Novel Diagnosis and Location Method of Short-Circuit Grounding High-Impedance Fault for a Mesh Topology Constant Current Remote Power Supply System in Cabled Underwater Information Networks[J], IEEE Access, 2019(7): 121457-121471.

[6] J. Li, Z. Zhao, B. Shu, et al. Study on the Simplified Distributed Parameter Model for HTS Cables[J], IEEE Transactions on Applied Superconductivity, 2014, 24(5).

[7] M. Feliziani, and F. Maradei. Capacitance matrix calculation of a wire conductor line: A new FEM approach[J], IEEE Transactions on Electromagnetic Compatibility, 1998(40): 262-270.

[8] J. Xing, W. Zhao, S. Huang, et al. Analysis on the voltage dependent capacitance variation of high voltage compressed gas standard capacitors[C], 2012 IEEE I2MTC - International Instrumentation and Measurement Technology Conference, Proceedings, 2012: 768-771.

第4章

皱纹铝套电力电缆缓冲层缺陷放电检测方法

研究人员普遍认为缓冲层与皱纹铝套波谷接触位置形成的高阻值白斑,破坏了绝缘屏蔽层与铝套间原本良好的电气连接与电气接触，由此引发的局部电气接触不良引起缓冲层局部放电[1]~[4]或容性电流分布不均[5]，长期作用下损伤电缆绝缘屏蔽层，主绝缘形成烧蚀孔洞，最终导致电缆本体击穿故障。目前常用的电缆缺陷检测方法为局部放电检测，为了研究电缆缓冲层缺陷的放电表征方法，本章参照退运 110kV 电缆解剖发现的缓冲层缺陷典型特征，制备了 110kV 缓冲层模拟缺陷电缆，含阻水带白粉、阻水带受潮、缓冲层电气接触不良、绝缘屏蔽层受损、主绝缘受损、无缺陷等条件，依次对各段缓冲层缺陷电缆开展局部放电试验，用脉冲电流法和高频电流法采集放电特征，最后得到局部放电检测各类缓冲层缺陷的有效性。

4.1 测 试 系 统

实验室搭建了 110kV 电缆缓冲层缺陷放电测试系统，如图 4-1 所示，包括串联谐振系统、脉冲电流局部放电检测仪、高频电流局部放电检测仪和 110kV 缓冲层模拟缺陷电缆。

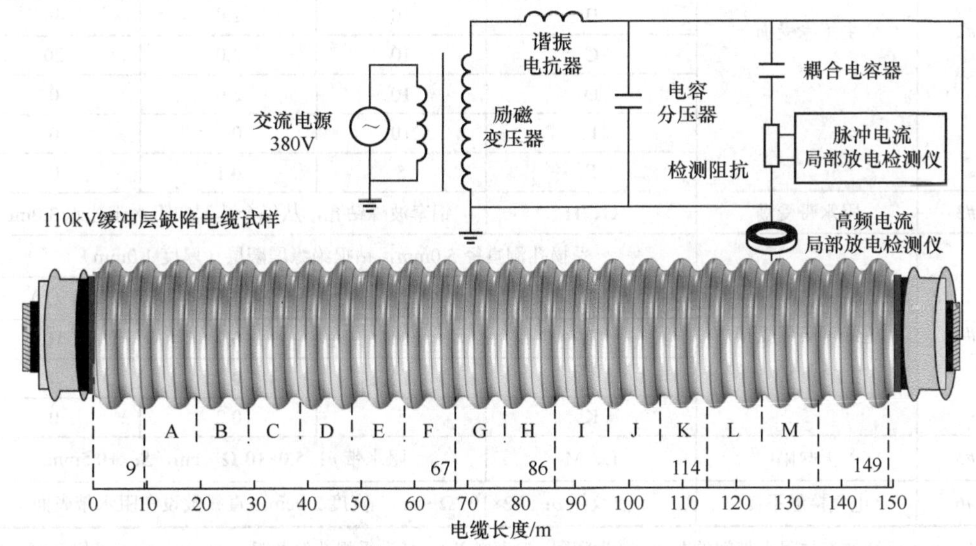

图 4-1　110kV 带电电缆缓冲层缺陷放电测试系统

串联谐振系统型号 MSR700-2100，含无局部放电试验电源、励磁变压器、谐振电抗器、电容分压器、耦合电容器和检测阻抗，最高试验电压 700kV。脉冲电流局部放电检测仪型号 DDX-9121b，检测灵敏度小于 1pC。高频电流局部放电检测仪型号 Techimp PD Base Ⅱ，检测频段 2～48MHz，最大灵敏度 21mV/mA，负荷电阻 50Ω，采样频率 100MS/s。

4.2 缓冲层缺陷电缆制备方法研究

为了模拟高压 XLPE 电缆运行中出现的不同类型缓冲层缺陷，实验室与广州某电缆公司合作制备了 110kV 模拟缓冲层缺陷电缆。根据退运电缆解剖发现的缓冲层缺陷特征，用型号为 YJLW03-Z　64/110 1×1200 的高压电缆制备，长度 149m，无外护套。

缺陷电缆按缺陷类型分为 6 段，分别为阻水带白粉段（#1）、主绝缘受损段（#2）、阻水带受潮段（#3）、绝缘屏蔽层受损段（#4）、无缺陷段（#5）、电气接触不良段（#6），见表 4-1。

表 4-1　　110kV 模拟缺陷电缆各缺陷段和无缺陷段制备方法

<table>
<tr><th>序号</th><th>缺陷类型</th><th colspan="4">缺陷特征</th></tr>
<tr><td>#1</td><td>阻水带白粉</td><td colspan="4">电缆左端面不密封，大气水分渗入，S：−0.5mm</td></tr>
<tr><td rowspan="8">#2</td><td rowspan="8">主绝缘受损</td><td colspan="4">受损孔洞直径 5.0mm，钻损主绝缘（厚度 16.0mm）</td></tr>
<tr><td></td><td>N</td><td>D_1/mm</td><td>ϕ/（°）</td></tr>
<tr><td>A</td><td>10</td><td>2.0</td><td>50</td></tr>
<tr><td>B</td><td>10</td><td>2.0</td><td>40</td></tr>
<tr><td>C</td><td>10</td><td>2.0</td><td>20</td></tr>
<tr><td>D</td><td>10</td><td>2.0</td><td>0</td></tr>
<tr><td>E</td><td>10</td><td>0.1</td><td>0</td></tr>
<tr><td>F</td><td>5</td><td>0.1</td><td>0</td></tr>
<tr><td>#3</td><td>阻水带受潮</td><td>G、H</td><td colspan="3">铝套波峰钻孔，从每个孔洞向阻水带注水 3.0mL</td></tr>
<tr><td rowspan="5">#4</td><td rowspan="5">绝缘屏蔽层受损</td><td colspan="4">受损孔洞直径 5.0mm，钻损绝缘屏蔽层（厚度 1.0mm）</td></tr>
<tr><td></td><td>N</td><td>D_2/mm</td><td>ϕ/（°）</td></tr>
<tr><td>I</td><td>10</td><td>0.2</td><td>10</td></tr>
<tr><td>J</td><td>10</td><td>0.2</td><td>0</td></tr>
<tr><td>K</td><td>5</td><td>0.2</td><td>0</td></tr>
<tr><td>#5</td><td>无缺陷</td><td>L、M</td><td colspan="3">阻水带 ρ：$5.0\times10^3\Omega\cdot$cm，S：+0.5mm</td></tr>
<tr><td>#6</td><td>电气接触不良</td><td colspan="4">皱纹纸 ρ：$7.2\times10^{15}\Omega\cdot$cm，宽度 2.0cm，直线敷设在阻水带表面</td></tr>
</table>

注　S 为铝套波谷与阻水带间的距离（+为间隔，−为嵌入）；N 为受损孔洞数量；D_1 为主绝缘受损孔洞深度；D_2 为绝缘屏蔽层受损孔洞深度；ϕ 为受损孔洞的周向角度；ρ 为体积电阻率。

其中，无缺陷段#5 为新电缆；阻水带白粉段#1 模拟铝套与受潮阻水带紧密接触下在阻水带表面反应生成大量白粉；主绝缘受损段#2 模拟电缆主绝缘在缓冲层放电或不均匀容性电流长期作用下产生烧蚀孔洞；阻水带受潮段#3 模拟电缆生产、存储或运行过程中因密封不良导致的阻水带受潮状态；绝缘屏蔽层受损段#4 模拟电缆绝缘屏蔽层烧蚀孔洞，电气接触不良段#6 模拟沿电缆长度方向分布在阻水带表面的点状白粉（用体积电阻率 $7.2\times10^{15}\Omega\cdot$cm 的皱纹纸条模拟白粉隔离效果）。

对于阻水带白粉段#1，缺陷电缆长度为 9m。电缆轧铝套波纹时，调节皱纹铝套轧纹深度，使铝套波谷嵌入阻水带 0.5mm，保证两者紧密接触。整根电缆制备完成后，电缆左端面不做密封处理，如图 4-2（a）所示，室温环境下水平静置 90d，使大气水分从左端面进入电缆使阻水带自然受潮，在铝套紧密接触位置产生白粉。电缆右端面用弹性硅橡胶密封端口，再用防水薄膜整体缠绕密封，保证其余各段不受大气水分渗入影响，如图 4-2（b）所示。

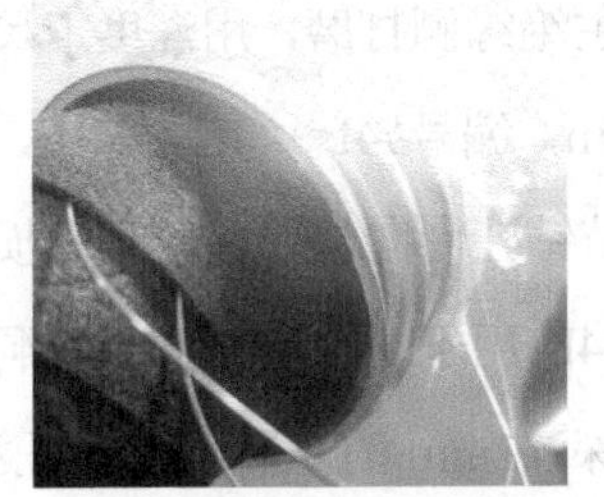

（a）电缆左端面不密封

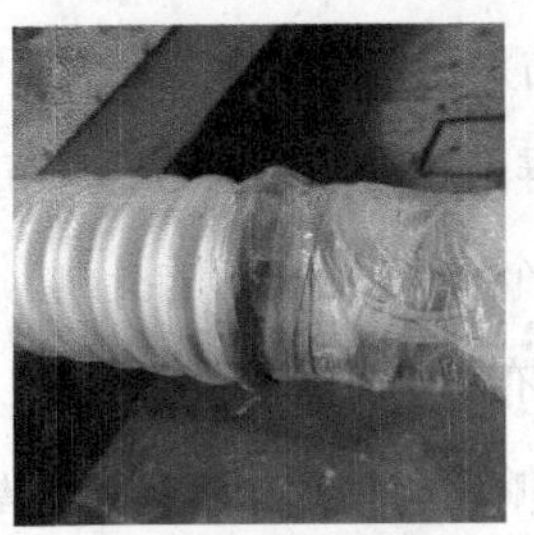

（b）电缆右端面密封

图 4-2　110kV 阻水带白粉段电缆端面处理

对于主绝缘受损段#2，缺陷电缆长度为 58m。电缆试样三层共挤制成缆芯后，用直径 5.0mm 的钻头在绝缘屏蔽层表面沿径向往主绝缘侧钻孔模拟受损孔洞，直至观察到出现半透明主绝缘粉屑，用深度卡尺测量孔深，如图 4-3 所示。考虑到后续有电缆内置光纤检测试验，主绝缘受损段分 6 段，每段约 10m，编号#2A～#2F。其中，#2A～#2D 每一段内隔 1m 钻一个孔深 2.0mm 的孔洞，通过调节钻孔周向位置，为后续研究受损孔洞距内置光纤周向角度对光纤测量的影响做准备。#2D～#2E 用于对比研究受损孔洞深度对内置光纤测量的影响；#2D 段内隔 1m 钻一个孔深 2.0mm 的孔洞；#2E 段内隔 1m 钻一个孔深 0.1mm 的孔洞，两段的受损孔洞距内置光纤周向角度相同。#2E～#2F 用于对比研究受损孔洞数量对内置光纤测量的影响；#2E 段内隔 1m 钻一个孔深 0.1mm 的孔洞（10 个孔洞）；#2F 段内隔 2m 钻一个孔深 0.1mm 的孔洞（5 个孔洞），两段的受损孔洞距内置光纤周向角度相同。

对于阻水带受潮段#3，缺陷电缆长度为 19m。电缆制备后先不钻孔，待即将开始带电试验时再钻。用直径 5.0mm 的钻头在相邻皱纹铝套波峰位置沿径向往阻水带侧钻孔，钻穿铝套即停，不损伤阻水带，如图 4-4 所示。阻水带受潮段分 2 段，每段约 10m，编号#3G～#3H。每米电缆有 33 个铝套波峰，即每米有 33 个波峰孔洞。用注射器从孔洞刺入阻水带注水，每个洞注入 3.0mL 自来水，注水量约 100mL/m。

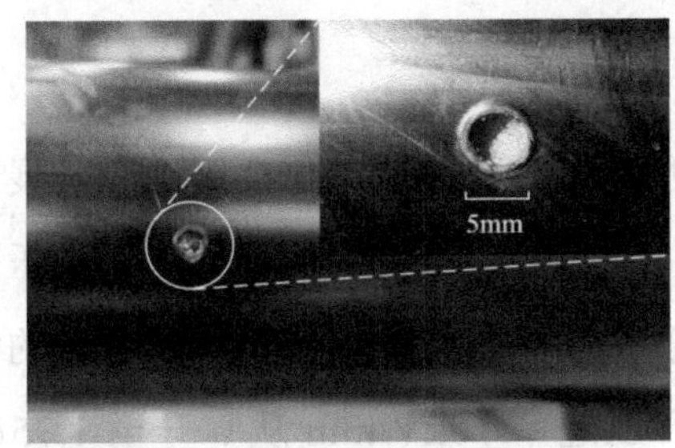

图 4-3　模拟主绝缘受损段的受损孔洞

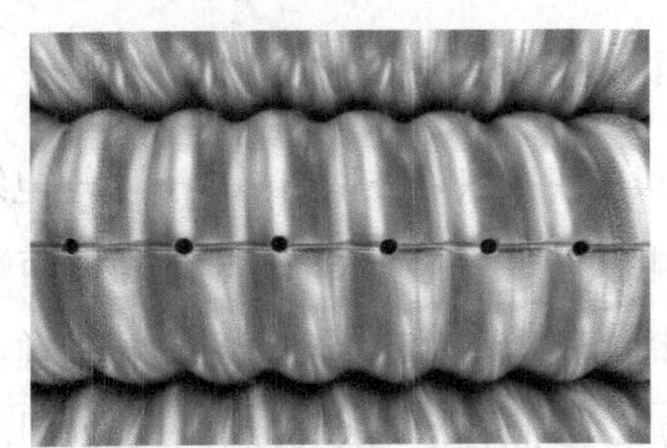

图 4-4　模拟阻水带受潮段的皱纹铝套波峰孔洞

对于绝缘屏蔽层受损段#4，缺陷电缆长度为 28m。电缆试样三层共挤制成缆芯后，用直径5.0mm的钻头在绝缘屏蔽层表面沿径向往主绝缘侧打磨，用深度卡尺测量孔深，如图4-5所示。绝缘屏蔽层受损段分3段，每段约10m，编号#4I～#4K。其中，#4I～#4J每一段内隔1m打磨一个孔深0.2mm的孔洞，通过调节钻孔周向位置，研究受损孔洞距内置光纤周向角度对光纤布里渊频移测量的影响。#4J～#4K用于对比研究受损孔洞数量对光纤布里渊频移测量的影响，#4J段内隔1m打磨一个孔深0.2mm的孔洞（10个孔洞），#4K段内隔2m打磨一个孔深0.2mm的孔洞（5个孔洞），两段的受损孔洞距内置光纤周向角度相同。

对于电气接触不良段#6，缺陷电缆长度为13m。电缆开始轧铝套波纹时，将宽度为2cm、体积电阻率为$7.2\times10^{15}\Omega\cdot cm$的皱纹纸沿电缆长度方向置于最外层阻水带表面，如图4-6所示。制成皱纹铝套后，由于高阻值皱纹纸的阻隔，敷设皱纹纸的位置铝套与阻水带接触不良，模拟在运电缆中解剖发现的点状接触不良白粉。

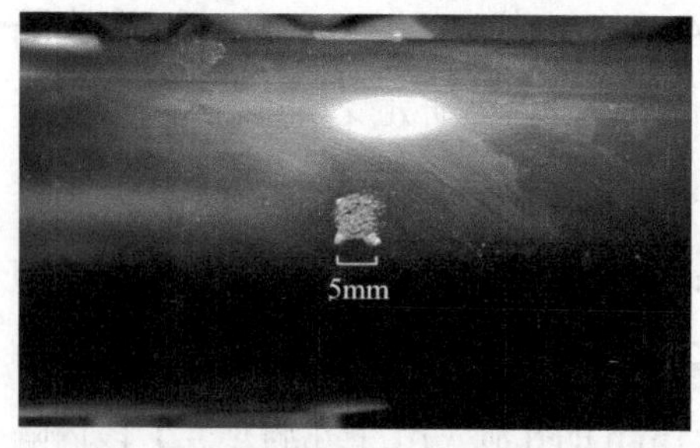

图4-5　绝缘屏蔽层受损段的打磨孔洞

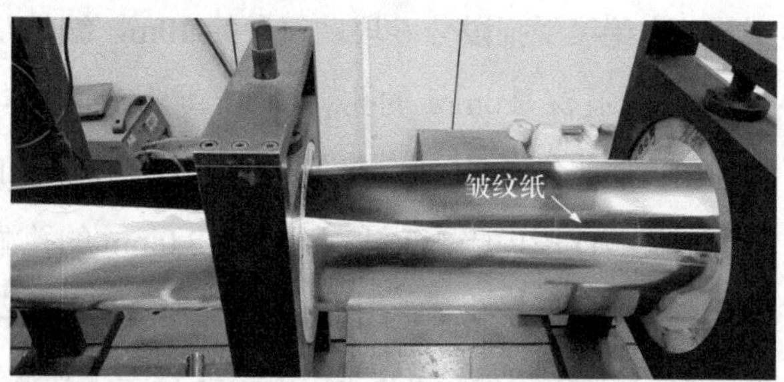

图4-6　电气接触不良段的皱纹纸敷设位置

同时，在不同缺陷分段界面的铝套表面做标识，便于后续截断电缆开展单一缓冲层缺陷试验研究。由于试验涉及电缆较多，为便于区分，定义长149m的缺陷电缆为长电缆，按缺陷类型切断后的各段电缆为短电缆。

4.3　脉冲电流法检测研究

4.3.1　测试方法

长电缆按缺陷类型切断成6段短电缆，在高压屏蔽大厅依次对每段短电缆开展局部放电试验[3]。电缆水平置于地面，两端经剥切处理后装入水终端，导体连接高压引线，铝套接地，如图4-1所示。试验前用脉冲电流局部放电检测仪记录试验大厅的背景噪声。参照标准IEC 60840—2020[6]，电压以升压速率10kV/min从0升至$1.75U_0$（1.75×64=112kV）维持10s，再降至$1.5U_0$（1.5×64=96kV）。

加电压过程中，用脉冲电流局部放电检测仪记录背景噪声和局部放电起始电压

（partial discharge inception voltage, PDIV）、64kV、96kV 下各段短电缆的放电 φ-q 谱图，其中 φ 为相位，q 为局部放电量。对于有明显局部放电脉冲的短电缆，设定局部放电检测仪的采集触发阈值 10pC、采样时间 2min；记录局部放电 φ-q-n 谱图，其中 n 为放电次数。

4.3.2　各类缓冲层缺陷电缆的放电

从长电缆上截取的 6 段短电缆在背景、电压 64kV、96kV 下的放电 φ-q 谱图如图 4-7（a）～（r）所示。由图 4-7（a）～（c）可知，无缺陷短电缆在电压 64kV、96kV 下的 φ-q 谱图同背景噪声，表明电缆制备工艺正常符合要求。由图 4-7（d）～（l）可知，阻水带白粉、阻水带受潮和缓冲层电气接触不良短电缆在电压 64kV、96kV 下的 φ-q 谱图与各自背景噪声相近无区别，表明脉冲电流放电检测方法无法有效测到阻水带白粉、阻水带受潮和缓冲层电气接触不良缺陷。由图 4-7（m）～（o）可知，主绝缘受损电缆在电压 64kV、96kV 下出现明显的放电脉冲。由图 4-7（p）～（r）可知，绝缘屏蔽层受损电缆在电压 96kV 下出现局部放电脉冲。

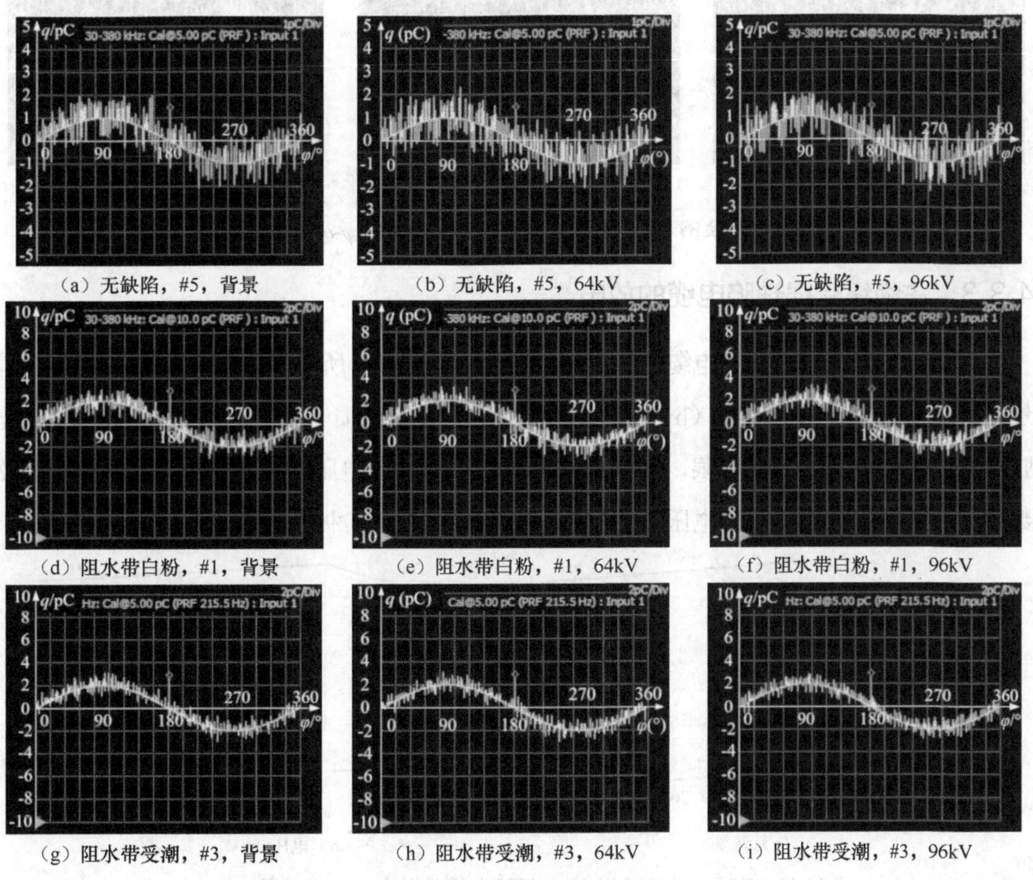

（a）无缺陷，#5，背景　（b）无缺陷，#5，64kV　（c）无缺陷，#5，96kV

（d）阻水带白粉，#1，背景　（e）阻水带白粉，#1，64kV　（f）阻水带白粉，#1，96kV

（g）阻水带受潮，#3，背景　（h）阻水带受潮，#3，64kV　（i）阻水带受潮，#3，96kV

图 4-7　无缺陷和不同缓冲层缺陷电缆的放电 φ-q 谱图（一）

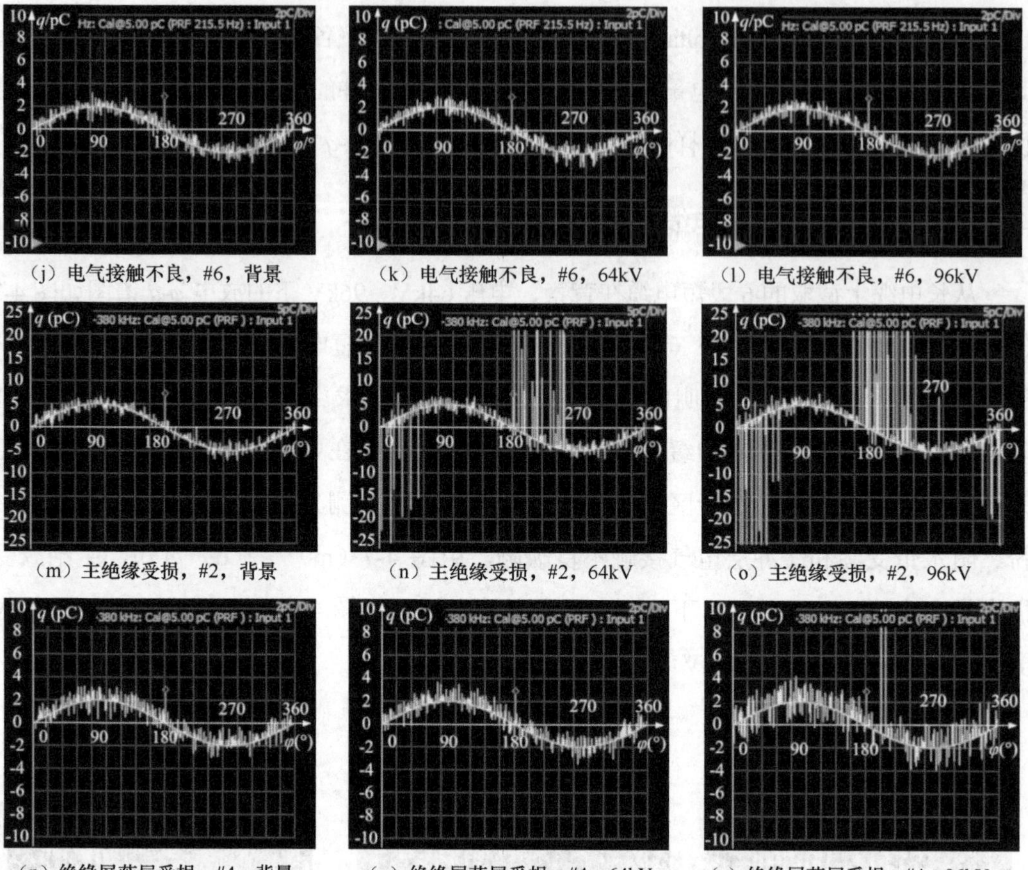

（j）电气接触不良，#6，背景 （k）电气接触不良，#6，64kV （l）电气接触不良，#6，96kV

（m）主绝缘受损，#2，背景 （n）主绝缘受损，#2，64kV （o）主绝缘受损，#2，96kV

（p）绝缘屏蔽层受损，#4，背景 （q）绝缘屏蔽层受损，#4，64kV （r）绝缘屏蔽层受损，#4，96kV

图 4-7 无缺陷和不同缓冲层缺陷电缆的放电 φ-q 谱图（二）

4.3.3 主绝缘受损缺陷电缆的放电

不同电压下主绝缘受损电缆的放电 φ-q-n 谱图如图 4-8 所示。由图 4-8（a）可知，背景噪声为 3.12pC。由图 4-8（b）～（d）可知，主绝缘受损电缆的 PDIV 为 58kV，放电脉冲主要集中在第一、三象限，符合内部放电特征；随着电压升高，局部放电量、放电次数增大，放电相位展宽；当电压超 64kV 时，有少量放电脉冲出现在第四象限过零点附近。

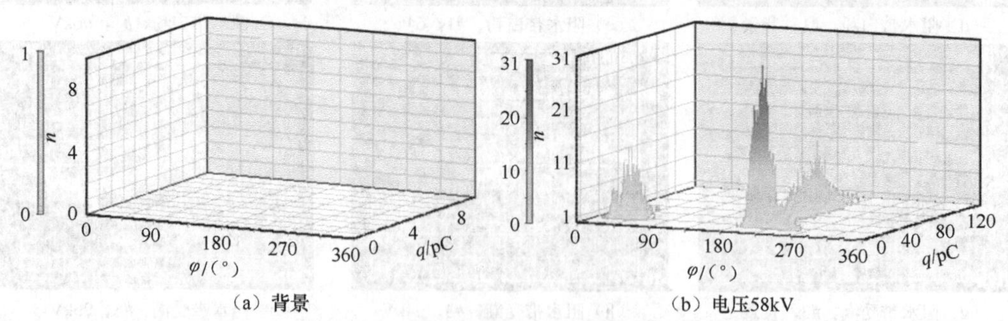

（a）背景 （b）电压58kV

图 4-8 不同电压下主绝缘受损短电缆的放电 φ-q-n 谱图（一）

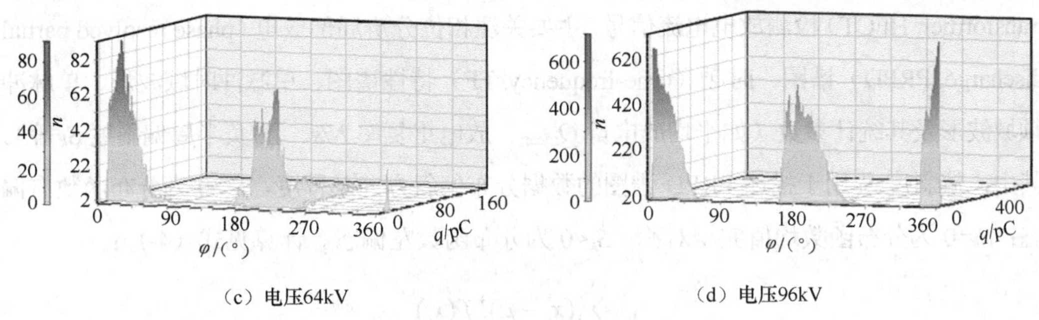

（c）电压64kV （d）电压96kV

图 4-8 不同电压下主绝缘受损短电缆的放电 φ-q-n 谱图（二）

4.3.4 绝缘屏蔽层受损缺陷电缆的放电

不同电压下，绝缘屏蔽层受损电缆的放电 φ-q-n 谱图如图 4-9 所示。由图 4-9（a）可知，电压 64kV 下绝缘屏蔽层受损缺陷的放电谱图与背景噪声相同，表明无局部放电。由图 4-9（b）可知，绝缘屏蔽层受损电缆的 PDIV 为 96kV，放电量主要为 10～20pC，放电次数较少，放电脉冲集中在第三象限。

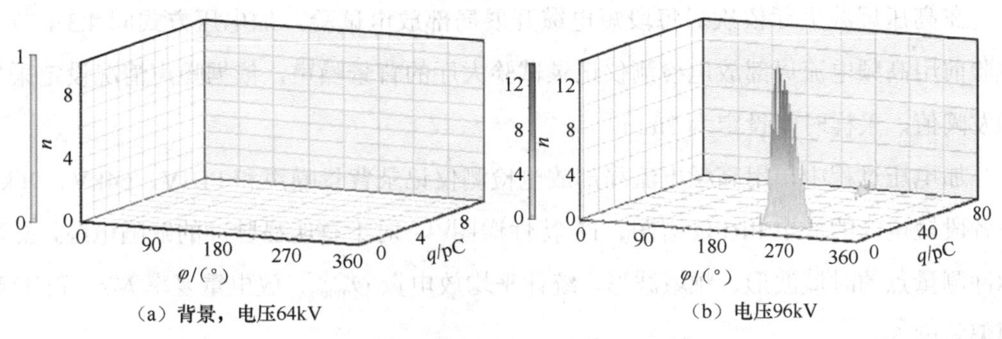

（a）背景，电压64kV （b）电压96kV

图 4-9 不同电压下绝缘屏蔽层受损短电缆的放电 φ-q-n 谱图

综上所述，在本章试验条件下，脉冲电流放电检测方法能检测到 110kV 电力电缆主绝缘受损缺陷，PDIV 为 58kV，放电脉冲主要集中在第一、三象限，随着电压升高，局部放电量、放电次数增大，放电相位区间展宽；能检测到电缆绝缘屏蔽层受损缺陷，PDIV 为 96kV，放电次数较少，放电脉冲集中在第三象限；对阻水带白粉、阻水带受潮和缓冲层电气接触不良缺陷电缆未检测出放电。

4.4 高频电流法检测研究

高频电流法通过在电力电缆接地线上钳装高频电流传感器（High-frequency current

transformer, HFCT）检测放电电流信号，主要关注相位分辨局部放电（phase resolved partial discharge, PRPD）谱图、时频（time-frequency, TF）特性谱图、单脉冲时域波形、单脉冲频域波形及其统计参数（如平均放电量 Q_{mean}、放电重复率 N/s、正/负半周偏斜度 S_k 等）。其中，偏斜度 S_k 用于描述 PRPD 谱图的数据分布偏斜方向及程度，$S_k>0$ 为分布函数右偏态；$S_k=0$ 为分布函数均值完全对称；$S_k<0$ 为分布函数左偏态。计算见式（4-1）：

$$S_k = \frac{\sum_{i=1}^{N}(x_i-\mu)^3 f(x_i)}{\sigma^3 \sum_{i=1}^{N} f(x_i)} \tag{4-1}$$

式中：N 为半周期内的相位窗数；x_i 为第 i 个相位窗的相位。将 PRPD 谱图轮廓看成概率密度分布图，$f(x_i)$ 为相位窗 x_i 内的事件出现的概率，μ 为相位均值，σ 为标准差。

4.4.1 测试方法

在高压屏蔽大厅依次对每段短电缆开展局部放电试验，加电压方式同 4.3.1 节。试验前用高频电流局部放电检测仪记录试验大厅的背景噪声，依据噪声情况设定采集触发阈值，采样时间设定为 2min。

加电压过程中，用高频电流局部放电检测仪记录背景噪声和 PDIV、64kV、96kV 下各段短电缆的放电 PRPD 谱图、TF 特性谱图[7]。对于有明显脉冲的缺陷电缆，提取脉冲测量点的时域波形、频域波形，统计平均放电量 Q_{mean}、放电重复率 N/s、正/负半周偏斜度 S_k。

4.4.2 主绝缘受损缺陷电缆的放电

高频电流法检测到的主绝缘受损段的 PRPD 谱图如图 4-10 所示，由图 4-10（a）可知，背景噪声的放电脉冲零散分布在正负半周，主要由水终端进出水自动切换操作引起。由图 4-10（b）可知，HFCT 检测到主绝缘受损段的局部放电起始放电电压为 60kV，放电脉冲集中在 260°～280°相位区间，可能为沿面放电或毛刺放电导致。由图 4-10（c）（d）可知，随着电压升高，放电脉冲逐渐增多且相位自 270°向 210°方向展宽。

为了细化研究，用平均放电量 Q_{mean}、放电重复率 N/s、偏斜度 S_k 表征放电特征，见表 4-2。

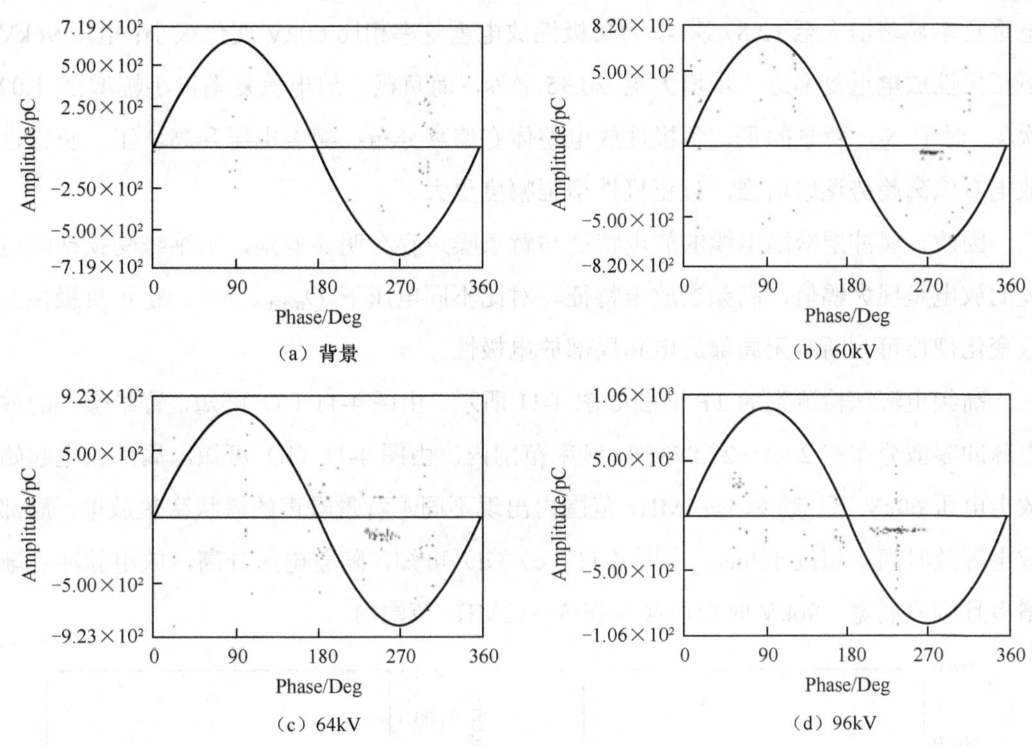

（a）背景　（b）60kV

（c）64kV　（d）96kV

图 4-10　主绝缘受损缺陷电缆 PRPD 谱图

表 4-2　主绝缘受损缺陷电缆的放电统计参数

特征参量	电压等级	正极性	负极性
平均放电量 Q_{mean}	背景	7	156
	PDIV，60kV	10	192
	64kV	37	145
	96kV	52	224
放电重复率 N/s	背景	1.090	0.197
	PDIV，60kV	2.469	0.739
	64kV	12.867	0.718
	96kV	20.946	1.018
偏斜度 S_k	背景	2.883	0.847
	PDIV，60kV	3.586	1.779
	64kV	9.869	2.054
	96kV	11.201	2.653

由上表可知，对于 Q_{mean}，负极性放电的平均放电量远大于正极性，随着电压升高，Q_{mean} 逐渐增大。对于 N/s，背景的正极性放电重复率大于负极性，其中正极性放电重复率 1.09 次/s，负极性仅约 0.20 次/s；电压 60kV 下正、负极性放电重复率均有所增加，正极性放电重复率增至 2.47 次/s，负极性增至 0.74 次/s；电压 64kV 下正极性放

电重复率显著增大至 12.87 次/s，而负极性放电重复率相比 60kV 变化很小；电压 96kV 下正极性放电重复率进一步增大至 20.95 次/s，而负极性放电重复率仅小幅增至 1.02 次/s。对于 S_k，背景的正、负极性放电整体右偏离分布；随着电压升高，正、负极性放电右偏离趋势逐级增强，且正极性增强幅度更大。

因此，缓冲层缺陷电缆的放电特征与背景噪声存在明显差别，主绝缘受损缺陷电缆的放电呈现大幅值、高频次放电特征。对比不同电压下 Q_{mean}、N/s、S_k 正负极性参数变化规律可判断有无局部放电和局部放电极性。

高频电流法检测到的 TF 谱图如图 4-11 所示，由图 4-11（a）可知，背景噪声的放电脉冲零散分布在 2.82～27.87MHz 频率范围内。由图 4-11（b）可知，局部放电起始放电电压 60kV 下，频率 5～7MHz 范围内出现不同于背景噪声的簇状密集放电，局部放电等效时间不超过 400ns。由图 4-11（c）（d）可知，随着电压升高，放电脉冲逐渐增多且频段展宽，96kV 时放电频率在 5～12MHz 范围内。

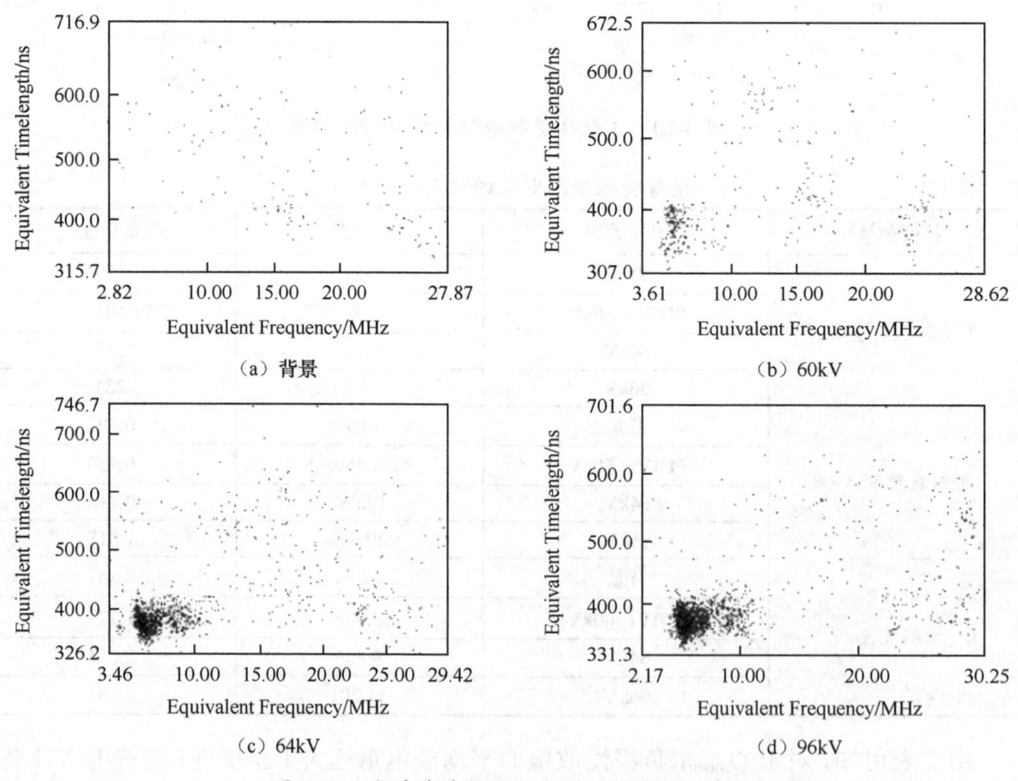

图 4-11　主绝缘受损缺陷电缆的放电 TF 谱图

TF 谱图包含了所有放电脉冲，为分别得到背景噪声和有效局部放电信号的 PRPD 谱图，提取局部放电信号的时域、频域特征，对不同电压等级下 TF 谱图中的放电脉冲进行筛选，各类检测谱图如图 4-12（a）～（p）所示。

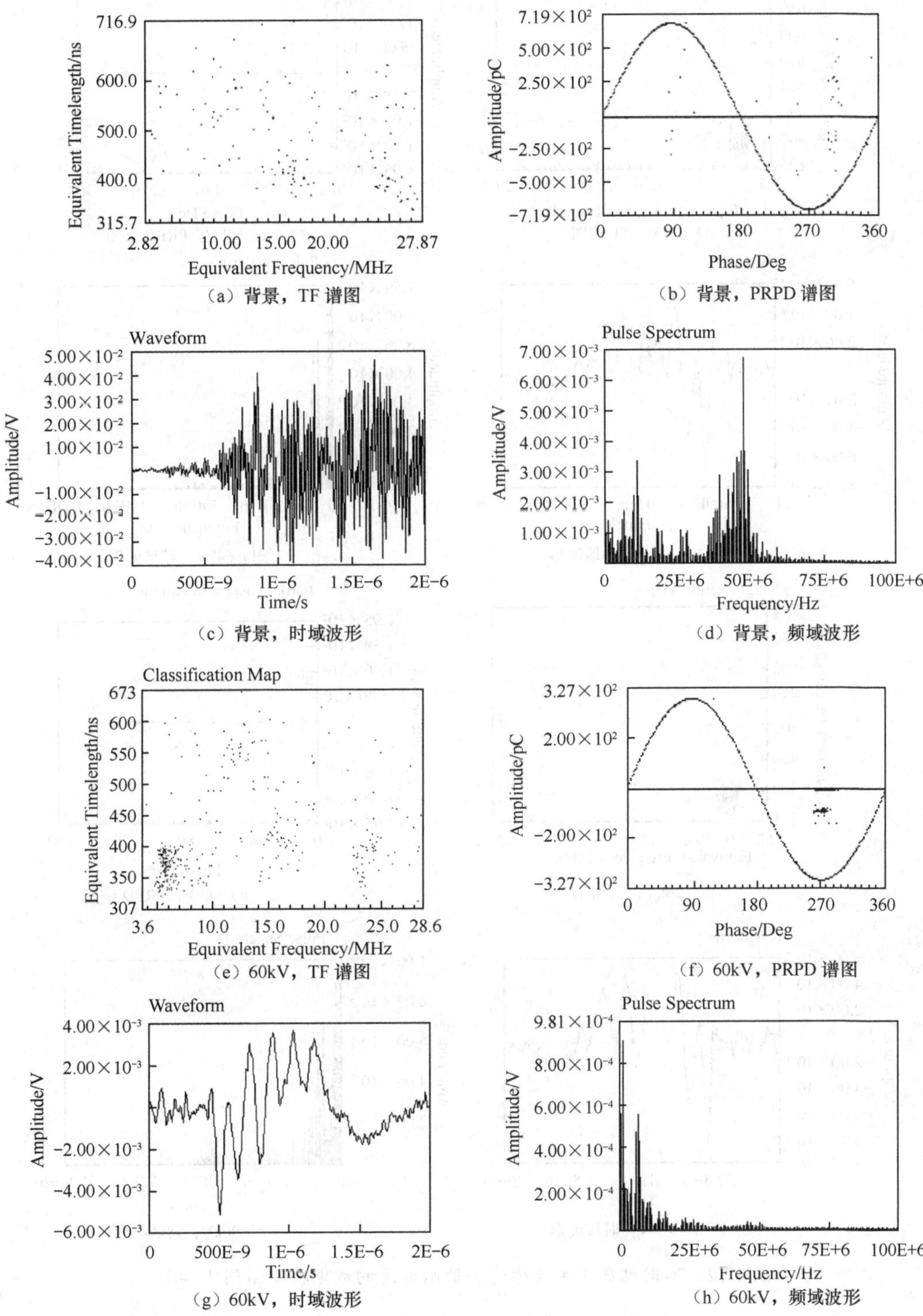

（a）背景，TF 谱图　（b）背景，PRPD 谱图

（c）背景，时域波形　（d）背景，频域波形

（e）60kV，TF 谱图　（f）60kV，PRPD 谱图

（g）60kV，时域波形　（h）60kV，频域波形

图 4-12　不同电压下主绝缘受损缺陷电缆的放电检测谱图（一）

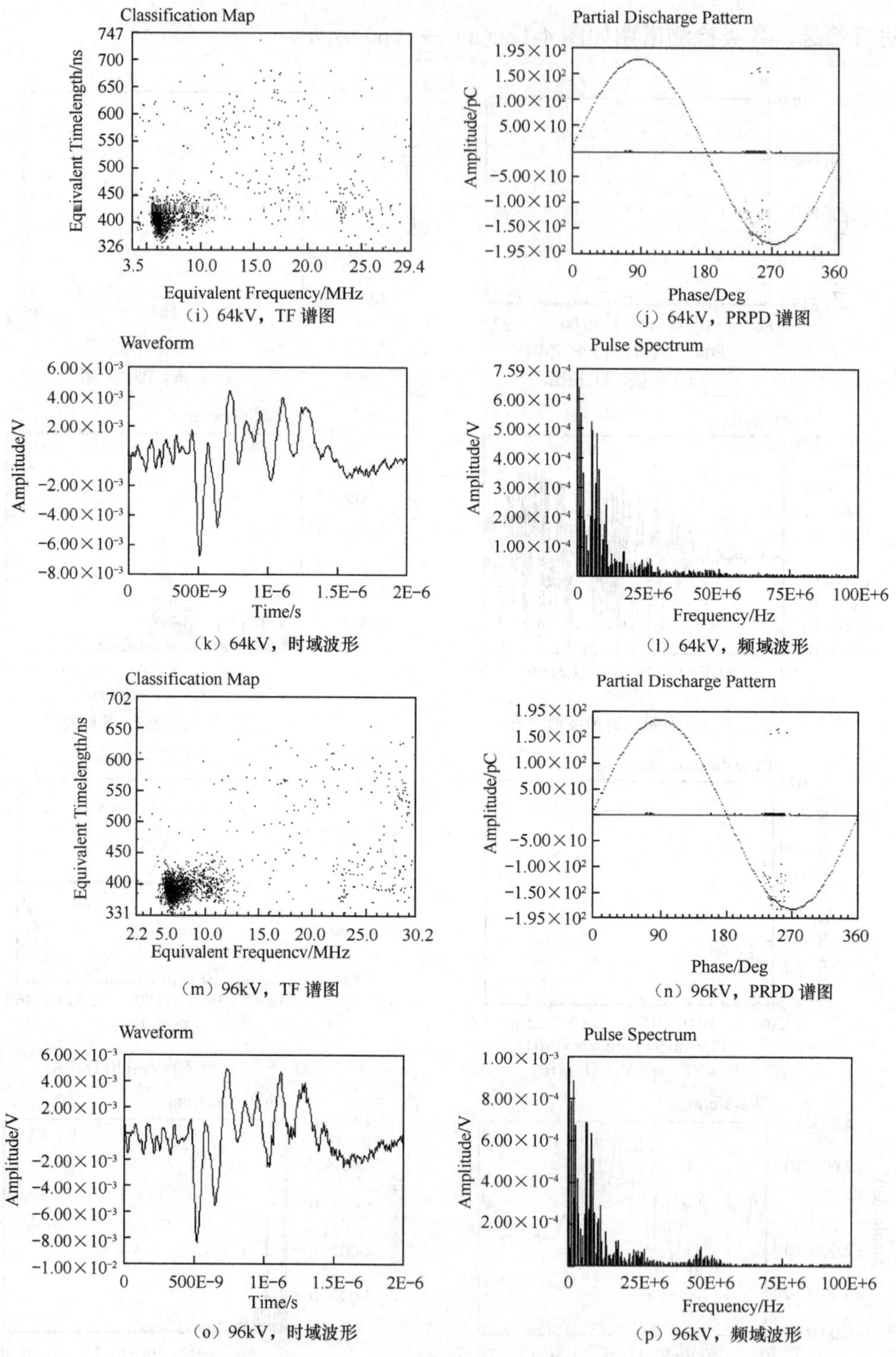

（i）64kV，TF 谱图 （j）64kV，PRPD 谱图

（k）64kV，时域波形 （l）64kV，频域波形

（m）96kV，TF 谱图 （n）96kV，PRPD 谱图

（o）96kV，时域波形 （p）96kV，频域波形

图 4-12 不同电压下主绝缘受损缺陷电缆的放电检测谱图（二）

由图 4-12（a）～（d）可知，背景噪声的放电脉冲在 PRPD 谱图上无规律分布，

单个脉冲的时域波形呈杂乱锯齿状，频谱中特征峰出现在 11MHz、47MHz 附近，但每个脉冲差别很大，无规律分布。

由图 4-12（e）～（h）可知，电压 60kV 下，选取等效频率 4～10MHz 附近放电脉冲，可以发现放电脉冲主要集中在负半周，第三象限 250°～280°附近。选取其中单个放电脉冲时域波形进行观察，发现为多个正、负极性连续脉冲堆叠形成，后振荡衰减；频域上特征峰分布在 6MHz 和 9MHz 附近。

由图 4-12（i）～（l）可知，电压 64kV 下，选取等效频率 5～12MHz 附近放电脉冲，可以发现放电脉冲主要集中在负半周上升沿，第三象限 230°～270°附近。选取其中单个放电脉冲时域波形进行观察，发现为多个正、负极性连续脉冲堆叠形成，后振荡衰减；频域上特征峰分布在 6MHz 和 9MHz 附近。

由图 4-12（m）～（p）可知，电压 96kV 下，选取等效频率 3～12MHz 附近放电脉冲，可以发现放电脉冲主要集中在 PRPD 谱图负半周上升沿，第三象限 200°～270°附近。选取其中单个放电脉冲时域波形进行观察，发现为多个正、负极性连续脉冲堆叠形成，后振荡衰减；频域上特征峰分布在 6MHz 和 9MHz 附近。

4.4.3　各类缓冲层缺陷电缆的放电

除主绝缘受损缺陷外，其余缓冲层缺陷用高频电流法均未检测出放电。以缓冲层电气接触不良缺陷电缆为例，背景噪声和加电压 64kV、96kV、112kV 下缺陷电缆的放电 PRPD 谱图，如图 4-13 所示。由图 4-13（a）可知，背景噪声的放电脉冲零散分布，正负极性放电都存在，主要由水终端进出水自动切换操作引起。由图 4-13（b）、（c）可知，电压 64kV、96kV、112kV 下，PRPD 谱图与背景噪声相似，无明显区别，判断为干扰。

高频电流法检测到的 TF 谱图如图 4-14 所示，由图 4-14（a）可知，背景噪声的放电脉冲呈零散分布。由图 4-14（b）～（d）可知，电压 64kV、96kV、112kV 下，电缆时频特性与背景噪声类似，无明显规律。

为分别得到背景噪声和有效放电信号的 PRPD 谱图，提取放电信号的时域、频域特征，对不同电压下 TF 谱图中的放电脉冲进行筛选，检测谱图如图 4-15 所示。由图可知，电压 64kV、96kV、112kV 下测得的时域波形均非局部放电典型波形，除背景噪声的 27MHz、45MHz（可能为水终端进出水自动切换操作所致）外，特征频率都相近，约为 5MHz、5.5MHz、6.5MHz，判断为没有放电或者放电很小未有效采集，认为阻水带表面有绝缘体缺陷，无法用高频电流法检测到放电。

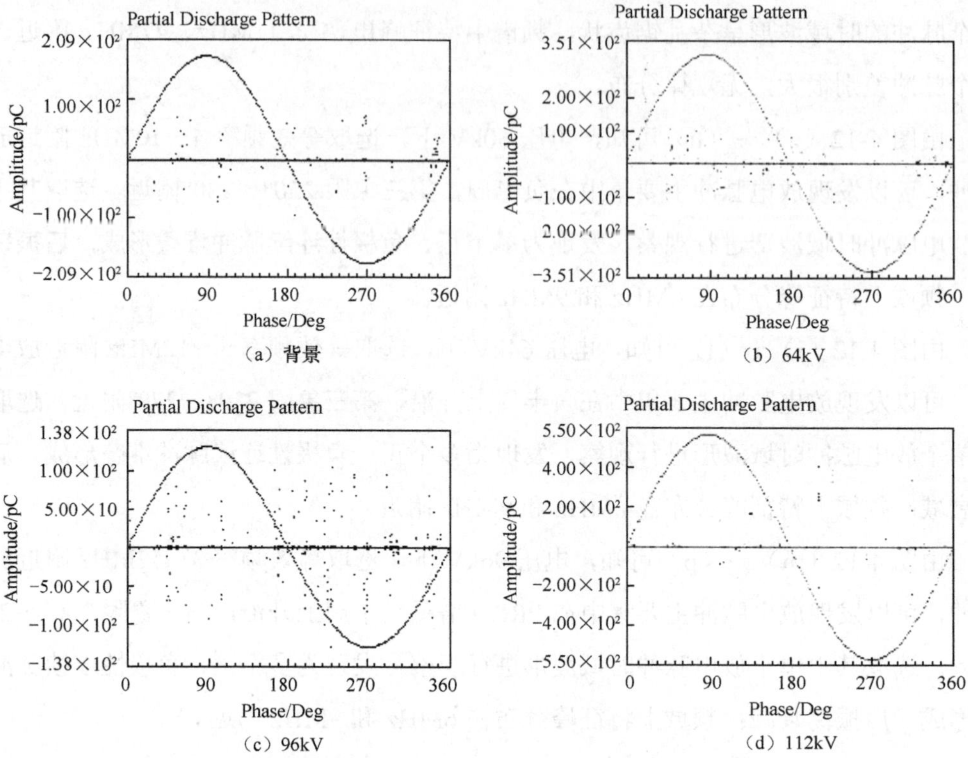

Partial Discharge Pattern

(a) 背景

Partial Discharge Pattern

(b) 64kV

Partial Discharge Pattern

(c) 96kV

Partial Discharge Pattern

(d) 112kV

图 4-13 缓冲层电气接触不良缺陷电缆的 PRPD 谱图

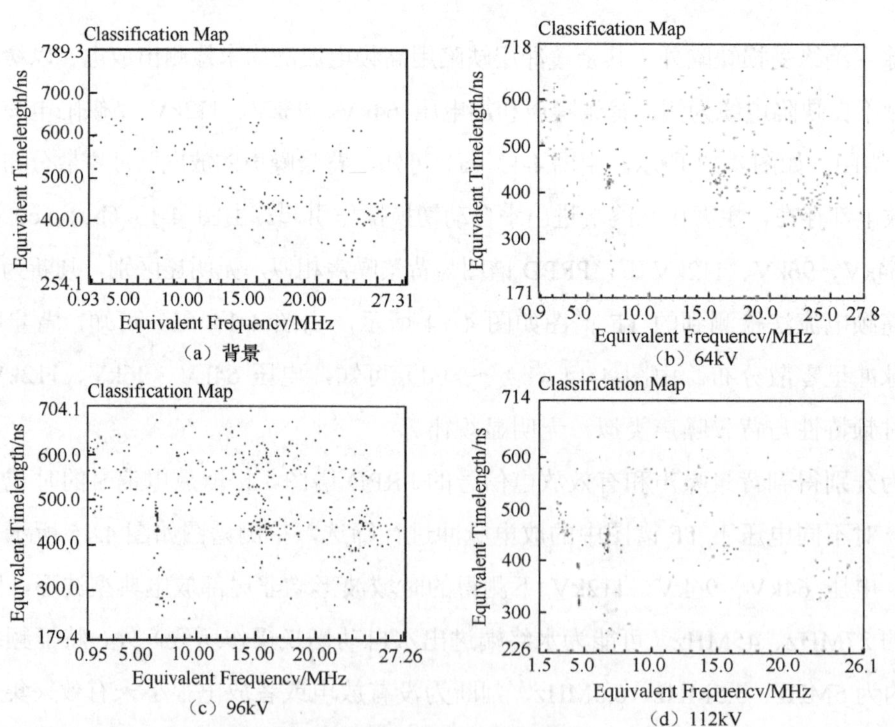

图 4-14 缓冲层电气接触不良缺陷电缆的 TF 谱图

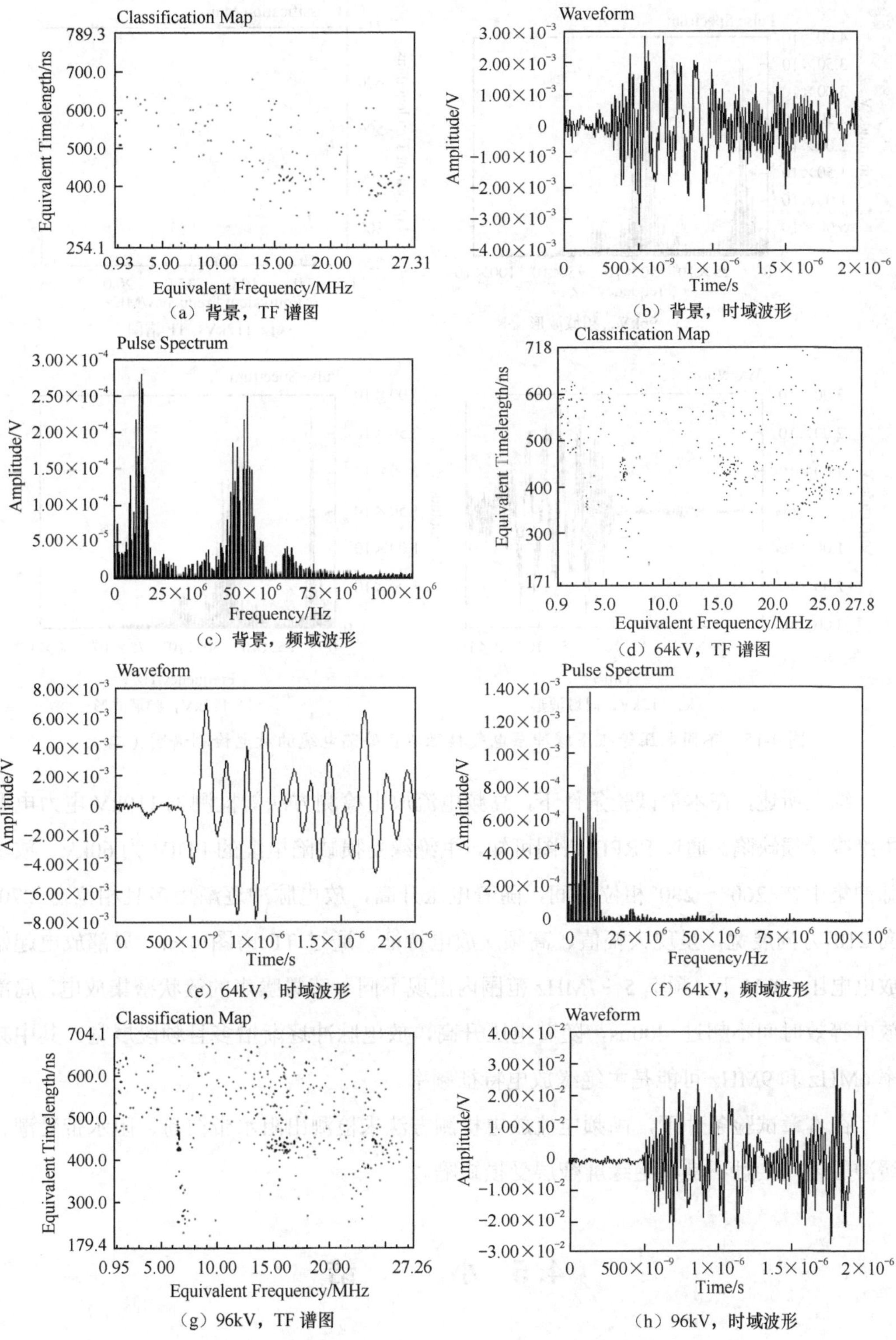

图 4-15 不同电压等级下缓冲层电气接触不良缺陷电缆的放电检测谱图（一）

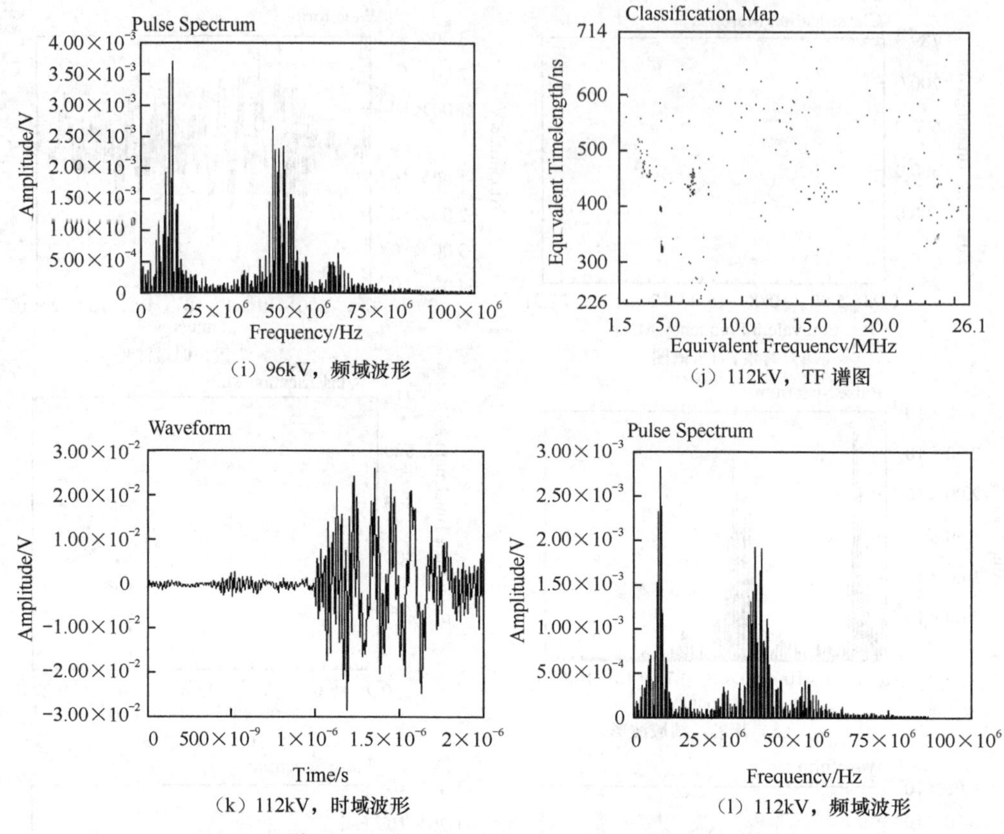

(i) 96kV，频域波形

(j) 112kV，TF 谱图

(k) 112kV，时域波形

(l) 112kV，频域波形

图 4-15　不同电压等级下缓冲层电气接触不良缺陷电缆的放电检测谱图（二）

综上所述，在本章试验条件下，高频电流放电检测方法能检测到 110kV 电力电缆主绝缘受损缺陷。通过 PRPD 谱图可知，主绝缘受损缺陷电缆的 PDIV 为 60kV，放电脉冲集中在 260°～280°相位区间，随着电压升高，放电脉冲逐渐增多且相位自 270°向 210°方向展宽，呈现大幅值、高频次放电特征。通过 TF 谱图可知，局部放电起始放电电压 60kV 下，频率 5～7MHz 范围内出现不同于背景噪声的簇状密集放电，局部放电等效时间不超过 400ns，随着电压升高，放电脉冲逐渐增多且频段展宽，其中频率 6MHz 和 9MHz 可能是主绝缘放电特征频率。

在本章试验条件下，高频电流放电检测方法未检测出阻水带白粉、阻水带受潮、缓冲层电气接触不良和绝缘屏蔽层受损缺陷。

4.5　小　　结

本章搭建了带电电缆缓冲层缺陷放电测试系统，根据退运电缆解剖发现的缓冲层缺陷特征，制备了长 149m、含无缺陷和五种缓冲层典型缺陷的 110kV 电缆。通过对各段缓冲层缺陷电缆开展局部放电试验，用脉冲电流法和高频电流法测量缺陷电缆放电特征，得到以下结论：

（1）脉冲电流放电检测方法能检测到 110kV 电力电缆主绝缘受损缺陷。PDIV 为 58kV，放电脉冲主要集中在第一、三象限，随着电压升高，局部放电量、放电次数增大，放电相位展宽。同时，脉冲电流放电检测方法能检测到电缆绝缘屏蔽层受损缺陷。PDIV 为 96kV，放电次数较少，放电脉冲集中在第三象限。阻水带白粉、阻水带受潮和缓冲层电气接触不良缺陷电缆未检测出放电。

（2）高频电流放电检测方法能检测到 110kV 电力电缆主绝缘受损缺陷。通过 PRPD 谱图可知，主绝缘受损缺陷电缆的 PDIV 为 60kV，放电脉冲集中在 260°～280° 相位区间，随着电压升高，放电脉冲逐渐增多且相位自 270°向 210°方向展宽，呈现大幅值、高频次放电特征。通过 TF 谱图可知，局部放电起始放电电压 60kV 下，频率 5～7MHz 范围内出现不同于背景噪声的簇状密集放电，局部放电等效时间不超过 400ns，随着电压升高，放电脉冲逐渐增多且频段展宽，其中频率 6MHz 和 9MHz 可能是主绝缘放电特征频率。阻水带白粉、阻水带受潮、缓冲层电气接触不良和绝缘屏蔽层受损缺陷电缆未检测出放电。

对于皱纹铝套电力电缆缓冲层缺陷的局部放电检测，除本章外，后文第七章（分布式光纤检测方法）和第八章（缓冲层缺陷修复技术）将开展深入研究。

本章参考文献

[1] Chen Y., Hao Y.P., Cheng Y.T., et al. Failure investigation of buffer layers in high-voltage XLPE cables[J]. Engineering Failure Analysis, 2020, 113, Art No. 104546.

[2] Chen Y., Hao Y.P., Cheng Y.T., et al. Effects of connection conditions between insulation screen and Al sheath on the buffer layer failures of high-voltage XLPE cables[J]. Engineering Failure Analysis, 2021, 122, Art No. 105263.

[3] Cheng Y.T., Hao Y.P., Chen Y., et al. Effects of condition of water blocking tape on the buffer layer failures of high voltage XLPE cables in electric field and temperature field[J]. Engineering Failure Analysis, 2022, 131, Art No. 105823.

[4] Su C.Q.. Failure analysis of three 230kV XLPE cables[C]. 2010 IEEE/PES Transmission &

Distribution Conference & Exposition: Latin America, Sao Paulo, Brazil, 2010.

[5] 刘英，陈佳美. 高压 XLPE 电缆阻水缓冲层电-热场分析及模拟烧蚀试验研究[J]. 中国电机工程学报，2022，42（4）：1260-1270.

[6] IEC 60840—2020, Power cables with extruded insulation and their accessories for rated voltages above 30kV(U_m=36kV) up to 150kV (U_m =170kV) −Test methods and requirements[S]. Geneva, Switzerland, 2020.

[7] 惠宝军. 高压电缆缓冲层烧蚀故障机理、缺陷检测与消除方法研究[D]. 广州：华南理工大学，2023.

第 5 章

皱纹铝套电力电缆缓冲层缺陷产出气体检测方法

本章旨在介绍皱纹铝套电缆缓冲层缺陷产出气体检测方法。首先，介绍缓冲层缺陷产气机理，包括白斑、缓冲带烧蚀和绝缘屏蔽烧蚀的化学反应。通过扫描电子显微镜、能谱仪、X 射线衍射等分析手段，研究发现白色物质是阻水粉和化学反应产物的混合物。其次，通过进一步的实验和分析，揭示了铝套和阻水粉之间的化学反应过程，以及在阴极和阳极条件下的电化学腐蚀机理。再次，根据缓冲层主要成分的化学结构，分析缓冲层发生烧蚀缺陷时聚对苯二甲酸乙二酯（PET）的热氧降解过程。最后，分析绝缘屏蔽烧蚀阶段材料的热裂解反应，包括聚乙烯、抗氧化剂、交联剂的裂解。

5.1 缓冲层缺陷产气机理研究

5.1.1 白斑生成阶段

针对高压电缆缓冲层上出现的白斑，有学者指出缓冲层表面存在的白色物质为析出的阻水粉。随着研究的深入，研究者们使用扫描电子显微镜（SEM）、能谱仪（EDS）、X 射线衍射（XRD）等手段对白斑进行测试，发现白色物质为阻水粉与化学反应产物的混合物。陈云[1]以及 Stale Nordas 等[2]人对事故前后的缓冲层进行了 SEM 分析，结果表明，正常缓冲层的表面较为光滑，没有颗粒物质的聚集，内表面上密集排列着白色颗粒，而故障失效缓冲层的 SEM 呈现相反的状态，其外表面因白色颗粒团聚变得更加粗糙，而内部的白色颗粒数量大幅减少。据此，陈云等[1]认为缓冲层外表面白色物质为阻水粉。王伟等[3]对失效缓冲层内外表面的白斑进行 EDS 测试，探究白色残余物的元素组成，结果表明缓冲层上的白斑与缓冲层的阻水粉元素组成相似，因此，可认为白斑中有一部分为原阻水带中的阻水粉。在绝缘屏蔽的外表面出现的白斑中含有铝元素，表明在白斑的析出过程中铝套上发生了化学反应，且化学反应产物在重力等作用下穿过缓冲层，到达了绝缘屏蔽层表面。周凯等人[4]~[5]用 EDS 和傅里叶红外光谱（FTIR）方法测试了电缆白斑的成分，根据 EDS 结果推测白斑中主要含有碳、氧、钠和铝元素。其中，铝元素在白斑中质量分数很高，极有可能来自于皱纹铝套被腐蚀后迁移出来的铝离子，而钠元素则可能来自于聚丙烯酸钠（NaPA，阻水粉的主要成分）；根据傅里叶红外光谱方法分析的结果推测腐蚀产物白斑的主要成分为氢氧化铝。

刘顺满等[6][7]通过白斑元素成分测试、机理分析以及实验验证对缓冲层白斑的生成机理进行研究，并对加速缓冲层白斑生成的影响因素进行分析以及实验验证。通过研究，半导电阻水缓冲层的白斑形成可由碱性条件下铝套化学腐蚀机理和电化学腐蚀机理解释。对于铝套化学腐蚀机理，首先，当电缆在生产、保存及运行过程中，电缆密封性不足导致外界水分入侵电缆缓冲层，缓冲层内部的阻水粉将水分吸收并膨胀成球状与铝套波谷直接接触。由于阻水粉是聚丙烯酸钠，即一种碱性物质，当阻水粉吸水膨胀后会产生游离的 Na^+和 OH^-离子，而铝是一种活泼的两性金属，所以与阻水粉直接接触的铝套会与游离的 Na^+和 OH^-离子发生如下反应（5-1）：

$$2Al + 2OH^- + 2H_2O + 2Na^+ = 2NaAlO_2 + 3H_2\uparrow \tag{5-1}$$

上述反应生成的偏铝酸钠极易溶于水，且当空气中的 CO_2 进入电缆内部后会发生如下反应（5-2）：

$$2NaAlO_2 + 2CO_2 + 4H_2O = 2Al(OH)_3 \downarrow + 2NaHCO_3 \tag{5-2}$$

上述反应生成的 $A1(OH)_3$ 易分解成 Al_2O_3 和 H_2O。此外，若阻水粉吸水后产生了足够多的 OH^- 离子，则上述反应生成的 $NaHCO_3$ 会继续与游离的 OH^- 离子发生如下反应(5-3)：

$$2NaHCO_3 + 2OH^- = Na_2CO_3 + 2H_2O \tag{5-3}$$

由上述反应过程可知，半导电阻水缓冲层受潮吸水后，其内部析出的阻水粉将与铝套发生化学腐蚀反应，主要产物为 $NaHCO_3$、Na_2CO_3 和 Al_2O_3。

对于电化学腐蚀机理，铝套在波谷处与内层的缓冲层接触。如前所述，缓冲层中的导电材料是炭黑复合的导电纤维。在接触面上，铝套与构成缓冲层的导电纤维作为反应中电化学势不同的两个电极。导电纤维与铝套接触的位置为电化学反应提供电子转移通路。在接触界面潮湿的条件下，铝套与缓冲层发生电化学反应；缓冲层与铝套间存在的电化学势差驱动电化学反应朝特定方向进行。当铝套电化学势高于导电纤维电化学势时，铝作为金属阳极发生阳极腐蚀，铝基体溶解生成铝离子，如式（5-4）所示；导电纤维作为阴极，发生析氢反应，如式（5-5）所示。

$$Al \rightarrow Al^{3+} + 3e^- \tag{5-4}$$

$$H_2O + e^- \rightarrow OH^- + 1/2H_2 \uparrow \tag{5-5}$$

铝离子在溶液中水解生成氢氧化铝，如式（5-6）所示，接触面干燥后氢氧化铝以沉淀形式析出，覆盖在铝套与缓冲层接触面上，形成缓冲层白斑成分之一。

$$Al^{3+} + 3OH^- \rightarrow Al(OH)_3 \downarrow \tag{5-6}$$

铝及其合金的腐蚀是一个多步过程。图 5-1 展示了铝套的电化学腐蚀机理。活性阴离子首先在铝表面的氧化铝钝化膜上吸附，吸附的阴离子与氧化铝晶格中的铝离子或沉淀的氢氧化铝发生反应，反应产物溶解使氧化膜减薄。铝基体暴露在环境中，阴离子直接攻击暴露的金属基体使腐蚀进一步发展。由于成分和结构缺陷差异，金属表面不同的位置具有不同的腐蚀速率，通常金属表面的结构缺陷处将成为腐蚀起点。

由于目前主流的缓冲层组成结构是半导电阻水结构，因此在白斑形成过程中，铝套电化学腐蚀反应以及铝套在碱性条件下的化学腐蚀反应均存在。白斑形成过程具体如下：当电缆缓冲层吸水受潮后，铝套波谷与缓冲层接触面呈潮湿状态，由于阻水粉的存在，该潮湿环境呈碱性，铝套在碱性条件下与阻水粉发生了化学腐蚀反应，生成

$NaHCO_3$、Na_2CO_3 和 Al_2O_3 白色粉末固体，形成缓冲层白斑；同时，在潮湿状态下，铝套与缓冲层中的导电纤维发生了电化学腐蚀反应，生成氢氧化铝沉淀，氢氧化铝受热分解成氧化铝和水，形成缓冲层白斑，其过程如图 5-2 所示。

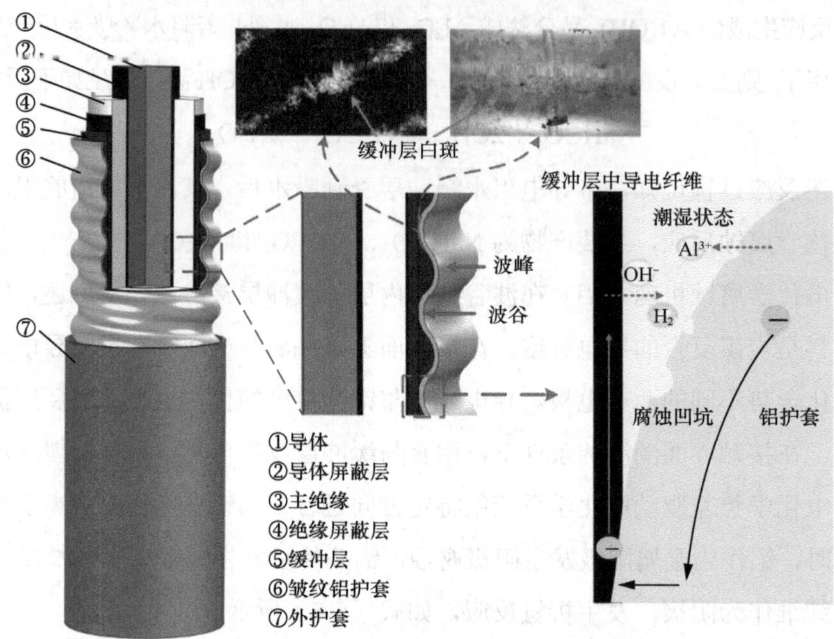

图 5-1　铝套电化学腐蚀机理

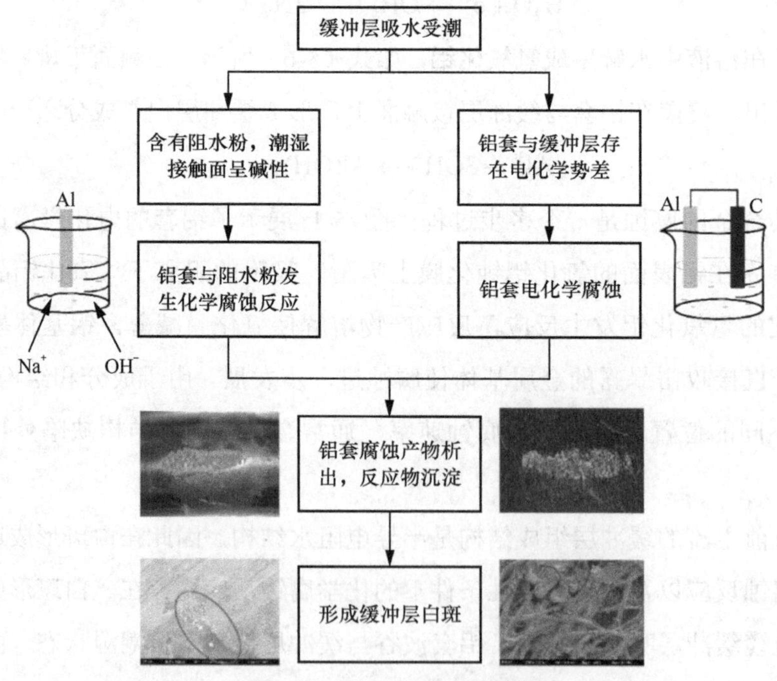

图 5-2　缓冲层白斑形成过程

5.1.2　缓冲带烧蚀阶段

缓冲层绕包带由聚酯无纺布和蓬松型纤维复合而成，主要成分是聚对苯二甲酸乙二酯（polyethylene terephthalate，PET），在工业制造上由对苯二甲酸和乙二醇缩聚而成，化学结构如图 5-3 所示[6]~[8]。周凯等人[8]采用气相色谱技术分析了腐蚀阶段以及烧蚀阶段中缓冲层产生的气体。实验结果表明，H_2 在腐蚀阶段可通过电化学腐蚀产生，在烧蚀阶段通过 PET 的分解产生。缓冲层在烧蚀阶段相比于腐蚀阶段，额外产生了 CH_4、C_2H_6、C_2H_4 以及 C_2H_2 气体。但该研究在分析 PET 缓冲带烧蚀裂解过程中采用人为直接烧蚀的方法，与真实高压电缆缓冲层放电烧蚀的条件差异比较大。

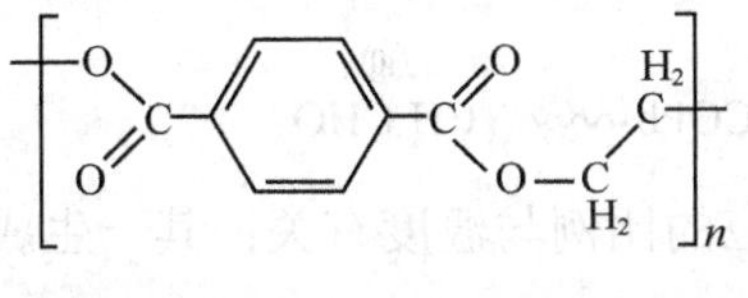

图 5-3　缓冲层主要成分化学结构

刘顺满等[7]对缓冲层烧蚀阶段的化学反应进行了详细的描述。PET 的热降解过程首先从 PET 的酯键无规则断裂开始，生成羧酸和乙烯基酯，其反应过程如式（5-7）所示：

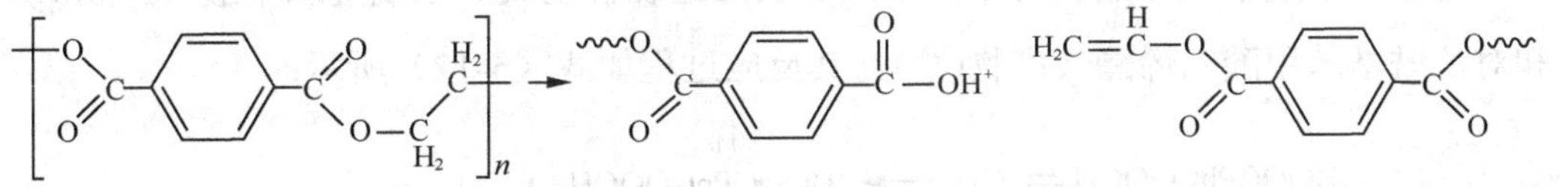

（5-7）

羧酸和乙烯基酯会进一步酯键断裂得到分子更小的羧酸（产物①）和乙烯基酯（产物②），同时会生成对苯二甲酸单乙烯酯（产物③）、对苯甲酸（产物④）、对苯二甲酸二乙烯酯（产物⑤），其反应过程如式（5-8）所示，反应过程中苯基用 Ph 表示：

$$
\begin{aligned}
&\sim\!\sim PhCOOCH_2CH_2OCOPhCOOH\ (\text{羧酸}) \longrightarrow \sim\!\sim \underset{①}{PhCOOH} + \underset{③}{CH_2{=}CHOCOPhCOOH} \\
&\sim\!\sim PhCOOCH_2CH_2OCOPhCOOH\ (\text{羧酸}) \longrightarrow \sim\!\sim \underset{②}{PhCOOCH{=}CH_2} + \underset{④}{HOOCPhCOOH} \\
&\sim\!\sim PhCOOCH_2CH_2OCOPhCOOCH{=}CH_2\ (\text{乙烯基酯}) \longrightarrow \sim\!\sim PhCOOH + \underset{⑤}{CH_2{=}CHOCOPhCOOCH{=}CH_2} \\
&\sim\!\sim PhCOOCH_2CH_2OCOPhCOOCH{=}CH_2\ (\text{乙烯基酯}) \longrightarrow \sim\!\sim PhCOOCH{=}CH_2 + HOOCPhCOOCH{=}CH_2
\end{aligned}
\tag{5-8}
$$

对苯二甲酸单乙烯酯会裂解成苯甲酸乙烯酯（产物⑥）、苯甲酸（产物⑦）、CO_2；对苯甲酸裂解成苯甲酸，然后苯甲酸裂解成苯（产物⑧）和 CO_2，其反应过程如式（5-9）所示：

$$
\begin{aligned}
CH_2{=}CHOCOPhCOOH &\longrightarrow \underset{⑥}{CH_2{=}CHOCOPhH} + CO_2 \\
HOOCPhCOOH &\longrightarrow \underset{⑦}{PhCOOH} + CO_2 \\
PhCOOH &\longrightarrow \underset{⑧}{PhH} + CO_2
\end{aligned}
\tag{5-9}
$$

同时部分乙烯基酯和羧酸发生歧化反应，歧化的物质会裂解生成酸酐（产物⑨）和乙醛（产物⑩），其反应过程如式（5-10）所示：

$$\sim\sim PhCOOCH{=}CH_2 + HOOCPh \sim\sim \xrightarrow{\text{歧化}} \sim\sim PhCOOCH(CH_3)OCOPh \sim\sim$$

$$\sim\sim PhCOOCH(CH_3)OCOPh \sim\sim \longrightarrow \sim\sim \overset{⑨}{PhCOOCOPh} \sim\sim + \overset{⑩}{CH_3CHO} \tag{5-10}$$

分子量最小的乙烯基酯有三条裂解路径，三个反应的比例与温度有关；其一生成了苯甲酸、乙炔（产物⑪），其二生成了苯乙烯（产物⑫）、CO_2，其三经过两段重排和脱羰生成苯乙酮（产物⑬）、CO，其反应过程如式（5-11）所示：

$$PhCOOCH{=}CH_2 \begin{cases} \nearrow \overset{⑦}{PhCOOH} + \overset{⑪}{CH\equiv CH} \\ \longrightarrow \overset{⑫}{PhCH{=}CH_2} + CO_2 \\ \searrow PhCOCH_2CHO \longrightarrow \overset{⑬}{PhCOCH_3} + CO \end{cases} \tag{5-11}$$

对苯二甲酸单乙烯酯和对苯二甲酸二乙烯酯裂解生成对乙酰基苯甲酸（产物⑭）和对乙酰基苯甲酸乙烯酯（产物⑮），其反应过程如式（5-12）所示：

$$HOOCPhCOOCH{=}CH_2 \longrightarrow \overset{⑭}{HOOCPhCOOCH_3} + CO$$

$$CH_2{=}CHOCOPhCOOCH{=}CH_2 \longrightarrow \overset{⑮}{CH_2{=}CHOCOPhCOCH_3} + CO \tag{5-12}$$

最后，苯乙酮还会裂解成两种自由基，其反应过程如式（5-13）所示，从而与其他产物结合反应形成多种芳香族化合物，比如甲苯、苯甲醛、联苯等。

$$PhCOCH_3 \longrightarrow PhCO\cdot + CH_3\cdot \tag{5-13}$$

由以上 PET 热降解过程可知，600℃下缓冲层热裂解产物测试结果均可由 PET 热降解过程中反应解释，结合 PET 热降解机理以及缓冲层热裂解检测结果，可知缓冲层在 300～700℃的热裂解产物主要有苯甲酸、对苯甲酸及其酯、苯甲醛、乙醛、乙酰化芳烃和多环芳烃等。

5.1.3 外屏蔽层烧蚀阶段

缓冲层烧蚀缺陷可发展到烧穿缓冲层直至灼烧到绝缘屏蔽层，当缓冲层烧蚀缺陷发展到该严重程度时，将直接损害电缆绝缘屏蔽层的均匀电场能力，导致该处电场强度进一步畸变，引起严重的电场集中，加剧放电烧蚀缺陷发展。

绝缘屏蔽层放电痕迹如图 5-4 所示，该绝缘层取自截面为 $630mm^2$ 的 110kV 实际故障电缆，分析放电烧蚀气体组分，烧蚀气体主要含有 2,4-二甲基庚烷、十二烷、4-甲基-癸烷、甲苯、4-甲基辛烷、十一烷等气体。

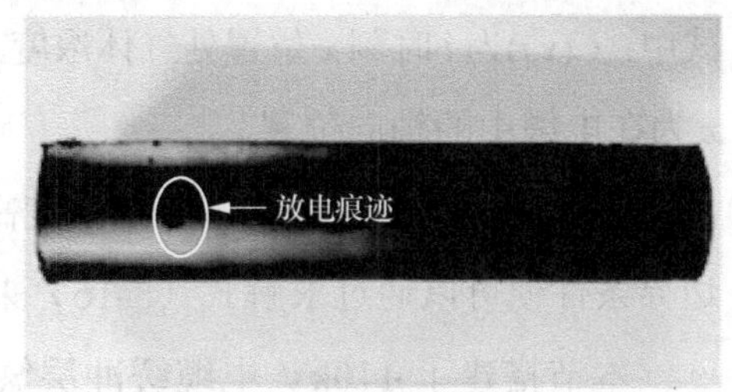

图 5-4　绝缘屏蔽层放电痕迹

目前 110kV 电力电缆的半导电屏蔽材料是通过在聚乙烯基体中加入导电炭黑、抗氧剂以及有机过氧化物交联剂材料制备的，其中炭黑的含量为 30%～40%。因此以上绝缘屏蔽层放电烧蚀产生的气体即来源于这些材料在高温下热裂解，其中四种烷烃即来自聚乙烯的热裂解。聚乙烯的热裂解主要反应 C–C 键的断裂，反应生成分子链更小的自由基，该自由基加 H 后便生成各种烷烃类，其反应过程如式（5-14）所示。然而这些自由基也会发生异构化反应，与小分子自由基结合形成异构烷烃，其反应过程如式（5-15）所示；甲苯有可能来自过氧化物交联剂的裂解。

$$\left[\begin{array}{cccc} H & H & H & H \\ | & | & | & | \\ -C- & C- & C- & C- \\ | & | & | & | \\ H & H & H & H \end{array}\right]_n \longrightarrow \begin{array}{l} H_3C\text{—(chain)—}CH_2\cdot \\ H_3C\text{—(chain)—}CH_2\cdot \\ H_3C\text{—(chain)—}CH_2\cdot \\ \cdots \end{array} \xrightarrow{H} \begin{array}{l} H_3C\text{—(chain)—}CH_3 \\ H_3C\text{—(chain)—}CH_3 \\ H_3C\text{—(chain)—}CH_3 \end{array} \tag{5-14}$$

$$H_3C\text{—(chain)—}CH_2\cdot + CH_3\cdot \longrightarrow H_3C\text{—(chain with } H_3C \text{ branch)—}CH_3 \tag{5-15}$$

5.2　电力电缆缓冲层缺陷气体扩散研究

通过上文分析可知，缓冲层缺陷会有特征气体产生，因此可以通过检测缓冲层内气体来发现缺陷。由于缓冲层存在空隙，气体将在电缆内扩散，气体的流动性使得缺陷的定位变得困难。本节将以 H_2 为研究对象，开展电缆缓冲层受潮模拟实验，目的在于模拟 H_2 产生和扩散过程，进而研究缓冲层缺陷特征气体的扩散规律，最终为气体检测提供理论基础。

电缆内部产生的 H_2 会在缓冲层扩散，其扩散可以用菲克定律来描述，由于电缆直径远小于电缆长度，可以将气体扩散简化为一维模型，如式（5-16）所示：

$$\frac{\partial C(x,t)}{\partial t} = D\frac{\partial^2 C(x,t)}{\partial^2 x^2} \tag{5-16}$$

式中：$C(x,t)$为 t 时刻 x 位置处气体浓度，kg/m^3；D 为扩散系数，通常认为是常数，cm^2/s；x 为在电缆中的轴向位置。

由菲克定律可知，气体会由浓度高的地方向浓度低的地方扩散，确定初始条件和边界条件便可以通过求解式（5-16）来确定氢气浓度随时间、电缆位置的变化规律。

本节搭建了 110kV 电缆缓冲层氢气浓度检测系统，如图 5-5 所示，含气相色谱仪、110kV 缓冲层受潮缺陷电缆试样。气相色谱仪型号 GC7980，标准气体成分为 H_2、CH_4、C_2H_6、C_2H_4、C_2H_2、CO 以及 CO_2，载气为 N_2。在本设备中，CO、CO_2 和 H_2 采用热导检测器（thermal conductivity detector，TCD），其余气体采用火焰离子化检测器（flame ionization detector，FID）。缺陷电缆试样型号为 YJLW03-Z 64/110 1×1200，长 2m。

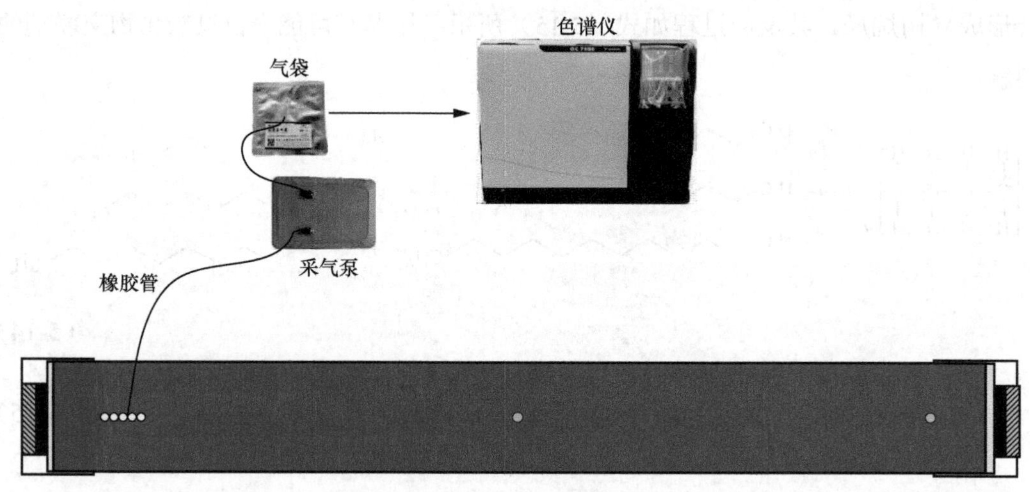

图 5-5 实验系统图及电缆试样打孔情况

将新电缆试样两端用热缩套密封，保证试样气密性良好。电缆在水平和无压力条件下放置，用电钻在试样皱纹铝套波峰位置钻孔至缓冲层，用于注水与采气，孔直径约为 7.5mm。试样钻孔位置如图 5-5 所示，其中 0.1～0.22m 处的五个孔注水模拟电缆受潮，1m 和 1.9m 处的孔用于采气。采气过程由采气泵完成，将硅胶管连接到钻孔上，确保过盈配合紧密，使用气泵抽取缓冲层气体，随后将其储存在气袋中。使用气相色谱分析对采集的气体进行成分分析。试验过程中对电缆注水两次，间隔 45d；第一次向每个注水孔注入纯净水 1mL，第二次向每个注水孔注水 5mL，注水由注射器完成。在试验过程不同时期同时采集 0.16m（注水位置）、1m、1.9m 三个位置缓冲层气体，取三个位置气体含量平均值作为电缆内气体含量，采气时间及方式见表5-1，其中第二次注水后第20、56和88天采气前先用气泵将电缆内原有气体排空，然后在24h内多次取气分析。

表5-1　　采气时间及方式

注水次数	采气时间	采气方式
第一次	注水前	采气1次
	第5天	采气1次
第二次	第5天	采气1次
	第20天	排气后24h内多次采气
	第56天	排气后24h内多次采气
	第88天	排气后24h内多次采气

注水前、注水1mL 5d后和注水5mL 5d后缓冲层内气体色谱分析结果见表5-2。由表可知，注水前新电缆内含有CO_2和CH_4、CO，无H_2；注水1mL 第5天时，电缆缓冲层气体成分与注水前相同，含量相近；注水5mL 第5天时，与前两种情况相比，缓冲层开始出现 H_2，其他气体含量相近。对比注水前后，H_2仅在受潮的电缆内检测到，可以作为缓冲层受潮的特征气体，因此下文仅研究电缆缓冲层内的H_2。

表5-2　　注水前、注水1mL 5d后和注水5mL 5d后缓冲层内气体成分

	H_2/ppm	CH_4/ppm	CO/ppm	CO_2/ppm
注水前	0	29.67	29.04	463.48
注水1mL 5d	0	27.57	23.16	361.92
注水5mL 5d	22	23.94	14.29	381.61

注　ppm为10^{-6}。

对比两次注水后缓冲层内气体发现，在每个孔注水量达到5mL时缓冲层内有H_2产生，1mL时无H_2产生。其原因是注水量少时，形成的碱性溶液并没有接触到铝。注入缓冲层内的水并不会立即与铝发生反应，会先在阻水带上扩散并溶解铝表面的氧化膜后再与铝反应。打孔与注水位于铝套波峰位置，受潮程度较轻时水扩散范围小，碱性溶液含量也少，水没有扩散到与铝套接触的波谷位置或者没有完全溶解铝套表面的氧化膜，碱性溶液无法与铝接触。受潮程度较重时，水会扩散至铝套波谷位置并形成碱性溶液，溶解掉铝表面的氧化层而产生H_2。

由于皱纹铝套的结构，缓冲层内存在间隙，这成为气体流通的路径。根据气体扩散的原理，气体会从浓度较高的区域向浓度较低的区域扩散，由某一位置产生的H_2可以扩散至远处。测量第20天和第56天的0.16m、1m、1.9m位置H_2浓度24h内的变化，

结果如图 5-6 所示。由图 5-6（a）可知，第 20 天 0h 时，电缆内 H_2 浓度为零；1h 时，注水位置有 H_2 产生；2h 时 H_2 扩散到距 1m 位置；10h 时 H_2 扩散到 1.9m 位置。H_2 由注水位置扩散到 1m 位置用了 1h，扩散平均速率为 0.84m/h，由 1m 位置再进一步扩散到 1.9m 位置用了 8h，平均速率为 0.11m/h。由图 5-6（b）可知，第 56 天 1h 时注水位置有 H_2 产生，8h 时 1m 位置检测到 H_2，24h 时 1.9m 位置才检测到 H_2。H_2 由注水位置扩散到 1m 位置平均速率为 0.12m/h，由 1m 位置扩散到 1.9m 位置平均速率为 0.056m/h。

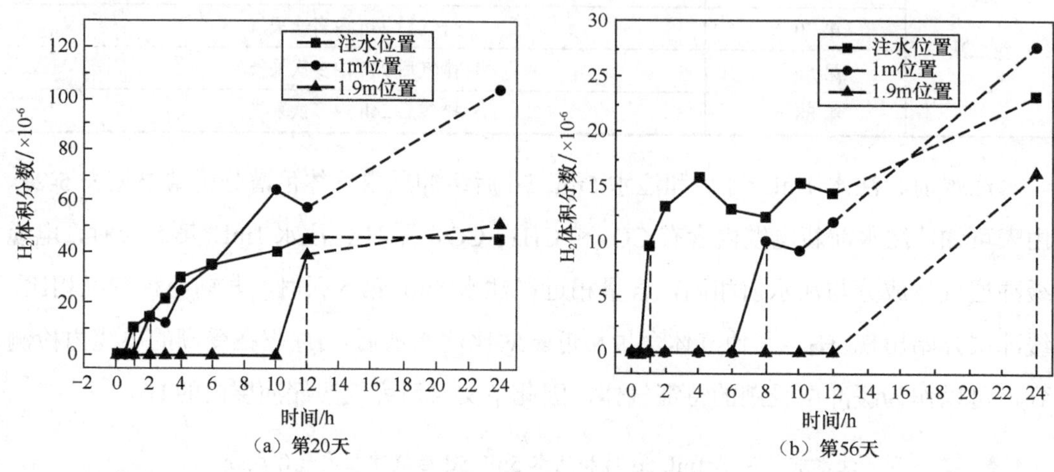

图 5-6　第 20 天和第 56 天 24h 内 0.16m、1m、1.9m 位置 H_2 浓度变化

H_2 在电缆内扩散的速率并不均匀，随着扩散距离的增加，扩散速率将降低。这是由于气体传播路径中存在摩擦，气体在克服摩擦力的过程中，其流速会下降，特别是在较小间隙的路径中更为明显。高压电缆缓冲层由蓬松棉、无纺布和阻水粉组成，具有疏松多孔结构，其表面比较粗糙，这将增大 H_2 传播过程中的阻力，使得传播速率下降。

5.3　电力电缆缓冲层缺陷产出气体采集方法研究

110kV 及以上皱纹铝套电缆缓冲层缺陷已成为我国电缆行业内亟需解决的一个系统性问题。针对这一问题，传统的局部检测、X 光检测等方法都难以对缓冲层状态进行有效评估，在必要的情况下，仍需要通过破开铝套，用开窗的方式人工检查缓冲层状态，开窗检查后再恢复金属护套结构。这种方式对电缆结构有破坏，而且开窗的位置不一定和缓冲层缺陷位置相对。目前，基于高压电缆缓冲层特征气体判别表征缓冲层状态已成为一种新的检测手段，其原理是不同缺陷阶段下缓冲层会产生不同气体成分和浓度，根据这一差异可对皱纹铝护套电缆缓冲层进行缺陷状态判别[9]。

华南理工大学刘刚教授团队提供了一种高压皱纹铝护套电缆缓冲层取气方法，具体流程见表 5-3。

表 5-3　电缆取气操作流程

步骤	操作	照片
1	剥离外护套，清理防腐层	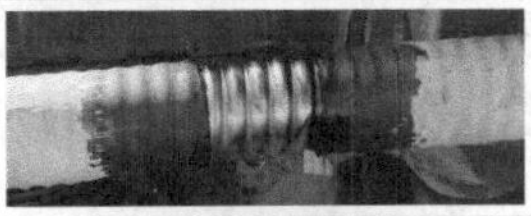
2	2.5mm 孔径限位钻孔	
3	钻孔接上便携式取气阀，利用差压计测量电缆抽气前气压	
4	便携式取气阀连接抽气泵抽气	
5	测量电缆抽气后气压	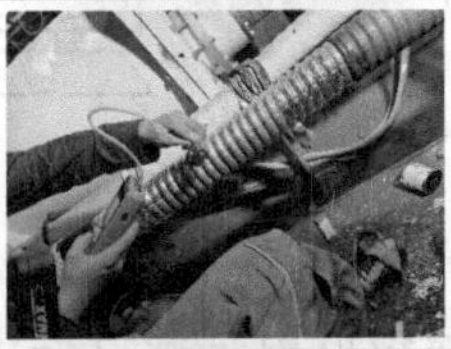
6	开窗检查缓冲层和屏蔽层烧蚀	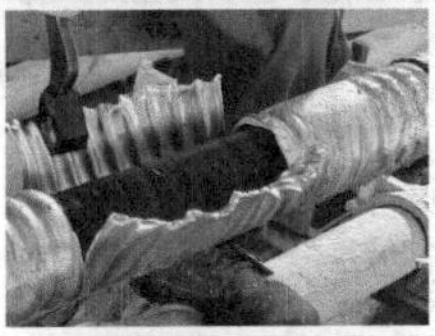
7	修复电缆	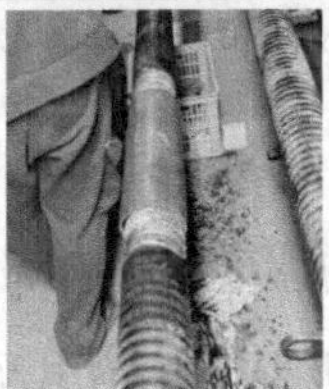

5.4 电力电缆缓冲层缺陷产出气体成分检测研究

对缓冲层气体成分的检测采用气相色谱技术。气相色谱技术是一种将混合气体分离成单个组分并进行鉴定和测量的技术，其中色谱仪中的色谱柱对检测成分有选择作用。检测采用的气相色谱仪型号为 Agilent GC990，适用于检测甲烷、乙烷、乙烯、乙炔、二氧化碳、氧气、氮气、一氧化碳、氢气等。这些气体经过标定，因此可以得出各种气体的体积百分比浓度。

为模拟电缆缓冲层烧蚀条件和采集放电产生的特征气体，刘顺满等[6][7]设计了如图 5-7 所示的实验装置。其中密封箱尺寸为 27cm×21cm×21cm，自带有抽气口，金属地极板尺寸为 200mm×200mm×3mm，气体采样袋容量为 2L，气阀用于连接密封箱和气泵；待实验完成后通过气泵收集密封箱内气体至气体采样袋。

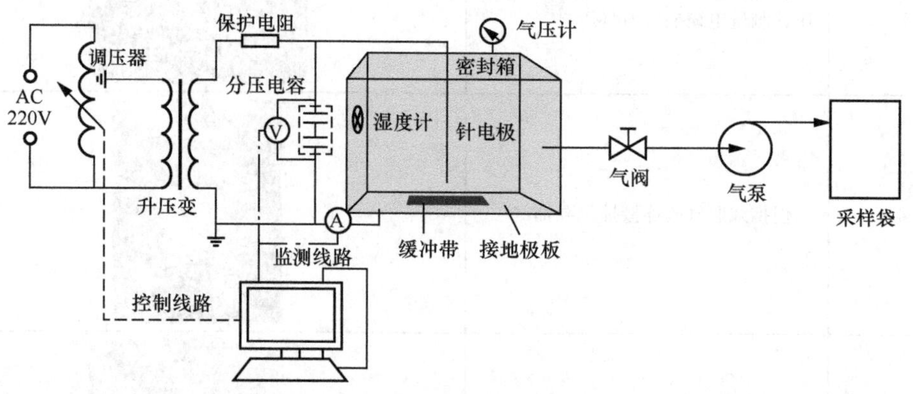

图 5-7 缓冲层放电模拟及气体采集装置

在开展模拟放电实验过程中，高压针电极与极板间距 10mm，将缓冲层试样放置在金属地极板中心位置，并且与针电极保持居中位置。为避免前一次实验产物对后续实验数据造成干扰，每轮实验完成之后使用无水乙醇喷涂擦洗试验装置，通风静置 10min 无异味后，再进行下一轮实验。

分别对四个不同类型的缓冲层进行模拟放电烧蚀实验，缓冲层的实验样品参数见表 5-4，样品如图 5-8 所示，将实验样品置于图 5-7 中的实验装置条件下进行实验，实验过程中密封箱内湿度维持在（80±5）%RH，温度维持在（20±2）℃。缓冲层在电压升至 4kV 时针电极尖端开始出现放电，升至 7kV 时开始出现燃弧，此时缓冲层在电弧作用下开始燃烧，最终升压至 8kV 持续燃烧并耐压 2min，期间观察到放电电弧间歇式重燃，如图 5-9 所示。在放电烧蚀过程中，缓冲层沿电极中心位置径向扩张烧蚀，在缓冲层烧蚀后期伴随产生烟尘；待放电结束后，抽取密封箱内气体至气体采样袋中，并取出缓冲层带材样品观察烧蚀形貌，如图 5-10 所示，可见烧蚀痕迹由电极中心径向向外扩张，烧蚀处出现黄褐色粉末；在铝板电极上出现缓冲层碳化痕迹且残留黄褐色油状物质，并且密封箱内残余大量刺鼻性的气味，静置 5h 后仍存在，只有使用无水乙醇喷涂擦洗试验装置并通风静置 10min 才能去除异味。由此，结合实验现象以及 PET 热降解产物的分析可初步推断缓冲层放电烧蚀产生的气体含有苯甲醛或者甲醛，这些气体具有强烈的气味且停留时间较久。

表 5-4　缓冲层样品参数

编号	厚度/mm	实验前重量/g	阻水类型	放电时间/s	重量变化/g
1	2	2.81	阻水	114	0.05
2	2	2.05	非阻水	114	0.03
3	0.5	0.67	阻水	114	0.01
4	0.5	0.65	非阻水	114	0.02

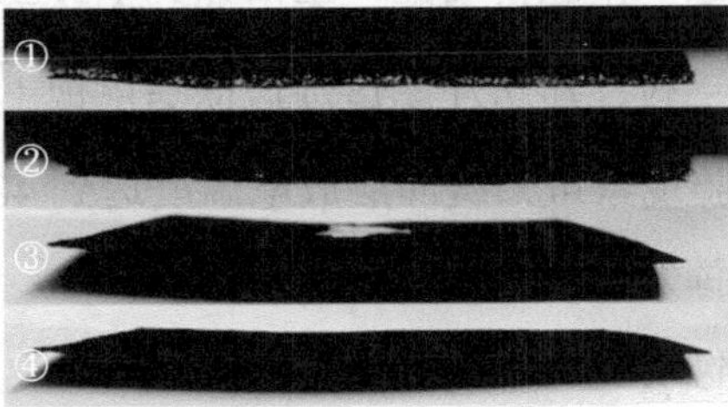

图 5-8　缓冲层模拟放电样品

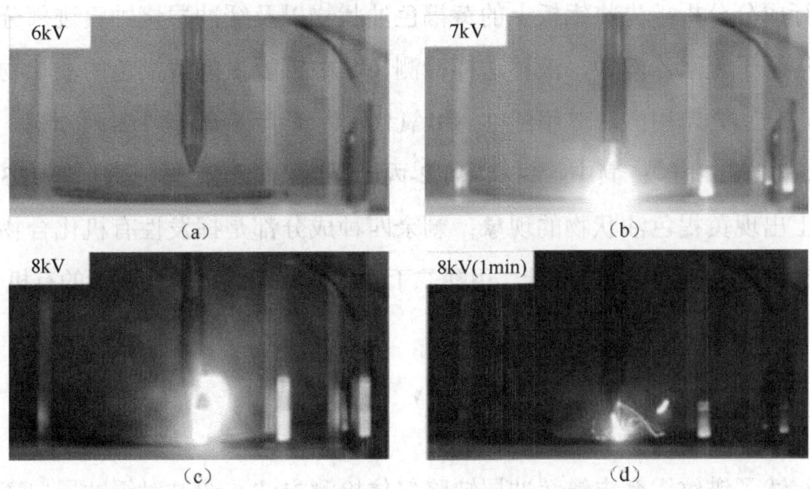

图 5-9　2mm 阻水缓冲层放电烧蚀现象

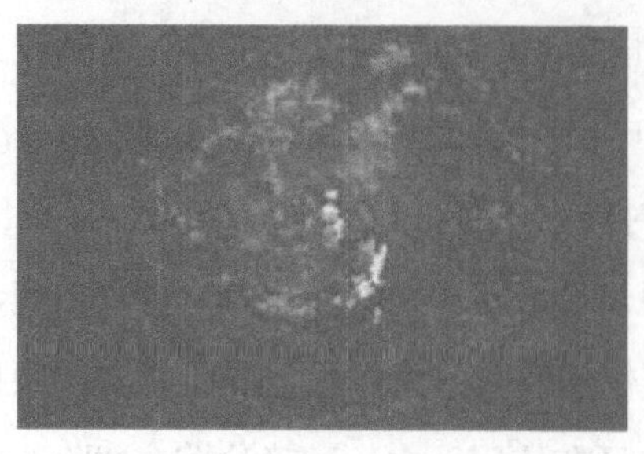
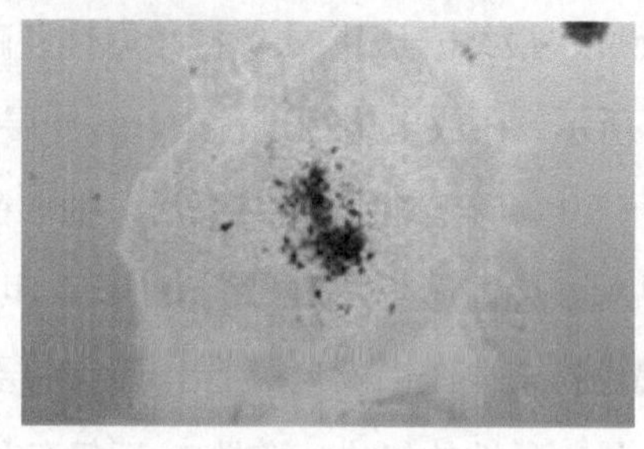

图 5-10　缓冲层烧蚀结果及残留油状物质

四种类型的缓冲层样品放电烧蚀气体组分测试结果表明，缓冲层放电烧蚀产生的气体主要包含癸烷、肉桂醛、3-乙基苯乙烯、甲苯、1-乙基-4-乙烯基苯、酞酸二丁酯、苄叉丙酮、1,3-二乙烯苯、4-乙基苯甲醛、3,4-二甲基苯甲醛、对二乙烯苯、1,4-二氢萘等气体。其中，由于0.5mm缓冲层放电烧蚀前后重量变化较少，即放电烧蚀程度相对较轻，其放电烧蚀产生的气体种类较少。

PET在400～700℃会产生挥发性物质，形成浅黄色的烟，该物质为一些复杂的芳香化合物的混合物，如对苯二甲酸以及酯、苯甲酸、多环芳烃。这与模拟缓冲层放电烧蚀实验中观察到的现象一致，在缓冲层烧蚀后期会出现上升烟尘，并且电极铝板上残留黄褐色液体。由该实验现象可知缓冲层放电温度达到400～700℃，放电的能量以及温度足以使缓冲层产生挥发性物质。

由模拟缓冲层放电烧蚀实验可知，缓冲层在放电烧蚀之后会在电极铝板残留下肉眼可见的黄褐色油状物，以及在缓冲层上的烧蚀痕迹中亦可发现有浅黄色粉末。对此残留物进行成分分析；先将铝板上的黄褐色油状物以及缓冲层烧蚀痕迹部分刮下来，分别将其溶解于无水乙醇中，液体进样检测，其中铝板上的黄褐色的油状物共有五种主要成分，分别为苯甲酸、苯甲酸2-（1-氧代丙基）-、1-苯基-1,2-丙二酮、邻苯二甲酸二丁酯、对苯二甲酸；其中，1-苯基-1,2-丙二酮为淡黄色液体，沸点在103～105℃，符合铝板上出现黄褐色油状物的现象；剩余四种成分都是挥发性有机化合物。缓冲层上烧蚀痕迹残留物成分中含有邻苯二甲酸二丁酯以及其他四种较为复杂的有机化合物。

5.5 小　　结

本章综述了皱纹铝套电缆缓冲层缺陷气体检测方法。通过对缓冲层白斑、缓冲层烧蚀、外屏蔽烧蚀三个阶段的研究和分析，揭示了缓冲层缺陷产气的机理，包括白斑阶段的化学反应和电化学腐蚀过程、烧蚀阶段的 PET 热裂解过程以及外屏蔽烧蚀阶段聚乙烯和交联剂的裂解过程等。对于白斑阶段，当半导电阻水缓冲层受潮后，阻水粉与铝套发生化学腐蚀反应，生成了 $NaHCO_3$、Na_2CO_3 和 Al_2O_3 等物质；此外，在触面潮湿条件下，铝套与缓冲层之间的电化学势差导致了电化学腐蚀，铝套发生阳极腐蚀，导电纤维作为阴极发生析氢反应。对于缓冲层烧蚀阶段，缓冲层在 300～700℃的热裂解产物主要有苯甲酸、对苯甲酸及其酯、苯甲醛、乙醛、乙酰化芳烃和多环芳烃等。对于外屏蔽烧蚀阶段，烧蚀气体主要含有 2,4-二甲基庚烷、十二烷、4-甲基-癸烷、甲苯、4-甲基辛烷、十一烷等气体。

针对缓冲层缺陷产生的特征气体，提出了缓冲层缺陷的气体检测方法，通过分析缓冲层中产生的气体成分和浓度变化，可以有效判断缓冲层是否存在缺陷，并评估缺陷的程度和类型，具有非破坏性、快速、准确等特点。同时，通过搭建实验室检测平台，结合现场检测结果，对缓冲层缺陷产气机理进行实验验证，结果表明缓冲层放电烧蚀产生的气体主要包含癸烷、肉桂醛、3-乙基苯乙烯、甲苯、1-乙基-4-乙烯基苯、酞酸二丁酯、苄叉丙酮、1,3-二乙烯苯、4-乙基苯甲醛、3,4-二甲基苯甲醛、对二乙烯苯、1,4-二氢萘等气体，与机理分析一致，验证了产气机理。

本章参考文献

[1] Chen Y., Hao Y.P., Cheng Y.T., et al. Failure investigation of buffer layers in high-voltage XLPE cables[J]. Engineering Failure Analysis, 2020, 113, Art No. 104546.

[2] Nordas S, Helleso S M, Hvidsten S. Measurements and modeling of water diffusion in water blocking tapes for high voltage extruded cables[C]//2008 International Symposium on Electrical Insulating Materials (ISEIM 2008). 2008: 263-266.

[3] 王伟，欧阳本红，徐明忠，等. 电缆缓冲层烧蚀现象初步分析[J]. 电线电缆，2019(5): 5-10.

[4] Chen Y, Zhou K, Kong J, et al. Hydrogen evolution and electromigration in the corrosion of aluminium metal sheath inside high-voltage cables[J]. High Voltage, 2022, 7(2): 260-268.

[5] 陈熠东，周凯，雷清泉，等. 高压电缆阻水缓冲层的白斑现象及析氢腐蚀机理[J]. 中国电机工程学报，2023, 43(12): 4830-4840.

[6] 刘顺满，王健，程皓，等. 高压 XLPE 电缆缓冲层烧蚀缺陷特征气体分析[J]. 广东电力，2022, 35(6): 116-125.

[7] 刘顺满. 高压电缆缓冲层放电烧蚀缺陷特征气体分析[D]. 广州：华南理工大学，2022.

[8] 周凯，赵琦，李原，等. 基于分阶段产气的高压电缆阻水缓冲层状态评估[J]. 高电压技术，2022, 48(10): 3882-3890.

[9] 章先杰，周建，周文青，等. 一种高压皱纹铝护套电缆缓冲层取气装置及方法[P]. 2024-04-26.

[10] Zhou W, Li L, Cheng H, et al. Gas production analysis for the buffer layer of high-voltage cross-linked polyethylene cables[J]. High Voltage, 2024: hve2.12430.

第6章

皱纹铝套电力电缆缓冲层缺陷宽频阻抗评价方法

宽频阻抗谱技术是利用阻抗分析仪测量电缆首端输入阻抗随频率变化曲线，得到宽频阻抗谱。当频域范围足够宽时，电缆宽频阻抗谱主要与电缆本身特性相关，能够反映电缆运行状态。因此，测试并分析电缆的宽频阻抗谱，可以实现对电缆缺陷和故障的检测，以及状态评估。缓冲层阻抗直接关系到电缆绝缘屏蔽层和铝套间电气连接状态。皱纹铝套电力电缆阻水缓冲层缺陷往往伴随着白色粉末生成。缓冲层缺陷中白色粉末具有绝缘性，会使得缓冲阻水带体积电阻率与相对介电常数大幅变化，而体积电阻率和相对介电常数决定了电介质交流阻抗。宽频阻抗谱技术采集了宽频率范围内阻抗信息，可论证检测缓冲层缺陷的可行性。本章总结了电缆缓冲层缺陷阻抗建模、宽频阻抗评价原理、缓冲层缺陷宽频阻抗评价方法研究的内容。

6.1 缓冲层缺陷电缆阻抗建模

搭建电缆缓冲层缺陷模型，分析缓冲层阻抗特性，有助于掌握绝缘屏蔽层和铝套间的电气连接状态。目前，学者们普遍采用建立缓冲层等效电路模型的方法来进行缓冲层阻抗分析。

学者们在进行缓冲层阻抗分析时建立的等效电路模型中，部分模型为电缆整体径向等效电路模型，其中缓冲层仅用一个电阻等效[1]，这忽略了缓冲层间等效电容，也没有考虑皱纹铝套波谷波峰结构以及缺陷对缓冲层阻抗的影响；部分缓冲层等效电路模型仅用一个电阻和电容串联或并联进行等效[2][3]，不能全面反映电缆缓冲层间的复杂电气状态，而且同样忽略了皱纹铝套波谷波峰结构以及缺陷的影响；相较之下，一部分模型为分布式等效电路模型[4][5]，此模型充分考虑了皱纹铝套波谷波峰结构以及缺陷的影响，能够更好反映电缆缓冲层真实状态。

本章在建立的缓冲层等效电路模型基础上，总结相关经验，充分考虑电缆阻水缓冲层缺陷中烧蚀和白色粉末对缓冲层阻水带的影响。在注意到缓冲层缺陷集中于皱纹铝套波谷处这一特点后，在等效电路模型中将缓冲层以皱纹铝套的一个波距为单位建立最小阻抗单元，且在最小阻抗单元中分为接触段与非接触段模拟实际缓冲层缺陷状态。

6.1.1 皱纹铝套与缓冲层的接触段和非接触段阻抗模型

国内绝缘高压电缆普遍采用皱纹铝套结构，缓冲层与铝套间的接触状态在整个电缆轴向长度内并不一致。在皱纹铝套波谷处缓冲层阻水带与铝套紧密接触，而在皱纹铝套波峰处缓冲层阻水带与铝套间存在一个拱形空气间隙。缓冲层与皱纹铝套间的这种非一致性的接触状态对缓冲层缺陷的产生及分布有直接影响。

在故障电缆现场调研时，发现缓冲层烧蚀痕迹处或者白色粉末堆积处一般与皱纹铝套波谷处相对应[6][7]，如图 6-1 所示。绝缘屏蔽层烧蚀痕迹同样与皱纹铝套波谷相对应[8]。因此，若电缆存在缓冲层缺陷，则在皱纹铝套的一个波距内可以根据缺陷情况分为两段，一部分为铝套与缓冲层接触段，另一部分为铝护套与缓冲层非接触段（即拱形空气间隙），电缆轴向剖面如图 6-2 所示。

综上所述，本章等效电路模型最小阻抗单元中的非接触段一般未见异常。经测量，电缆皱纹铝套的波距 L 为 2cm。根据实际缓冲层缺陷电缆解剖经验，可设接触段 L_1 长 0.5mm，非接触段 L_2 长 1.5cm。

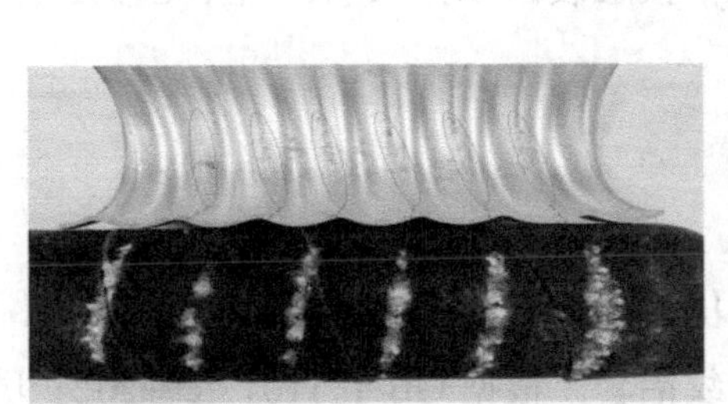

图 6-1 阻水带与铝套波谷上的白色粉末

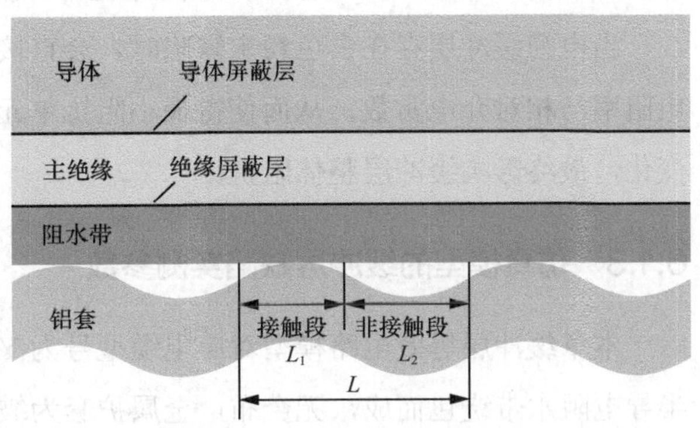

图 6-2 电缆轴向剖面示意图

6.1.2 单节距阻抗模型

基于上述分析和假设，以皱纹铝套的一个波距长度（节距）建立最小阻抗单元。通过最小阻抗单元级联，建立缓冲层等效电路模型，如图 6-3 所示。其中，框内为单个最小阻抗单元；左侧为接触段阻抗等效模型；右侧为非接触段阻抗等效模型。

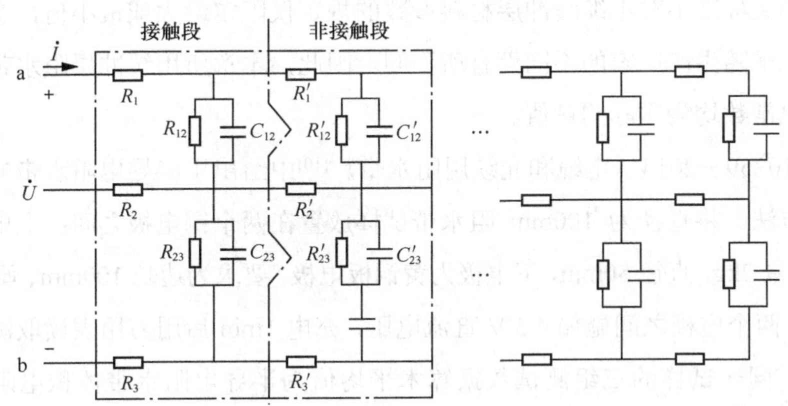

图 6-3 缓冲层等效电路模型

在图 6-3 等效电路模型中，R_1、R_2、R_3 分别为接触段内绝缘屏蔽层、阻水带、铝套的轴向电阻；R_1'、R_2'、R_3' 分别为非接触段内绝缘屏蔽层、阻水带、铝套的轴向电阻；R_{12}、R_{23} 分别为外层阻水带、内层阻水带在接触段内的径向电阻；R_{12}'、R_{23}' 分别为外层阻水带、内层阻水带在非接触段内的径向电阻；C_{12}、C_{23} 分别为外层阻水带、内层阻水带在接触段内的等效径向电容；C'_{12}、C'_{23} 分别为外层阻水带、内层阻水带在非接触段内的等效径向电容；C_{air} 为非接触段气隙电容。

当电缆缓冲层存在白色粉末缺陷时，会直接影响接触段内上下两层阻水带的体积电阻率与相对介电常数，从而使得最小阻抗单元中接触段内 R_{12}、R_{23}、C_{12}、C_{23} 发生变化，最终影响缓冲层整体阻抗。

6.1.3 仿真模型的缓冲层缺陷实测参数

本章缓冲层等效电路模型对应电缆型号为 YJLW03 64/110 1×800，缓冲层由两层半导电阻水带绕包而成，无金布，金属护套为皱纹铝套。根据 GB/T 11017.2—2024[9] 中对 110kV 交联聚乙烯电缆绝缘屏蔽层厚度及其材料参数规定，设置仿真模型参数。设绝缘屏蔽层内径为 r_1，外径为 r_2，缓冲层内外两层阻水带外径分别为 r_3、r_4，皱纹铝套外径为 r_5。各半径参数见表 6-1。

表 6-1　电缆仿真半径参数

半径	r_1	r_2	r_3	r_4	r_5
尺寸/mm	34.3	35.3	36.8	38.3	46.3

由于相关标准中对电缆缓冲层材料参数的规定仅限定最大或最小值，实际缓冲层材料参数水平随生产厂家的不同而有所不同。因此，本章所用缓冲层阻水带的体积电阻率和介电常数均为实际测量值。

JB/T 10259—2014《电缆和光缆用阻水带》[10]中给出了半导电阻水带的体积电阻率的测量方法。将直径为 100mm 阻水带试样放置在两个铜电极之间；上电极为黄铜棒电极，重量 2kg，直径 50mm，下电极为黄铜板电极，要求为边长 100mm、厚度 10mm。测试时，在两个电极之间施加 4.5 V 直流电压，充电 1min 后用万用表读取测量的体积电阻数值。同一试样的三组测试数据算术平均值为半导电阻水带体积电阻率试验结果。体积电阻率由式（6-1）计算：

$$\rho = \frac{RA}{t} \tag{6-1}$$

式中：ρ 为体积电阻率，Ω·cm；R 为测试所得试样体积电阻，Ω；A 为铜棒电极截面积，cm^2；t 为试样平均厚度，cm。

阻水带体积电阻率测量装置如图 6-4 所示，测量时按标准要求用图中 RIGOL DP832 直流稳压电源在两个电极间施加 4.5V 直流电压 1min，之后用万用表测量体积电阻。

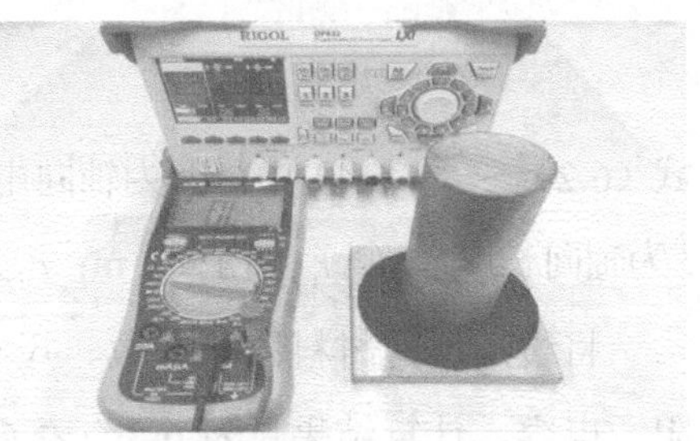

图 6-4　体积电阻率测量装置

阻水带介电常数通过综合物性测量系统（physical property measurement system，PPMS）进行测量。电缆各层材料性能参数汇总见表 6-2。使阻水带产生缺陷的方法为：利用针筒向阻水带中注射自来水，从而在阻水带表面析出白色粉末，将该带白色粉末阻水带作为缺陷阻水带测试。

表 6-2　电缆各层材料性能参数

结构	体积电阻率/（Ω · m）	相对介电常数
正常阻水带	1.3×10^{2}	32.3
缺陷阻水带	3.2×10^{5}	12.5
绝缘屏蔽层	0.3	—
铝套	2.85×10^{-8}	—
空气	—	1.0

针对绝缘屏蔽层体积电阻率，交联聚乙烯绝缘电力电缆采用三层共挤技术，导致绝缘屏蔽层不易剥取，且绝缘屏蔽层厚度为 1.0mm 水平。因此，绝缘屏蔽料体积电阻率难以直接测试，有学者通过建立绝缘屏蔽材料和绝缘界面的 Comsol 电场仿真模型，发现随着绝缘屏蔽层材料体积电阻率增加，绝缘中平均电荷密度会先减小后增大，当体积电阻率为 0.3Ω · m 时，绝缘中平均空间电荷密度最小[11]。本章中绝缘屏蔽层体积电阻率引用该学者研究结果，设绝缘屏蔽层体积电阻率为 0.3 Ω · m。

6.1.4　缓冲层缺陷阻抗仿真结果

根据电缆结构特点，绝缘屏蔽层、缓冲层、皱纹铝套均可视为同轴空心圆柱。其中轴向电阻可由式（6-2）计算：

$$R_a = \frac{\rho l}{\pi\left(r_o^2 - r_i^2\right)} \tag{6-2}$$

径向电阻可由式（6-3）计算：

$$R_r = \frac{\rho\left(r_o - r_i\right)}{2\pi r_i l} \tag{6-3}$$

电容由式（6-4）计算：

$$C=\frac{2\pi\varepsilon_0\varepsilon_r l}{\ln\left(r_o/r_i\right)} \tag{6-4}$$

式（6-2）～式（6-4）中：R_a为轴向电阻，Ω；R_r为径向电阻，Ω；ρ为体积电阻率，Ω·m；l为轴向长度，m；r_i为内径，m；r_o为外径，m；ε_0为绝对介电常数；ε_r为相对介电常数。

将缓冲层的材料性能参数、尺寸参数分别代入公式，计算最小阻抗单元中各个电阻、电容，计算结果见表6-3～表6-5。

表 6-3　　轴向电阻仿真计算值

轴向电阻/Ω	R_1	R_1'	R_2	R_2'	R_3	R_3'
正常	7	21	937	2811	7×10^{-8}	2×10^{-7}
缺陷	7	21	937	2811	7×10^{-8}	2×10^{-7}

表 6-4　　径向电阻仿真计算值

径向电阻/Ω	R_{12}	R_{12}'	R_{23}	R_{23}'
正常	176	59	169	56
缺陷	432829	59	415186	56

表 6-5　　径向电容仿真计算值

径向电容/pF	C_{12}	C_{12}'	C_{23}	C_{23}'	C_{air}
正常	216	647	225	674	8
缺陷	84	647	87	674	8

得到最小阻抗单元中各个电阻、电容值之后，在Simulink中分别建立缓冲层正常、有缺陷时的最小阻抗单元模型。通过最小阻抗单元的级联，分别搭建不同长度正常电缆缓冲层、缺陷电缆缓冲层的等效电路模型，计算工频（50Hz）时电缆缓冲层阻抗。正常缓冲层、缺陷缓冲层不同长度下的工频阻抗仿真结果见表6-6。

表 6-6　　正常与缺陷时不同长度电缆缓冲层的工频阻抗幅值

长度/m		0.3	1	3	10	20	23
工频阻抗/Ω	正常	97.9	97.9	98.9	98.9	98.9	98.9
	缺陷	31135	9729	4452	3750	3748	3785

由于缓冲层缺陷中白色粉末具有绝缘性质，阻水带体积电阻率大幅增加，缓冲层与皱纹铝套的接触段内外层阻水带的径向电阻显著增大。而相对介电常数减小使得接触段内上下阻水带的等效径向电容明显减小。由表6-6可知，缓冲层缺陷中白色粉末

的产生使得缓冲层的工频阻抗显著增大。不同长度正常电缆缓冲层阻抗几乎未发生变化，保持在 98Ω 左右。而缺陷电缆缓冲层阻抗随着电缆长度增加而逐渐减小，并在 10m 之后趋于稳定。

缓冲层有缺陷时，阻抗会在长度较短时随着长度增加而减小，是因为阻抗单元的级联使得径向电阻不断并联，而且故障电缆在接触段内径向电阻值很大，因此径向电阻并联会使缓冲层阻抗随长度增加而明显减小；当缓冲层达到一定长度时，电缆整体缓冲层阻抗的决定因素不再只是径向电阻，而是由轴向电阻和径向电阻共同作用，因此逐步趋于稳定。

6.2　电力电缆宽频阻抗检测原理

电缆宽频阻抗谱是指电缆首端输入阻抗随频率变化的曲线。宽频阻抗检测原理与行波法原理不同，行波法时域在条件下完成，将行波信号在线路首端输入，通过检测波信号行至故障位置而返回的时间得出故障距离，基于微分方程描述传输线上电压和电流的变化，考虑了传输线上的电压和电流随时间的变化。宽频阻抗法主要分析某一长度电缆的首端输入阻抗，通常不直接考虑时间影响。

根据线路传输阻抗理论，在电信号传输中，线路长度与电信号波长之比决定了线路的传输性能。当线路较短而电信号频率很低时，线路长度 l 远小于电信号波长 λ，电信号甚至不能在线路上完成一整个周期的震荡，此时线路阻抗可以用一个集总参数阻抗来等效；而当线路足够长或者电信号频率很高时，线路长度 l 接近甚至大于电信号波长 λ，此时线路不可用一个简单的集总参数来等效，而是与线路电气参数相关的分布参数电路。沿长度积分，由分布参数推导到集中参数，得到某一长度电缆的首端输入阻抗表达式。电缆等效分布参数如图 6-5 所示。

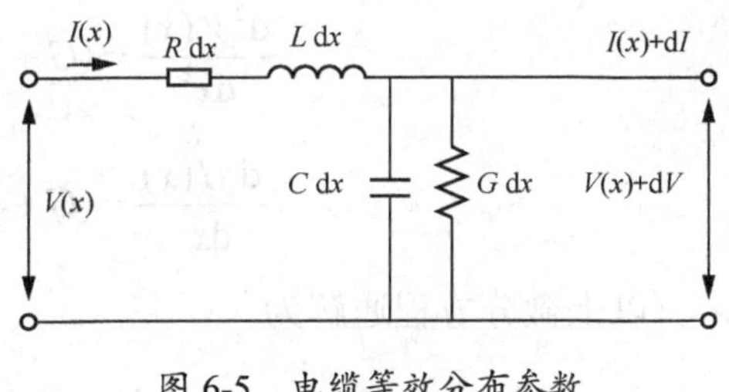

图 6-5　电缆等效分布参数

基于传输线理论，电缆等效为分布参数，电缆单位长度电阻 R_0 和单位长度电感 L_0 可分别近似为：

$$R_0 \approx \frac{1}{2\pi}\sqrt{\frac{\mu_0\omega}{2}}\left(\frac{1}{r_c}\sqrt{\rho_c}+\frac{1}{r_s}\sqrt{\rho_s}\right) \tag{6-5}$$

$$L_0 \approx \frac{\mu_0}{2\pi}\ln\frac{r_s}{r_c}+\frac{1}{4\pi}\sqrt{\frac{2\mu_0}{\omega}}\left(\frac{1}{r_c}\sqrt{\rho_c}+\frac{1}{r_s}\sqrt{\rho_s}\right) \tag{6-6}$$

式（6-5）、式（6-6）中：ω 为角频率；r_c 和 r_s 为电缆缆芯半径和导体屏蔽层内半径，m；ρ_c、ρ_s 为电缆缆芯和导体屏蔽层体积电阻率，Ω · m；μ_0 为真空磁导率，H/m。

电缆单位长度电容 C_0 和单位长度电导 G_0 分别为

$$C_0 = \frac{2\pi\varepsilon}{\ln(r_s/r_c)} \tag{6-7}$$

$$G_0 = \frac{2\pi\sigma}{\ln(r_s/r_c)} \tag{6-8}$$

式（6-7）、式（6-8）中：ε 为介电常数；σ 为电导率，S/m。

电缆特性阻抗 Z_0 和传播常数 γ 分别为

$$Z_0 = \sqrt{\frac{R_0 + j\omega L_0}{G_0 + j\omega C_0}} \tag{6-9}$$

$$\gamma=\sqrt{(R_0 + j\omega L_0)(G_0 + j\omega C_0)} \tag{6-10}$$

传输线中任一点处电流、电压相量 $\dot{I}(x)$ 和 $\dot{V}(x)$ 满足以下传输方程：

$$\frac{\mathrm{d}\dot{V}(x)}{\mathrm{d}x} = -(R + j\omega L)\dot{I}(x) \tag{6-11}$$

$$\frac{\mathrm{d}\dot{I}(x)}{\mathrm{d}x} = -(G + j\omega C)\dot{V}(x) \tag{6-12}$$

进一步求导可得

$$\frac{\mathrm{d}^2\dot{V}(x)}{\mathrm{d}x^2} = (G + j\omega C)(R + j\omega L)\dot{V}(x) \tag{6-13}$$

$$\frac{\mathrm{d}^2\dot{I}(x)}{\mathrm{d}x^2} = (G + j\omega C)(R + j\omega L)\dot{I}(x) \tag{6-14}$$

以上微分方程通解为

$$\dot{V}(x) = \dot{V}^{+}\mathrm{e}^{-\gamma x} + \dot{V}^{-}\mathrm{e}^{\gamma x} \tag{6-15}$$

$$\dot{I}(x) = \frac{1}{Z_0}(\dot{V}^{+}\mathrm{e}^{-\gamma x} - \dot{V}^{-}\mathrm{e}^{\gamma x}) \tag{6-16}$$

式（6-15）、式（6-16）中：$\dot{V}^{+}$ 为前行电压波；$\dot{V}^{-}$ 为反射电压波；γ 为传播常数；Z_0 为特征阻抗。

以负载处为坐标原点，正方向指向电源端，x 为距原点长度。负载端，即 x=0 时：

$$\dot{V}(0)=\dot{V}^{+}+\dot{V}^{-} \tag{6-17}$$

$$\dot{I}(0)=\frac{1}{Z_0}(\dot{V}^{+}-\dot{V}^{-}) \tag{6-18}$$

可得：

$$\frac{\dot{V}(0)}{\dot{I}(0)}=Z_L \tag{6-19}$$

式中：Z_L 为负载阻抗。联立式（6-17）～式（6-19）可得：

$$\frac{\dot{V}^{-}}{\dot{V}^{+}}=\frac{Z_L-Z_0}{Z_L+Z_0}=\varGamma_L \tag{6-20}$$

式中：$\varGamma_L$ 为负载端反射系数，将其代入微分方程得：

$$\dot{V}(x)=\dot{V}^{+}\mathrm{e}^{\gamma x}(1+\varGamma_L\mathrm{e}^{-2\gamma x}) \tag{6-21}$$

$$\dot{I}(x)=\frac{\dot{V}^{+}\mathrm{e}^{\gamma x}}{Z_0}(1-\varGamma_L\mathrm{e}^{-2\gamma x}) \tag{6-22}$$

电缆长为 l 时，得电缆首端输入阻抗表达式：

$$Z_l=\frac{\dot{V}(l)}{\dot{I}(l)}=Z_0\left(\frac{1+\varGamma_L\mathrm{e}^{-2\gamma l}}{1-\Gamma_L\mathrm{e}^{-2\gamma l}}\right) \tag{6-23}$$

6.3　电力电缆缓冲层宽频阻抗检测方法研究

6.3.1　检测系统

本章试验设备包括阻抗分析仪、单相调压器、万用表和恒温箱。阻抗分析仪型号为 WK 6500B，输出交流电压 1V 或交流电流 20mA、频率范围 20Hz～100MHz，如图 6-6 所示。单相调压器型号为 TDGC2-500VA 型，最大电压 250V，最大电流 2 A；恒温箱型号 DHG9230 型，温控范围 5～250℃。

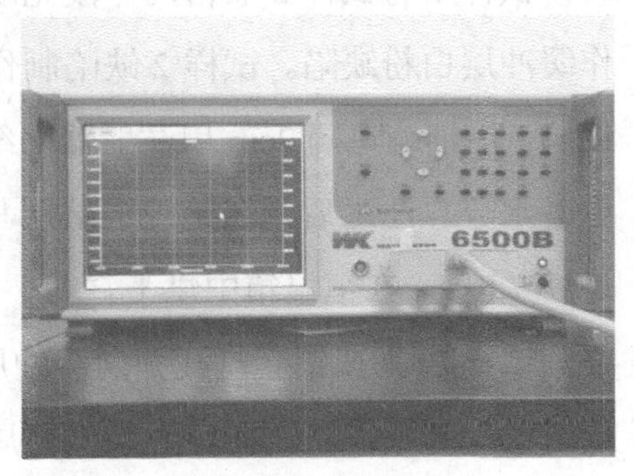

图 6-6　阻抗分析仪

本章试验所用电缆型号均为YJLW03 1×2 1200

的 110kV 交联聚乙烯绝缘皱纹铝套电缆。试样 1 和试样 2 如图 6-7 所示，全部试样详细信息见表 6-7。

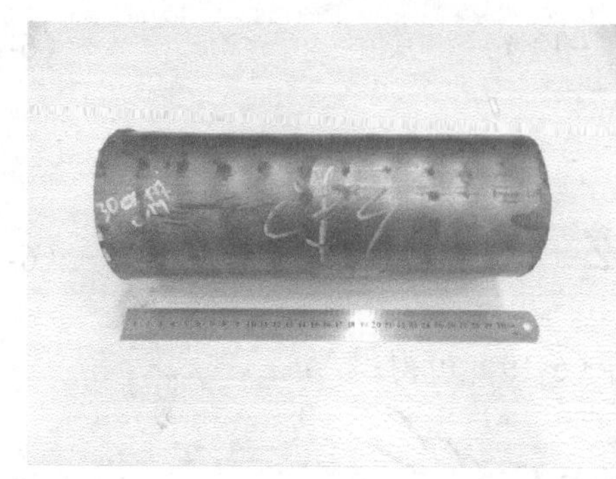

（a）试样 1

（b）试样 2

图 6-7 试样 1 和试样 2

表 6-7 电缆试样信息

编号	长度/m	缺陷情况	备注
1	0.3	无	
2	0.3	白色粉末	
3	0.5	受潮	
4	1	运行有缺陷	退役，缓冲层与铝套间隙较大
5	9.5	运行有白斑	退役，缓冲层存在白斑
6	40	运行有烧蚀	退役，存在金布烧蚀
7	10.9	无	
8	54	无	
9	73	无	

试样 1 与试样 2 取自同一段无缺陷新电缆；试样 1 不做任何处理，试样 2 人为制作缓冲层白粉缺陷。试样 2 缺陷制作方式如下：剥除外护套，沿铝套轴向切割出一道细缝。沿细缝每隔 2cm 用注射器向缝内阻水带注水，使阻水带充分受潮直到无法注入更多水分。注水后，在绝缘屏蔽层与铝套间加电压，用万用表测量电流为 92.6mA，持续 7d 后，在恒温箱中烘干。

试样 3 为在铝套打孔并向缓冲层注水的模拟受潮电缆。试样 4、5 分别为某供电局退役故障电缆，试样 6 为某供电局退役且存在金布烧蚀的电缆。试样 7、8、9 为不同长度的无缺陷电缆。

6.3.2 接线方式研究

1．电缆端部试验

为验证宽频阻抗谱检测缓冲层缺陷的有效性，进行了接线方式试验。将阻抗分析仪两个电极分别接电缆端部截面不同位置，如图 6-8 所示。接线方式试验在试样 1 和试样 2 上进行；试验前将阻抗分析仪进行开路校正和短路校正，测量时设定频率范围 20Hz～50MHz，两电极在电缆端部截面圆周同一角度位置。

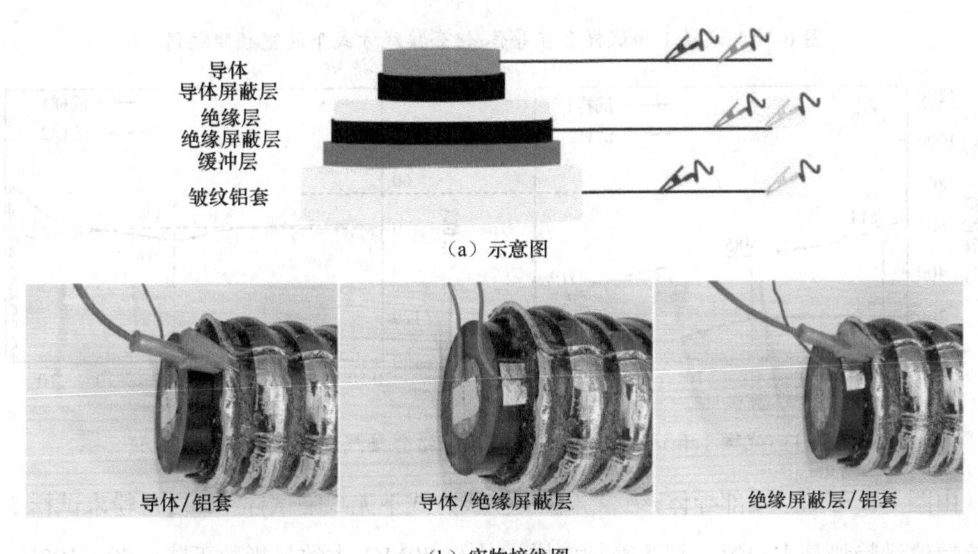

图 6-8 电缆宽频阻抗谱测量电极接线方式

无缺陷电缆试样 1 和缓冲层有白色粉末的试样 2 端部三种接线方式的宽频阻抗谱分别如图 6-9～图 6-11 所示。试验时两个测量电极在圆周上相对位置都为 0°。

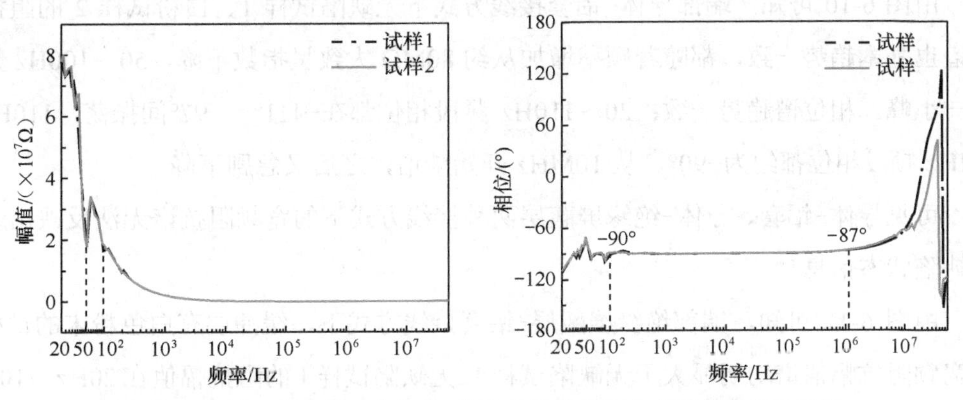

图 6-9 试样 1 和试样 2 在导体-绝缘屏蔽层接线方式下的宽频阻抗谱

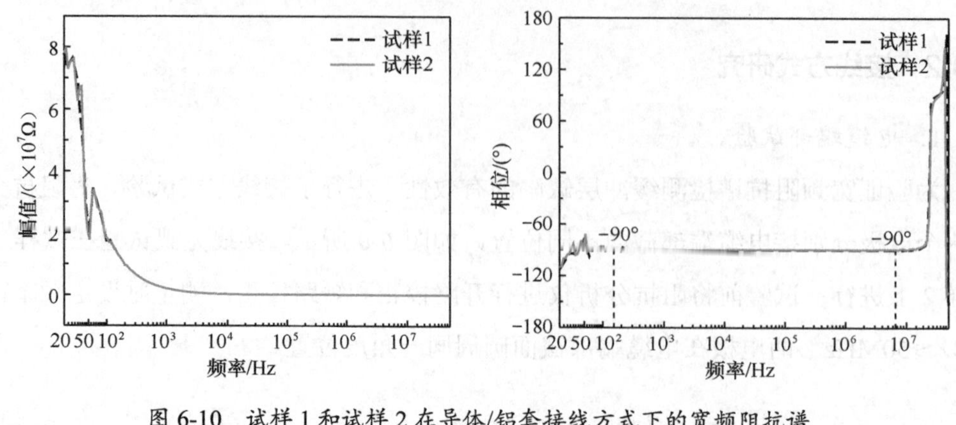

图 6-10　试样 1 和试样 2 在导体/铝套接线方式下的宽频阻抗谱

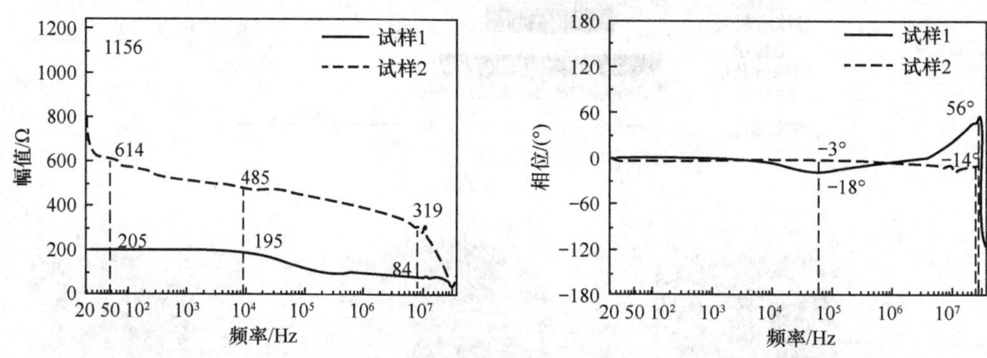

图 6-11　试样 1 和试样 2 在绝缘屏蔽层-铝套接线方式下的宽频阻抗谱

由图 6-9 可知，端部导体-绝缘屏蔽层接线方式下无缺陷试样 1、白色粉末试样 2 的阻抗幅值谱趋势基本一致，都随着频率增加从约 80MΩ 大致呈指数下降，50～100Hz 频段有一小峰；相位谱趋势也基本一致，但白色粉末试样 2 的相位在 10MHz 后明显小于无缺陷试样。在 20～110Hz 频段内相位都在−111°～−97°间振荡，110Hz～1MHz 频段内相位都约为−90°。从 1MHz 开始升高，在接近 30MHz 时急剧下降。

由图 6-10 可知，端部导体-铝套接线方式下无缺陷试样 1、白粉试样 2 的阻抗幅值谱也基本趋势一致，都随着频率增加从约 80MΩ 大致呈指数下降，50～100Hz 频段有一小峰。相位谱趋势一致；20～110Hz 频段相位都在−111°～−97°间振荡，110Hz～1MHz 频段相位都约为−90°。从 10MHz 开始陡增，之后又急剧下降。

可见导体-铝套、导体-绝缘屏蔽层两种接线方式下的宽频阻抗谱无法反映出缓冲层缺陷状态信息。

由图 6-11 可知，端部绝缘屏蔽层-铝套接线方式下，缓冲层有白色粉末的试样 2 的宽频阻抗幅值谱均明显大于无缺陷试样 1。无缺陷试样 1 的阻抗幅值在 20Hz～10kHz 频段约 200Ω，10kHz～10MHz 频段逐步下降到约 84Ω，在 10～50MHz 频段内最小值为 14Ω。试样 2 在 50Hz 附近由 1156Ω 急剧下降到 614Ω，为无缺陷试样 1 的 3 倍以上，在 50Hz～10MHz 频段从 614Ω 下降到 319Ω，约为无缺陷试样 1 的 4 倍，在 10～50MHz 频段内有最小值 42Ω。

端部绝缘屏蔽层-铝套接线方式下，试样 2 的宽频相位谱与无缺陷试样 1 有较大差异。无缺陷试样 1 阻抗相位在 20Hz～74kHz 内为从约 0°缓慢下降至−18°，74kHz～40MHz 内又逐步上升到 56°，之后又下降到−116°。试样 2 的相位在整个频段上均为负值，34MHz 之前在−2°～−14°波动，在 34MHz 后急剧下降到−121°。

综上所述，缓冲层缺陷明显改变了半导电缓冲层宽频阻抗谱。绝缘屏蔽层-铝套接线方式的宽频阻抗谱能够有效检测半导电缓冲层缺陷。另外两种接线方式不能检测缓冲层缺陷的原因可能是 XLPE 绝缘层阻抗远远大于半导电缓冲层，即使半导电缓冲层阻抗有变化，也会因交联聚乙烯绝缘阻抗过大而导致有效信号淹没。

2. 电缆中部试验

为了探究在运电缆的检测方法，本章还研究了从电缆中部皱纹铝套打洞连接电极进行检测，并与端部的检测结果进行对比。试验采用绝缘屏蔽层-铝套接线方式，试验在试样 1、试样 2、试样 3 进行。测量时，两电极在电缆圆周同一角度位置。

绝缘屏蔽层-铝套接线方式下，对比从电缆中部与从电缆端部接线下试样 1、试样 3、试样 2 的宽频阻抗谱，分别如图 6-12～图 6-14 所示。试验时测量电极在圆周上相对位置都为 0°。

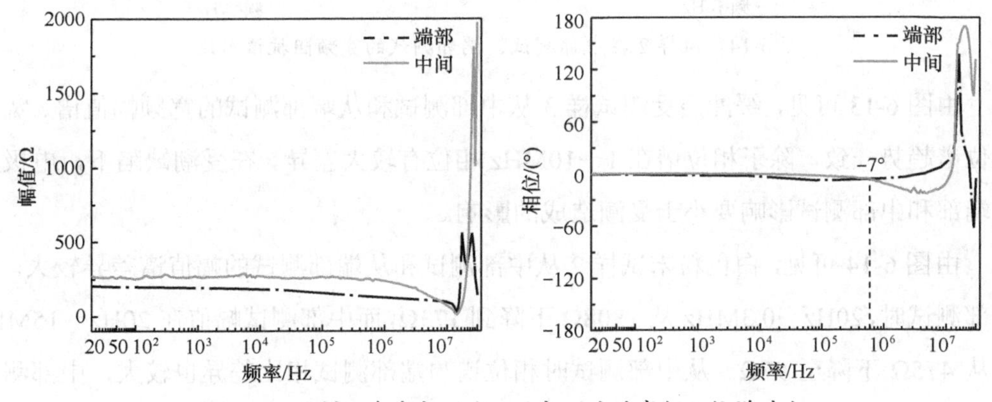

图 6-12 试样 1 在中部测试、端部测试的宽频阻抗谱对比

由图 6-12 可见，无缺陷试样 1 从中部测试的宽频幅值谱和从端部测试趋势一致。端部测试的阻抗从 207Ω 开始减小，中部测试的阻抗稍大，从 274Ω 开始减小且小幅波动频繁。其原因可能是：中部测试接触不如端部测试时测试电极接触良好；中部

测试时测试电极经过了阻水带半导电层到达绝缘屏蔽层；中部测试时为端部测试时长度一半的两侧分布式参数阻抗并联。相位谱从中部测试和从端部测试相比，20Hz～0.6MHz 频段内中部测试相位大于端部测试相位，0.6～30MHz 频段相位有较大差异。

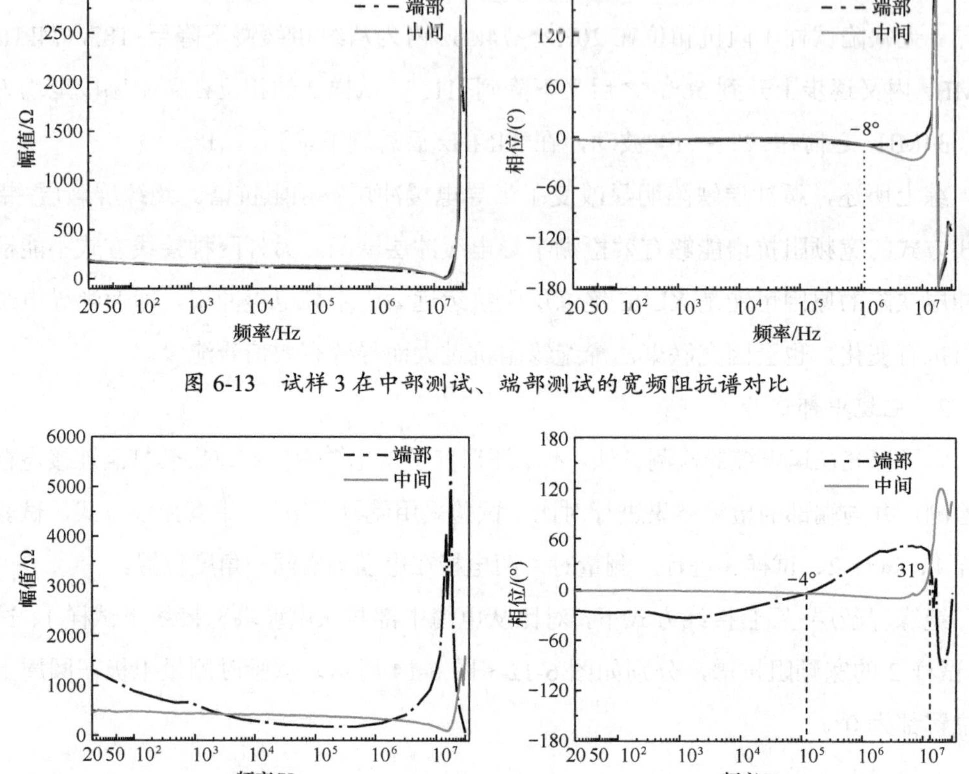

图 6-13　试样 3 在中部测试、端部测试的宽频阻抗谱对比

图 6-14　试样 2 在中部测试、端部测试的宽频阻抗谱对比

由图 6-13 可见，缓冲层受潮试样 3 从中部测试和从端部测试的宽频幅值谱、宽频相位谱趋势一致，除了相位谱在 1～10MHz 相位有较大差异。在受潮缺陷下，电极置于端部和中部测试影响要小于受潮造成的影响。

由图 6-14 可见，白色粉末试样 2 从中部测试和从端部测试的幅值谱差异较大。从端部测试时，20Hz～0.3MHz 从 1308Ω 下降到 173Ω，而中部测试幅值在 20Hz～15MHz 内从 475Ω 下降至 97Ω。从中部测试时相位谱与端部测试相比差异也较大，中部测试相位在 10MHz 之前在−1°～−10°内波动。而端部测试相位则在−25°～52°波动，明显低于中部测试相位。这种从电缆试样中部、端部测试的宽频阻抗谱差异大的原因可能由缓冲层白色粉末缺陷分布不确定性造成。电流从电缆试样中部、端部流入时，缓冲层白色粉末缺陷随机分布使得电流在缓冲层流动路径不同，造成缓冲层表现出的阻抗不同。

从试样 1、试样 2、试样 3 宽频阻抗谱端部测试和中部测试结果对比可知，对于连接了终端的电缆可以通过在电缆中部打洞的方式进行宽频阻抗谱测量，但是要确保电极紧密连接以减少干扰。

6.3.3　电极周向相对位置研究

考虑到缓冲层缺陷随机分布以及绝缘屏蔽层半导电性，本章进行了绝缘屏蔽层/铝套接线方式下测量电极在电缆端部圆周不同相对位置的宽频阻抗谱检测试验。在试样 1 铝套沿轴向作一条 0°标记线，试样 2 以铝套注水槽为 0°标记线，顺时针方向为正。固定铝套测量电极位于 0°不动，分别移动绝缘屏蔽层电极在 0°、90°、180°、270°位置，如图 6-15 所示的接线夹。

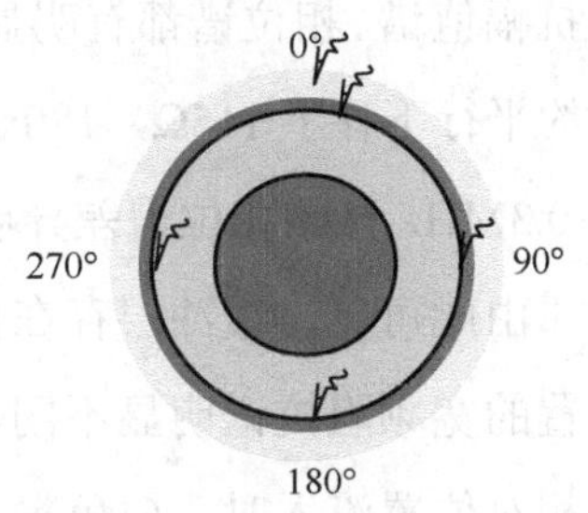

图 6-15　电极周向相对位置示意图

在绝缘屏蔽层/铝套接线方式下，电极在电缆端部圆周的周向不同相对位置时，试样 1 和试样 2 的宽频阻抗谱如图 6-16 所示。

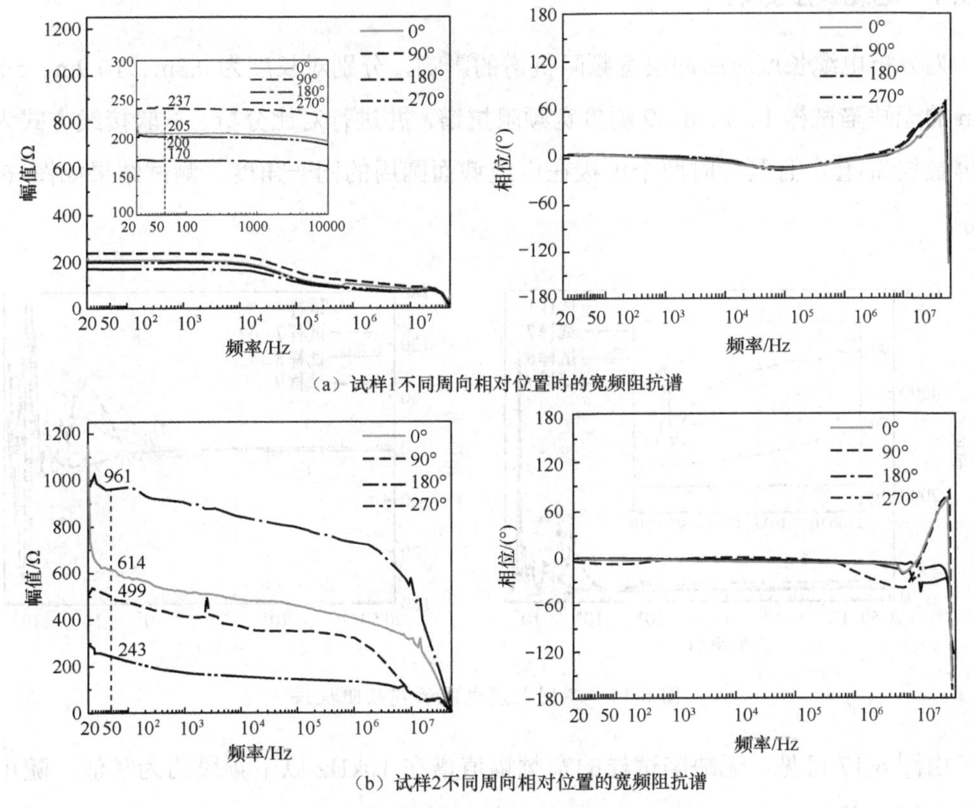

（a）试样1不同周向相对位置时的宽频阻抗谱

（b）试样2不同周向相对位置的宽频阻抗谱

图 6-16　电极不同周向相对位置时的宽频阻抗谱

由图 6-16（a）可见，当电极位置变化时，无缺陷试样 1 的宽频幅值谱趋势完全一致，仅有较小波动；两个测量电极相对位置 0°时在 20Hz～10kHz 频段阻抗幅值约 205Ω，相对位置为 90°时最大，约 237Ω，相对位置为 180°时最小，约 170Ω。宽频相位谱趋势完全一致，仅在高频处略微波动。这是因为无缺陷试样半导电缓冲层阻抗均匀，电极相对位置变化不影响电流流经的通路。

由图 6-16（b）可见，当两个测量电极相对位置变化时，白色粉末试样 2 的宽频阻抗幅值谱、相位谱都有明显差异。两个测量电极相对位置为 90°时的宽频幅值谱比 0°时约平行下移了 115Ω，180°时平行上移了约 340Ω，270°则平行下移最多，约为 365Ω。在 0.3MHz 开始相位谱差异明显。

由此可见，缓冲层存在白色粉末缺陷时，测量电极连接在电缆端部周向不同相对位置的宽频阻抗谱明显不同，能有效检测出缓冲层缺陷。其原因可能是电流从周向不同相对位置流入时，白色粉末随机分布使得电流在缓冲层中流动路径不同，造成缓冲层表现出的阻抗不同。

6.3.4 电缆长度影响

为分析电缆长度对缓冲层宽频阻抗谱的影响，分别对长度为 0.3m、10.9m、54m、73m 的无缺陷试样 1、7、8、9 测量宽频阻抗谱，并进行对比分析。试验接线方式为绝缘屏蔽层/铝套，且测量时两个电极在电缆截面圆周的同一角度。测试结果如图 6-17 所示。

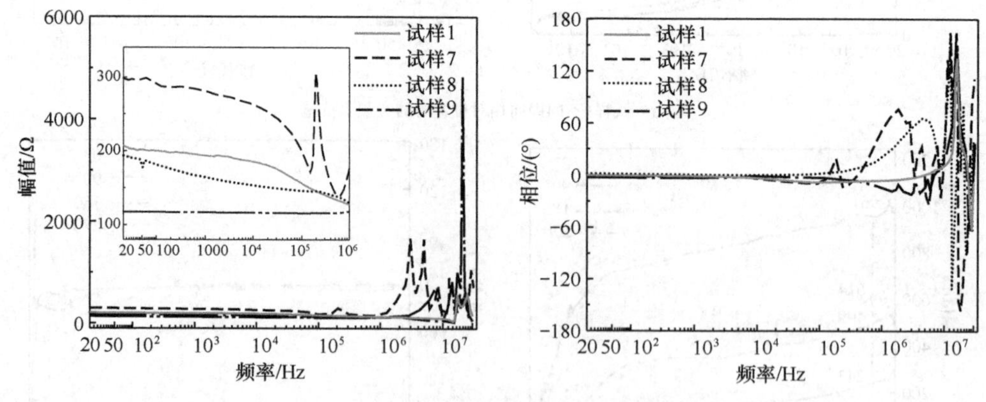

图 6-17　不同长度电缆的宽频阻抗谱

由图 6-17 可见，无缺陷试样的宽频幅值谱在 10kHz 以下频段约为常值，随电缆试样不同而稍有变化。试样 1、7、8、9 的幅值分别为 201Ω、297Ω、177Ω、117Ω。

幅值谱在 1MHz 以上频段开始有较大的、无规律的振荡。试样 1、7、8、9 的幅值谱波动起始频率分别约为 15MHz、1MHz、15MHz、4MHz。试样 1、7、8、9 的幅值谱振荡最大值分别约为 561Ω（17MHz）、1672Ω（3MHz）、569Ω（23MHz）、4827Ω（20MHz）。

电缆长度对缓冲层宽频阻抗谱影响较小。无缺陷试样宽频相位谱在 10kHz 以下频段约为常值，随电缆试样长度无变化，在 10kHz～0.1MHz 频段稍有差异。而 0.1MHz 以上频段有大幅无明显规律的振荡，可能是因为高频时导线与电极等外部阻抗无法忽略。在高频信号下导线电感效应显著，导线的自感和互感会改变电缆、电极与导线总阻抗，且高频信号容易受到环境中电磁干扰。这些干扰会通过连接线耦合进来，从而产生不同阻抗和相位变化。具体情况可进一步结合传输线行波理论计算研究缓冲层阻抗幅值、相位与长度变化规律。

6.4　电缆缓冲层缺陷类型识别宽频阻抗检测法研究

6.4.1　受潮

由于受潮是缓冲层生成白色粉末的必要条件[6]，因此有必要研究缓冲层受潮时的宽频阻抗谱。试样 3 初始状态为未受潮状态，试验前剥除外护套，沿着铝套波峰均匀打孔，分别在每个孔注水 1mL、2mL、3mL 时测量并记录试样 3 的宽频阻抗谱。受潮试样宽频阻抗谱对比结果如图 6-18 所示。

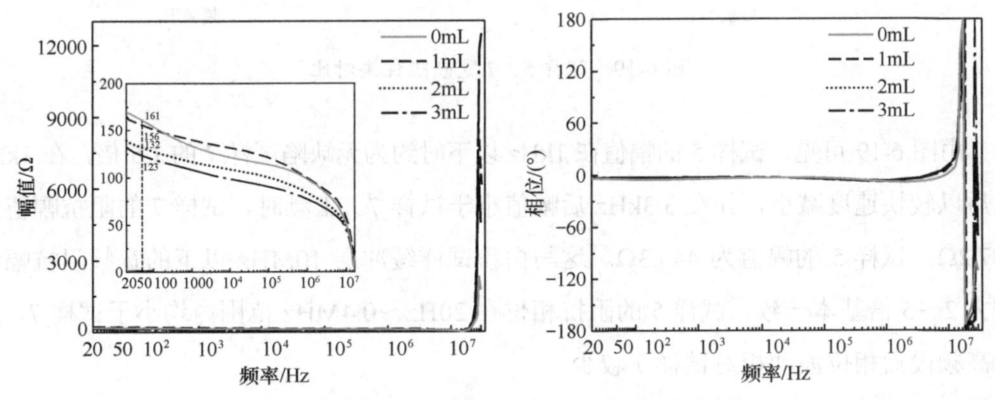

图 6-18　试样 3 受潮试验的宽频阻抗谱

由图 6-18 可见，注水 1mL 后使得缓冲层阻抗幅值在 20～200Hz 内有小幅减小，在 200Hz～15MHz 则有略微增大。注水 2mL 后缓冲层阻抗幅值在整个低频段内均减小，注水 3mL 后进一步减小。工频时未注水、注水 1mL、注水 2mL、注水 3mL 的阻抗幅值分别为 161Ω、156Ω、132Ω、123Ω。受潮越严重，宽频阻抗幅值越小，这可能归因于水的导电性。

同时，注水后缓冲层阻抗幅值在 28MHz 后大幅增大。未注水、注水 1mL、注水 2mL、注水 3mL 的阻抗幅值最大值分别为 2318Ω（28MHz）、8542Ω（28MHz）、12418Ω（30MHz）、6488Ω（28MHz）。由图 6-18 可见，受潮对缓冲层阻抗相位几乎没有影响。

6.4.2 白斑

将无缺陷试样 5 和试样 7 的宽频阻抗谱进行对比。试样 5 为长度 9.5m 的某供电公司退役故障电缆，电缆在役时发生缓冲层缺陷并导致最终产生本体故障，从一端剖开后发现电缆缓冲层阻水带、皱纹铝套、绝缘屏蔽层上存在大量白色粉末。图 6-19 为试样 5、7 宽频阻抗谱对比图。

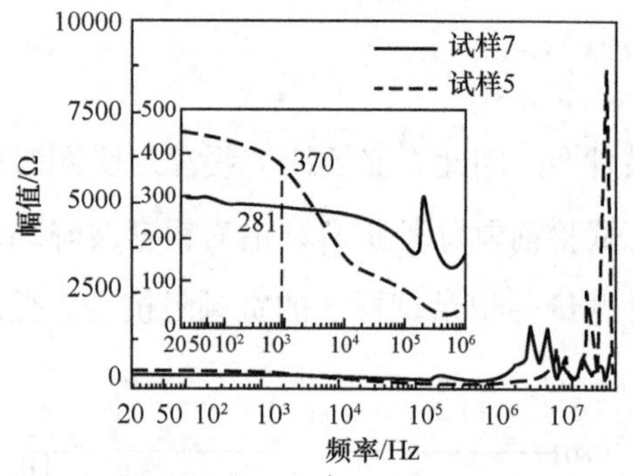

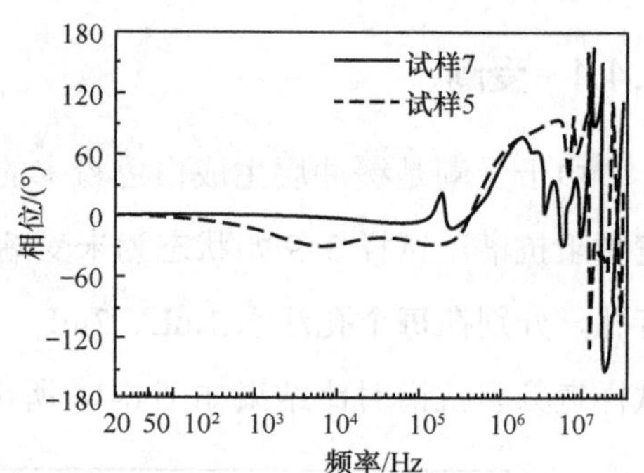

图 6-19 试样 5、7 宽频阻抗谱对比

由图 6-19 可见，试样 5 的幅值在 1kHz 以下时约为无缺陷试样 7 的 1.5 倍，在 1kHz 以后以较快速度减小，并在 3.3kHz 后幅值小于试样 7。工频时，试样 7 的阻抗幅值为 297.2Ω，试样 5 的幅值为 440.3Ω。这与白粉试样缓冲层 10MHz 以下的宽频阻抗幅值增大 2～5 倍基本一致。试样 5 的阻抗相位在 20Hz～0.4MHz 范围内均小于试样 7，进入高频段后相位波动相对试样 7 较少。

6.4.3 大间隙

将试样 1 和试样 4 的宽频阻抗谱对比。试样 4 为长 1m 的某供电公司退役故障电缆试样，电缆在役时发生缓冲层缺陷并导致最终产生本体故障，解剖后发现电缆绝缘屏蔽层、缓冲层阻水带和皱纹铝套上有较多白斑和少量烧蚀痕迹，而且该电缆缓冲层与铝套间隙明显大于其他正常电缆。

由图 6-20 可见，故障电缆试样 4 在 5MHz 以内幅值远大于无缺陷试样 1，比试样 1 的幅值要大 1～4 个数量级。工频时，试样 1 的幅值为 201.3Ω，而试样 4 的幅值高达 7918.9Ω。在 20Hz～10MHz 频率范围内，试样 1 阻抗幅值由 207.1Ω 缓慢减小至 95.8Ω，而试样 4 阻抗幅值由 10496.8Ω 基本线性地减小至 1111.9Ω。相比其他试样，幅值最大值在高频时取得，试样 4 的阻抗幅值最大值在频率最低时取得，其原因可能是缓冲层间较大间隙显著增大了缓冲层在低频段时的阻抗，而高频时对缓冲层阻抗影响相对较小。试样 4 的相位在整个频段内都要小于试样 1，这可能与缓冲层和铝套间存在较大间隙有关。较大间隙会使缓冲层等效电容增大，使得缓冲层阻抗低频时显著增大，而相位则更小。

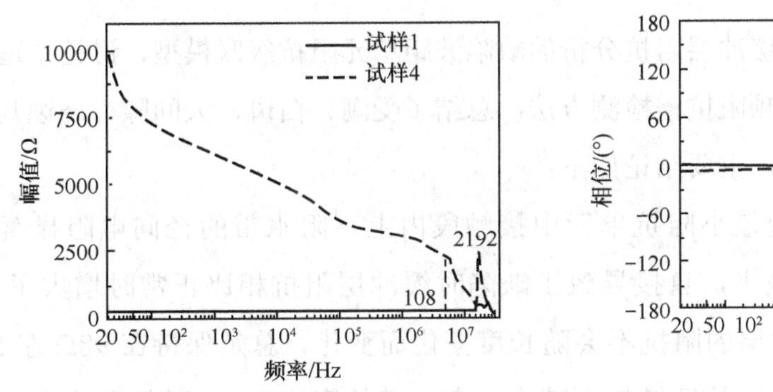

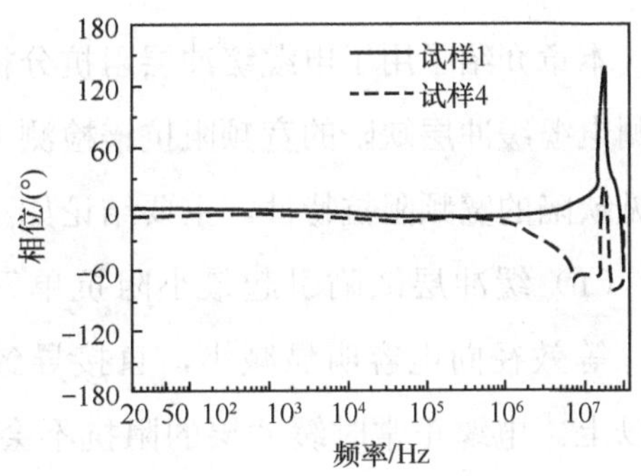

图 6-20 试样 1、4 宽频阻抗谱对比

6.4.4 烧蚀

将试样 8 和试样 6 进行宽频阻抗谱对比。试样 6 为长度 40m 的某供电公司退役故障电缆，电缆在役时发生缓冲层缺陷并导致最终产生本体故障。解剖后发现电缆缓冲层阻水带、皱纹铝套、绝缘屏蔽层上存在白色粉末和烧蚀痕迹，该电缆为带金布结构。

由图 6-21 可见，试样 6 在 10MHz 以下的宽频阻抗谱明显大于无缺陷试样 8，且在 20Hz～0.1MHz 范围内幅值可达试样 8 幅值的 2 倍，之后幅值逐步减小，减小速度大于试样 8。试样 6 和试样 8 的阻抗幅值和相位的变化趋势基本一致。带金布结构电缆发生缓冲层缺陷同样会使缓冲层阻抗增大，该电缆金布除烧蚀处外基本完好，可见若金布与铝套接触不良，则不能显著改善电缆缓冲层和皱纹铝套间的电气连接。

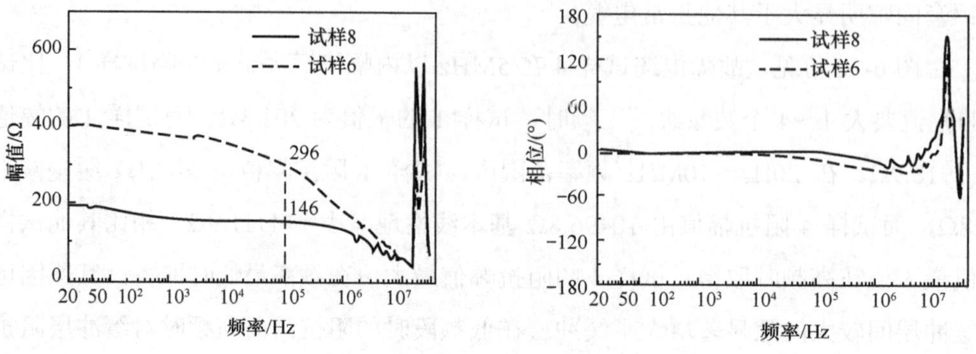

图 6-21　试样 6、8 宽频阻抗谱对比

6.5 小　　结

本章介绍了用于电缆缓冲层阻抗分析的缺陷波距单元阻抗级联模型，讨论了适合检测电缆缓冲层缺陷的宽频阻抗谱检测方法，总结了受潮、白斑、大间隙、烧蚀几类常见缺陷的宽频阻抗特性。主要结论如下：

（1）缓冲层缺陷引起最小阻抗单元中接触段内上下阻水带的径向电阻显著增大，等效径向电容明显减小，直接导致了缺陷时缓冲层阻抗相比正常时增大了 37 倍以上。电缆正常时缓冲层的阻抗不会随长度变化而变化，总是保持在 98Ω 左右。而缺陷时缓冲层阻抗会随着长度增加而减小，在电缆长度达 10m 时趋于稳定，约为 3750Ω。

（2）绝缘屏蔽层/铝套接线方式的宽频阻抗谱能够有效检测 110kV XLPE 电缆缓冲层缺陷，而其他接线方式不能。无缺陷电缆的缓冲层宽频阻抗谱未见差异。端部不同相对位置的 110kV 电缆缓冲层人为设置白粉缺陷的宽频阻抗幅值谱差异大。多个测试位置缓冲层宽频阻抗谱差异越大，可能白粉严重程度越大。

（3）缓冲层受潮越严重时，15MHz 以下缓冲层阻抗幅值越小，本章中注水 3mL 时工频阻抗值减小了约 24%。当电缆缓冲层有白斑时，10MHz 以下缓冲层阻抗幅值增大到无故障的 2～3 倍。缓冲层与铝套存在较大间隙时，10MHz 以下缓冲层阻抗幅值上升了 1～4 个数量级。运行电缆缓冲层有金布烧蚀缺陷在 0.1MHz 以下宽频阻抗幅值约为无缺陷试样的 2 倍。

本章参考文献

[1] 刘英，陈佳美. 高压 XLPE 电缆阻水缓冲层电–热场分析及模拟烧蚀试验研究[J]. 中国电机工程学报，2022，42(4)：1260-1271.

[2] 严有祥，欧阳本红，郑建康，等. 电缆缓冲层电阻变化、电容电流分布和运行的研究[J].电线电缆，2022，(4)：35-40.

[3] 王伟，欧阳本红，徐明忠，等. 电缆缓冲层烧蚀现象初步分析[J]. 电线电缆，2019，(5)：5-10.

[4] 杨帆，朱宁西，刘晓东，等. 基于阻抗评估电缆缓冲层间隙状况的实验与分析[J]. 广东电力，2018，31(12)：93-98.

[5] 齐伟强，李华春，谭磊，等. 一起高压电缆半导电缓冲层烧蚀故障分析[J]. 高电压技术，2019，45(zk2).

[6] 陈云. 高压 XLPE 电缆缓冲层故障特征与机理[D]. 广州：华南理工大学，2019.

[7] 张静，王伟，徐明忠，等. 高压电缆缓冲层轴向沿面烧蚀故障机理分析[J]. 电力工程技术，2020，39(3)：180-184.

[8] 刘晓东，刘培镇. 高压电缆缓冲层交、直流电阻测试与绝缘屏蔽烧伤研究[J]. 机电工程技术，2020，49(11)：142-144.

[9] 国家市场监督管理总局，国家标准化管理委员会. 额定电压 110kV(U_m=126kV) 交联聚乙烯绝缘电力电缆及其附件　第 2 部分：电缆：GB/T 11017.2—2024[S]. 北京：中国标准出版社，2024.

[10] 中华人民共和国工业和信息化部. 电缆和光缆用阻水带：JB/T 10259—2014 [S].

[11] 孟广泽. 半导电屏蔽材料体积电阻率对聚乙烯空间电荷特性的影响[D]. 哈尔滨：哈尔滨理工大学，2018.

第7章

皱纹铝套电力电缆缓冲层缺陷的分布式光纤检测方法研究

考虑到缓冲层缺陷在电缆本体内部多点分布，运行时受金属套屏蔽影响，放电信号微弱易受电磁干扰，要实现千米级长度高压电缆缓冲层缺陷的现场检测，亟需找到一种敷设工艺简便、尽可能贴近缺陷位置的内置式小微传感器和一种传感位置连续、能定位缺陷位置的检测方法。基于布里渊散射的光纤作为测量位置连续分布的小尺寸传感单元，可敷设在电缆内，沿线感知应变、温度信号，有必要研究其在电缆缓冲层缺陷检测中的应用技术。

本章首先介绍了光纤布里渊散射原理，然后提出光纤断点BOTDR（brillouin optical time domain reflectometry）检测方法及其判据。通过开展BOTDR和OTDR（optical time domain reflectometer）对比试验，验证所提方法的有效性。其次，针对电力电缆内置光纤应用场景，提出了调制长度小于空间分辨率、多层介质光纤的频移温度灵敏度测量方法。最后，以电缆缓冲层受潮、局部放电为检测场景，研究了电力电缆内置光纤检测缓冲层缺陷的可行性。

7.1　光纤布里渊散射原理

7.1.1　光纤散射原理

光纤是传输光的纤维波导或光导纤维的简称，典型结构为同轴圆柱体，自内向外依次分为纤芯、包层和涂覆层，如图 7-1 所示。纤芯通常由石英制成，是光波传输的主要通道。包层折射率略小于纤芯，确保光传输性能相对稳定，入射光从端面进入光纤后在纤芯和包层界面上发生全反射，沿光纤轴线传输。涂覆层起防水和机械保护作用。

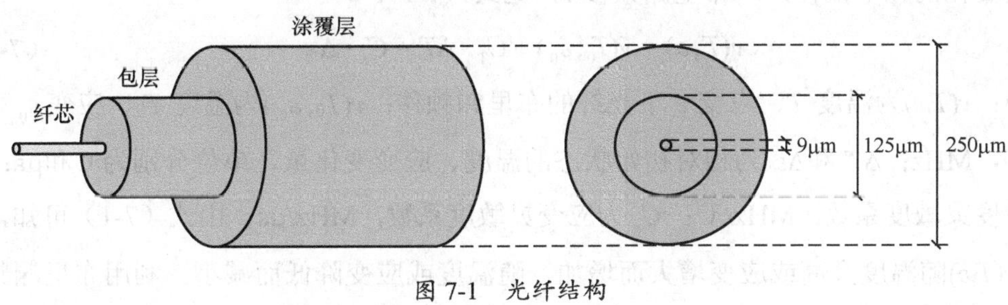

图 7-1　光纤结构

按检测范围分，光纤可分为点式和分布式两种。本章研究的分布式光纤是整根光纤既作为信号传输介质，又作为传感点连续分布的传感单元，可检测光纤沿线信息。随着光器件及信号处理技术的发展，分布式光纤最大检测范围已达到几十至几百公里。其中，利用光纤中光的散射随外部环境变化规律进行分布式检测是目前研究最多、应用最广的研究方向。

光的散射是光通过不均匀介质时一部分光偏离原方向传播的现象。入射光在光纤中向前传输时，会在光纤沿线不断产生背向散射光，有瑞利散射、布里渊散射和拉曼散射三种，如图 7-2 所示[1]。其中，本章研究主要涉及瑞利散射和布里渊散射。

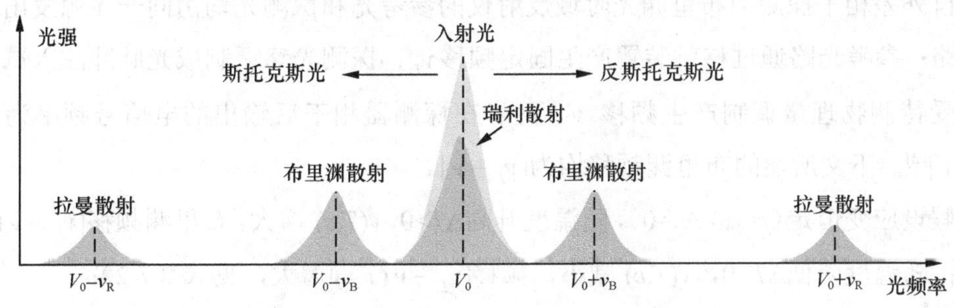

图 7-2　三种散射光相对入射光的频率分布[1]

瑞利散射是每个光子在散射前后具有相同能量的弹性光散射现象，频率与入射光相同。由于光在光纤中传输存在损耗，入射光传输时能量会不断衰减，光纤不同位置产生的瑞利散射信号便携带有光纤沿线的损耗信息。目前最成熟的应用为 OTDR 技术，当瑞利散射光返回光纤入射端后，通过测量光纤沿线瑞利散射功率的变化可测量衰减和损耗，探测外部因素作用于光纤出现的事件。

布里渊散射是入射光场与介质的声学声子相互作用产生的非弹性光散射现象。当入射光与光纤中的热激发声波相互作用时，声波产生的介质密度变化会对光纤的折射率产生周期性调制，使一部分入射光发生非弹性散射。散射光相对入射光产生随应变、温度变化的频率偏移，即布里渊频移 v，见式（7-1）：

$$v(T,\varepsilon)=v(T_0,\varepsilon_0)+C_{\mathrm{T}}\cdot\Delta T+C_{\varepsilon}\cdot\Delta\varepsilon \tag{7-1}$$

式中：$v(T,\varepsilon)$为温度 T、应变 ε 下光纤的布里渊频移；$v(T_0,\varepsilon_0)$为温度 T_0、应变 ε_0 下的频移，MHz；ΔT 和$\Delta\varepsilon$ 为相对初始状态的温度、应变变化量，单位分别为℃和με；C_T 为温度灵敏度系数，MHz/℃；C_{ε} 为应变灵敏度系数，MHz/με。由式（7-1）可知，频移 $v(T,\varepsilon)$随温度升高或应变增大而增加，随温度或应变降低而减小。利用布里渊频移与光纤调制温度和应变的对应关系，再通过光时域反射技术对调制位置进行定位，基于此原理的 BOTDR 可以测量光纤沿线的温度或应变信息。

7.1.2 布里渊光时域反射 BOTDR 技术

布里渊散射光纤的散射光相对入射光的频移约 11GHz，为了降低布里渊光时域反射仪的探测器带宽提高测量精度，常采用相干探测方法提高传感系统的信噪比。相干探测方法有双光源相干和单光源自外差相干两种。相较而言，双光源输出信号易不稳定，增大测量误差，因此成熟的 BOTDR 技术常采用单光源自外差相干探测方法，将 GHz 量级的布里渊高频信号降至易于探测和处理的 MHz 量级中频信号[2]。

自外差相干探测型布里渊光时域反射仪的参考光和探测光均由同一光源发出，分成两路：参考光路通过移频装置产生固定频移 v_L；探测光路调制成光脉冲注入试样光纤，受待测物理量调制产生频移 v。两者在探测器相干后输出的电信号频率为差频 $|v_L-v|$[2]。下文所述的布里渊频移均为$|v_L-v|$。

假设应变恒定（$\varepsilon=\varepsilon_0$, $\Delta\varepsilon=0$），随温度升高$\Delta T>0$，$v(T,\varepsilon)$ 增大，布里渊频移$|v_L-v(T,\varepsilon)|$减小；随温度降低$\Delta T<0$，$v(T,\varepsilon)$ 减小，频移$|v_L-v(T,\varepsilon)|$增大，见式（7-2）：

$$\left|v_L-v(T_0,\varepsilon_0)\right|=\left|v_L-v(T,\varepsilon)\right|+C_T\cdot\Delta T \tag{7-2}$$

假设温度恒定（$T=T_0, \Delta T=0$），随应变增大$\Delta\varepsilon>0$，$v(T,\varepsilon)$ 增大，布里渊频移$|v_L - v(T,\varepsilon)|$减小，见式（7-3）：

$$|v_L - v(T_0,\varepsilon_0)| = |v_L - v(T,\varepsilon)| + C_\varepsilon \cdot \Delta\varepsilon \tag{7-3}$$

7.2　光纤断点的 BOTDR 检测方法研究

目前，常用的光纤断点检测方法是用 OTDR 测量断点端面菲涅尔反射峰距发射端的长度定位断点位置，但在断点端面不平整的情况下，该方法会因菲涅尔反射系数大幅降低 OTDR 接收不到反射峰导致无法检测断点。因此，还有必要研究光纤非平端面断点的检测方法[3]。

7.2.1　检测方法和判据

BOTDR 检测光纤断点方法示意如图 7-3 所示，通过对比断点前后光纤布里渊频移定位断点位置。将一束脉冲光注入被测光纤，测量光纤沿线的布里渊频移，频移陡变位置即为断点。该方法的检测判据见式（7-4）。假设光纤沿线的 BOTDR 测量位置共有 N 个，第 i 个测量位置的布里渊频移为 v_i，第（1～i）个测量位置的布里渊频移平均值为$\overline{v_{i-1}}$、标准差为 σ_i，若满足式（7-4），则判定第 n 个测量位置为光纤断点。

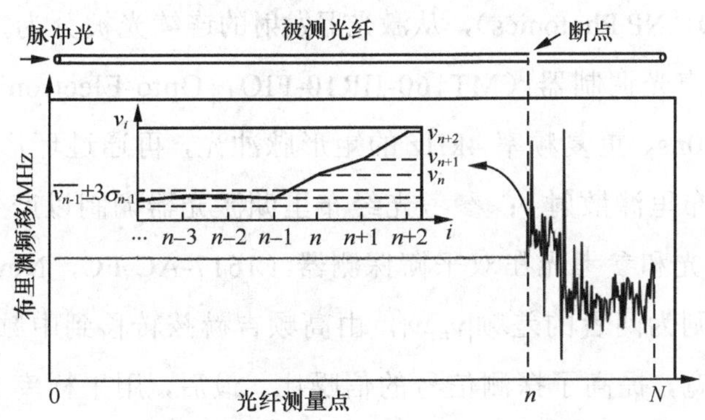

图 7-3　BOTDR 光纤断点检测方法

$$\begin{cases} \left|v_i - \overline{v_{i-1}}\right| < 3\sigma_{i-1} = 3\times\sqrt{\dfrac{\sum\limits_{x=1}^{i-1}(v_x - \overline{v_{i-1}})^2}{i-1}} & 2\leqslant i\leqslant n-1, i\in Z \\ \left|v_j - \overline{v_{n-1}}\right| > 3\sigma_{n-1} = 3\times\sqrt{\dfrac{\sum\limits_{i=1}^{n-1}(v_i - \overline{v_{n-1}})^2}{n-1}} & n\leqslant j\leqslant N, j\in Z \end{cases} \tag{7-4}$$

对于小于 n 的测量位置 i，其布里渊频移与第（1～i）个测量位置的频移平均值之差的绝对值将依次与标准差做对比；若绝对差值小于 $3\sigma_{i-1}$，则第 i 个测量位置的布里渊频移在较小范围内稳定波动，表明光纤完好无断点。对于大于 n 的测量位置 j，其布里渊频移与第（1～n−1）个测量位置的频移平均值之差的绝对值将依次与标准差做对比；若绝对差值大于 $3\sigma_{n-1}$，则第 j 个测量位置的布里渊频移陡变，表明该测量位置为断点。

7.2.2 BOTDR 和光时域反射 OTDR 对比试验

为验证 BOTDR 光纤断点检测方法及其判据的有效性，在裸单模光纤末端制作不同平整度端面断点，用 BOTDR 和 OTDR 依次开展检测试验，对比测量结果，如图 7-4 所示。

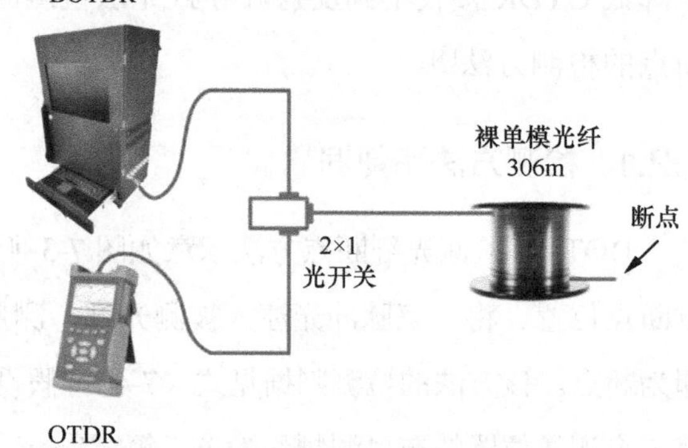

图 7-4　BOTDR 和 OTDR 检测裸单模光纤断点

7.2.2.1　测试系统和光纤试样

BOTDR 由华南理工大学、中科院上海光机所联合研制，空间分辨率为 10m，传感距离为 35km，温度分辨率为 2℃。BOTDR 采用相干探测技术，光源采用 1550.06nm 窄线宽激光器（FRL15DCWD、NP Photonics），从激光器发射的连续光被分为探测光和参考光。其中，探测光由声光调制器（MT160-IIR10-FIO，Opto-Electronic，160MHz）调制成脉冲宽度 100ns、重复频率 4kHz 的矩形脉冲光，再通过环形器注入到被测光纤中，产生自发布里渊散射 v；参考光经布里渊激光器调制以产生约 11GHz 的固定频移 v_L。探测光和参考光在双平衡探测器（1617-AC-FC，Newport）耦合，输出的电信号频率则为两者的差频$|v_L-v|$，由高频吉赫兹转移到中频兆赫兹，降低了所需探测器的带宽，提高了探测信号的信噪比。最后，用采样率 2GSa/s 的数据采集卡（PCI-5153，NI）采集数据。设备实物如图 7-5（a）所示，监测界面如图 7-5（b）所示，光路布置如图 7-5（c）所示。

OTDR 型号 AV6416，中心波长（1550±15）nm，空间分辨率 1m，测距精度 1m。通过脉冲发生器驱动光源产生探测光脉冲，经环形器注入被测光纤，产生的背向瑞利散射信号被光电探测器接收，输出的电流信号经 A/D 模数转换器进行数字信号处理得到光纤沿线的瑞利散射信号分布。信号控制及处理单元设有时钟，对脉冲发生器和 A/D

模数转换单元进行触发和计时。设备实物如图 7-6（a）所示，断点检测界面如图 7-6（b）所示，光路布置如图 7-6（c）所示。

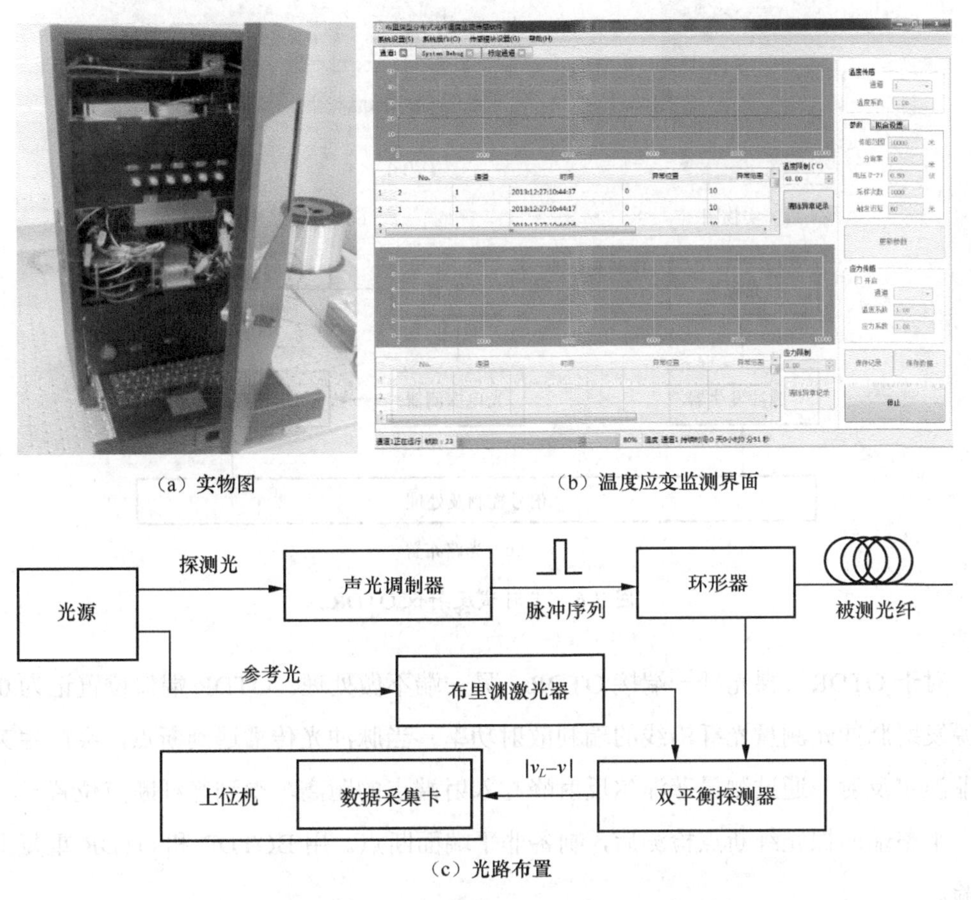

（a）实物图　　（b）温度应变监测界面

（c）光路布置

图 7-5　实验室自研相干探测型 BOTDR

裸单模光纤型号为 G.652D，长度 306m，盘绕在光纤盘上，末端断点自然引出。制备平整和非平端面断点两种光纤工况。对于平整端面断点，用剥线钳剥除裸光纤涂覆层，用光纤切割刀沿竖直方向切下制成；对于非平端面断点，在平整端面断点检测后，用样品电缆皱纹铝套波峰在光纤断点前 1cm 位置施加径向力碾碎光纤制备。

7.2.2.2　测试方法

依次用 BOTDR 和 OTDR 检测平整端面裸光纤断点。对于 BOTDR，裸光纤一端接 BOTDR，另一端不做处理。BOTDR 端口位置记为 0m，按 7.2.1 节方法测量光纤各测量位置布里渊频移，用式（7-4）确定断点位置。本章试验 BOTDR 共有 31 个测量位置，即 N 为 31。

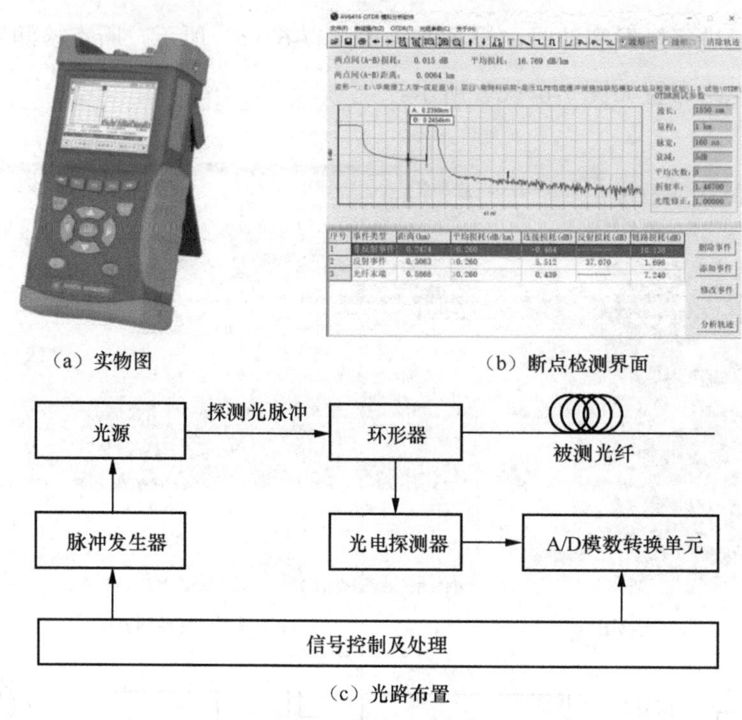

（a）实物图

（b）断点检测界面

（c）光路布置

图 7-6　光时域反射仪 OTDR

对于 OTDR，裸光纤一端接 OTDR，另一端不做处理。OTDR 端口位置记为 0m，光源发射脉冲光测量光纤沿线的瑞利散射功率，当脉冲光传播遇到断点，会产生突变的菲涅尔反射，通过测量菲涅尔反射峰与入射端点的距离，得到光纤断点位置[2]。

平整端面裸光纤断点检测后，制备非平端面断点。用 BOTDR 和 OTDR 重复上述试验。

7.2.3　结果与分析

7.2.3.1　BOTDR 检测结果

BOTDR 测量平整、非平端面光纤断点结果如图 7-7 所示。由图可知，无论断点端面平整或非平，0～300m 光纤的布里渊频移均在小范围内稳定波动，其中平整端面光纤的布里渊频移波动范围为 204.2～205.5MHz，非平端面光纤为 203.6～205.7MHz。而 300～310m 光纤的布里渊频移陡增。

平整断点端面光纤各测量位置的布里渊频移、第（1～i）个测量位置的频移平均值和标准差见表 7-1。由表可知，第（1～30）个测量位置中，各测量位置布里渊频移与平均值之差的绝对值 $\left|v_i - \overline{v_{i-1}}\right|$ 均小于 $3\sigma_{i-1}$，满足式（7-4）。而第 31 个测量位置的布

里渊频移与平均值之差的绝对值$\left|v_{31}-\overline{v_{30}}\right|$为 56.98MHz，远大于 $3\sigma_{30}$ 的 1.09MHz。由 7.2.1 节判据可知，第 31 个测量位置所在的空间分辨率区段 300～310m 内有断点，检测结果与实际断点位置相符。

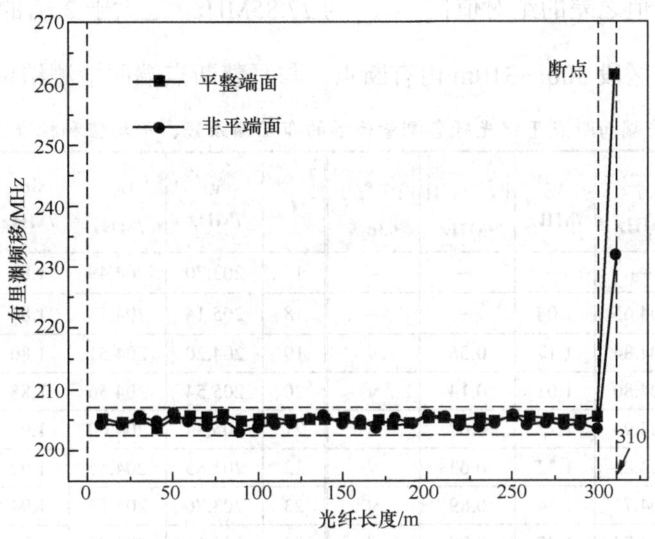

图 7-7 BOTDR 测量不同断点端面光纤的布里渊频移分布

表 7-1 平整端面断点下裸光纤各测量位置的布里渊频移、平均值和标准差

i	v_i /MHz	$\overline{v_i}$ /MHz	$3\sigma_i$ /MHz	$\left\|v_i-\overline{v_{i-1}}\right\|$ /MHz	$\left\|v_i-\overline{v_{i-1}}\right\|<3\sigma_{i-1}$	i	v_i /MHz	$\overline{v_i}$ /MHz	$3\sigma_i$ /MHz	$\left\|v_i-\overline{v_{i-1}}\right\|$ /MHz	$\left\|v_i-\overline{v_{i-1}}\right\|<3\sigma_{i-1}$
1	204.90	—	—	—	—	17	204.83	204.92	0.89	0.10	√
2	204.18	204.54	1.09	—	—	18	204.34	204.89	0.95	0.58	√
3	205.05	204.71	1.14	0.51	√	19	204.38	204.86	0.99	0.51	√
4	204.77	204.72	0.99	0.06	√	20	205.36	204.89	1.02	0.50	√
5	205.23	204.83	1.08	0.51	√	21	205.23	204.91	1.01	0.34	√
6	205.14	204.88	1.04	0.31	√	22	204.28	204.88	1.07	0.63	√
7	205.16	204.92	1.01	0.28	√	23	205.36	204.90	1.08	0.48	√
8	204.59	204.88	1.00	0.33	√	24	204.87	204.90	1.06	0.03	√
9	204.66	204.85	0.97	0.22	√	25	205.43	204.92	1.08	0.53	√
10	205.30	204.90	1.00	0.45	√	26	205.31	204.93	1.09	0.40	√
11	205.08	204.91	0.97	0.18	√	27	204.96	204.93	1.07	0.03	√
12	204.49	204.88	0.99	0.42	√	28	204.68	204.93	1.06	0.25	√
13	205.09	204.89	0.97	0.22	√	29	204.52	204.91	1.06	0.41	√
14	204.91	204.90	0.93	0.02	√	30	205.50	204.93	1.09	0.59	√
15	205.19	204.92	0.93	0.29	√	31	261.91	—	—	56.98	×
16	205.14	204.93	0.91	0.23	√						

非平断点端面光纤各测量位置的布里渊频移、第（1～i）个测量位置的频移平均值和标准差见表 7-2。由表可知，第（1～30）个测量位置中，各测量位置布里渊频移与平均值之差的绝对值$\left|v_i - \overline{v_{i-1}}\right|$均小于 $3\sigma_{i-1}$，满足式（7-4）。而第 31 个测量位置的布里渊频移与平均值之差的绝对值$\left|v_{31} - \overline{v_{30}}\right|$为 27.85MHz，远大于 $3\sigma_{30}$ 的 1.98MHz，表明所在空间分辨率区段 300～310m 内有断点，与平整断点端面检测结果相同。

表 7-2　非平端面断点下裸光纤各测量位置的布里渊频移、平均值和标准差

i	v_i /MHz	$\overline{v_i}$ /MHz	$3\sigma_i$ /MHz	$\left\|v_i-\overline{v_{i-1}}\right\|$ /MHz	$\left\|v_i-\overline{v_{i-1}}\right\|<3\sigma_{i-1}$	i	v_i /MHz	$\overline{v_i}$ /MHz	$3\sigma_i$ /MHz	$\left\|v_i-\overline{v_{i-1}}\right\|$ /MHz	$\left\|v_i-\overline{v_{i-1}}\right\|<3\sigma_{i-1}$
1	204.30	—	—	—	—	17	203.70	204.49	1.83	0.84	√
2	205.00	204.65	1.04	—	—	18	205.14	204.53	1.84	0.65	√
3	205.21	204.84	1.17	0.56	√	19	204.20	204.51	1.80	0.33	√
4	204.70	204.80	1.03	0.14	√	20	205.54	204.56	1.88	1.03	√
5	205.48	204.94	1.22	0.67	√	21	205.37	204.60	1.91	0.81	√
6	204.31	204.83	1.32	0.63	√	22	203.85	204.57	1.92	0.75	√
7	203.94	204.71	1.54	0.89	√	23	203.76	204.53	1.94	0.80	√
8	204.99	204.74	1.47	0.29	√	24	204.16	204.52	1.91	0.37	√
9	203.42	204.59	1.86	1.32	√	25	205.74	204.56	2.01	1.22	√
10	203.76	204.51	1.92	0.83	√	26	203.92	204.54	2.00	0.64	√
11	204.11	204.48	1.86	0.40	√	27	204.33	204.53	1.97	0.21	√
12	204.37	204.47	1.78	0.11	√	28	203.92	204.51	1.96	0.61	√
13	204.88	204.50	1.75	0.41	√	29	203.95	204.49	1.95	0.56	√
14	205.59	204.58	1.88	1.09	√	30	203.58	204.46	1.98	0.91	√
15	204.16	204.55	1.84	0.41	√	31	232.31	—	—	27.85	×
16	204.43	204.54	1.79	0.12	√						

断点位置布里渊频移陡变可能是因为BOTDR接收不到断点往后光纤的布里渊散射光，只能反映洛伦兹拟合光电探测器、前置放大器、采集卡等器件产生的系统噪声。

7.2.3.2　OTDR 检测结果

OTDR 测量平整、非平端面光纤断点结果如图 7-8 所示。由图可知，两条曲线 0～83m 位置的相对瑞利散射功率均恒定约 0dB，表征 OTDR 测量盲区长度为 83m。

黑色曲线的瑞利散射功率先衰减，后在长度 306m 位置出现菲涅尔反射峰，表征光纤长度为 306m，与实际情况相同，测量准确。反射峰的峰值比基值大 11.5dB，这是由光纤断点处的空气/光纤界面反射引起的。而非平端面的瑞利散射功率逐渐衰减，在长度 306m 位置未出现反射峰，表明 OTDR 检测不到光纤断点。由文献[4]可知，这是由断点端面质量不佳导致菲涅尔反射系数大幅降低所致。

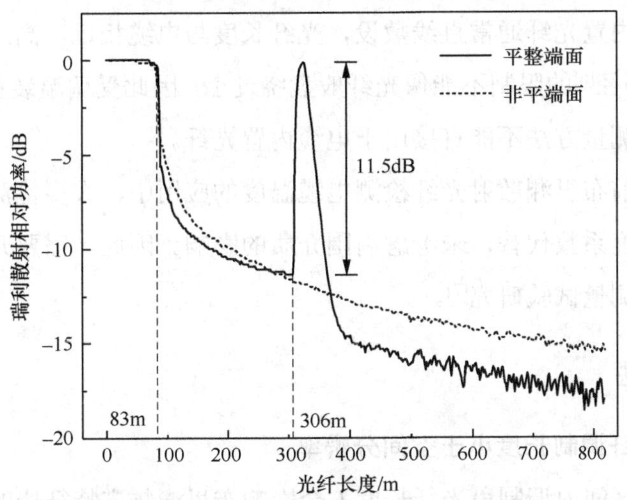

图 7-8 OTDR 测量平整、非平端面光纤的瑞利散射相对功率分布

综上所述，通过 BOTDR 和 OTDR 光纤断点对比检测试验，验证了本章提出的 BOTDR 检测光纤断点方法及其判据的有效性。通过测量光纤沿线布里渊频移，频移与完好光纤频移平均值之差的绝对值大于 3σ 时可以检测非平端面断点，适用于高压电缆内置光纤较复杂的敷设工艺和工作环境。

7.3 电力电缆内置光纤的频移温度灵敏度测量方法研究

温度灵敏度系数是布里渊散射光纤温度测量的重要基础参数。现有测量方法是将长度大于空间分辨率的待测光纤松弛盘绕在调温装置中，测量布里渊频移随温度线性变化的斜率。假设应变恒定（$\Delta\varepsilon$=0），$|\nu_L-\nu_0|$不变，已知温度灵敏度系数 C_T 为正数，随温度升高ΔT>0，$|\nu_L-\nu_1|$减小，布里渊频移变化$|\Delta\nu|$增大，见式（7-5）和式（7-6）：

$$|\nu_L-\nu_0|=|\nu_L-\nu_1|+C_T\cdot\Delta T \tag{7-5}$$

$$|\Delta\nu|=\big||\nu_L-\nu_0|-|\nu_L-\nu_1|\big|=|\nu_1-\nu_0| \tag{7-6}$$

由此得到光纤温度灵敏度系数 C_T 见式（7-7）：

$$C_T=\frac{|\Delta\nu|}{\Delta T}=\frac{|\nu_1-\nu_0|}{\Delta T} \tag{7-7}$$

但由于 BOTDR 的空间分辨率和传感距离相互制衡，传感距离每增加 10km 空间分辨率也会相应增加 1m[5]。用于检测电缆的远距离传感 BOTDR 空间分辨率大。以空间分辨率 10m 为例，若用现有测量方法，需将 30~50m 光纤盘绕放在调温装置中测量。而且，电缆内置光纤通常直线敷设，光纤长度与电缆相近，高压电缆受最小弯曲半径大于 20 倍外径[6]的限制不能像光纤般盘绕过小，因此受调温装置尺寸限制，现有光纤温度灵敏度测量方法不能直接用于电缆内置光纤。

同时，在目前布里渊散射光纤检测电缆温度的应用中，大多检测只用未附着介质的光纤温度灵敏度系数代替，未考虑周围介质的影响。因此，需要开展高压电缆内置光纤温度灵敏度测量试验研究[7]。

7.3.1 测量方法

7.3.1.1 光纤调制长度小于空间分辨率

空间分辨率区间内调制段光纤长度 L 会影响布里渊频谱特征峰的布里渊散射功率（Brillouin scattering power，BSP）和布里渊频移（Brillouin frequency shift，BFS）。由文献[8]可知，空间分辨率区间内的光纤往往会出现调制温度或应变不均匀的情况，由于空间分辨率区间内的布里渊散射信号在时间上重叠，累加平均后形成布里渊频谱，当区间内温度或应变不均匀时，光纤布里渊频谱会出现双峰特征。随恒温箱温度升高，双峰趋于分离。因此，调制空间分辨率区间内部分光纤的温度，使其与区间内余长光纤温度差别较大，布里渊频谱会出现双峰。利用该特性，通过调节一小段调制段光纤的温度，找到能使布里渊频谱出现双峰的最短光纤长度，再通过测量不同温度下调制段光纤的布里渊频移的变化，得到光纤温度灵敏度系数，提出一种调制长度小于空间分辨率的光纤温度灵敏度测量方法。

空间分辨率区间内的光纤分为两段，分别为调制段和室温段。在两段光纤温度差足够大的情况下，调制段光纤长度 L 不同时，该空间分辨率区间的布里渊频谱如图 7-9 所示。通过测量该区间内调制段光纤的布里渊频移 v_1 和室温段光纤的布里渊频移 v_0，可由式（7-7）计算得到光纤温度灵敏度系数 C_T。

该方法的关键是能准确区分双峰，即 L 有最小值，L 过短将导致调制温度无法识别。因此，需找到能识别调制温度的最短光纤长度 $L_{\min}$。将长 $L_{\min}$ 的光纤温度调制至与室温差别较大、将其空间分辨率区间内余长 R-$L_{\min}$ 的光纤置于室温 T_0，就实现了小于空间分辨率 R 的短电缆内置光纤 BOTDR 温度灵敏度测量。确定 $L_{\min}$ 的具体步骤如下：

（1）确定室温段布里渊频移 v_0。将待测光纤全部置于室温（即调制段长度为 0 m），记录布里渊频谱。BSP 最大的特征峰对应的 BFS 即为 v_0。

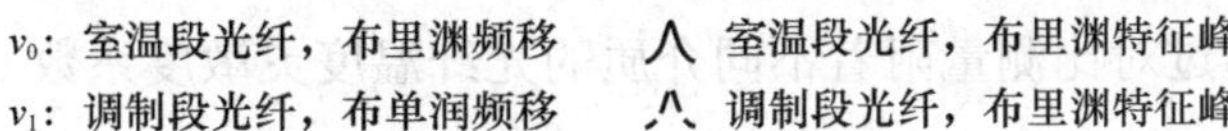

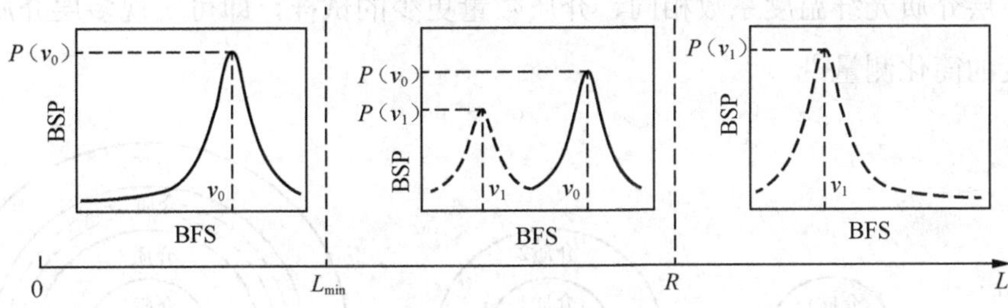

图 7-9　温度差较大时不同 L 下空间分辨率区间的布里渊频谱

（2）确定调制段温度布里渊频移 v_1。将长度 R 的调制段光纤置于恒温箱，恒温箱温度设定与室温差别较大，记录调制段光纤所在空间分辨率区间的布里渊频谱。BSP 最大的特征峰对应的 BFS 即为 v_1。

（3）确定能识别调制温度的光纤最短长度 L_{min}。将长度 L 的调制段光纤置于恒温箱、将空间分辨率区间内余长 R-L 的光纤置于室温，恒温箱温度设定与室温差别较大，记录该空间分辨率区间的布里渊频谱。调制温度不变，缩短 L，系统无法识别调制温度时的光纤长度为 L_{min}。

7.3.1.2　光纤周围有多层介质

光纤周围介质的热膨胀系数、截面积、弹性模量与光纤不同会产生热应力，由于布里渊频移由光纤的声学、弹性力学和热弹性力学特性决定，光纤温度灵敏度系数在热应力作用下发生变化，见式（7-8）～式（7-10）：

$$C_T=\left(\frac{\mathrm{d}v}{\mathrm{d}T}\right)_1+\left(\frac{\mathrm{d}v}{\mathrm{d}T}\right)_2 \tag{7-8}$$

$$\left(\frac{\mathrm{d}v}{\mathrm{d}T}\right)_2=C_\varepsilon\left(\frac{\mathrm{d}\varepsilon}{\mathrm{d}T}\right) \tag{7-9}$$

$$\frac{\mathrm{d}\varepsilon}{\mathrm{d}T}=\frac{\sum A_i E_i \alpha_i}{\sum A_i E_i} \tag{7-10}$$

式（7-8）～式（7-10）中：$(\mathrm{d}v/\mathrm{d}T)_1$ 为裸光纤温度灵敏度系数；$(\mathrm{d}v/\mathrm{d}T)_2$ 为周围介质热应力引起的布里渊频移变化，MHz/℃；$\mathrm{d}\varepsilon/\mathrm{d}T$ 为周围介质热应力；下标 i 代表光纤周围多层介质。

裸光纤周围附着不同介质下光纤的温度灵敏度系数如图 7-10 所示。由式（7-8）可知，附着多层介质的光纤温度灵敏度系数 C_T 由裸光纤和周围介质共同决定，$(\mathrm{d}v/\mathrm{d}T)_1$ 为裸光纤温度灵敏度系数，$(\mathrm{d}v/\mathrm{d}T)_2$ 为周围介质热应力引起的布里渊频移变化。受热调制情况下，外层介质产生的热应力逐级向内层介质施加，最终作用于裸光纤引起温度灵敏度变化。通过对比测量附着不同介质的光纤温度灵敏度系数 C_{T1}、C_{T2}、…、C_{Tn}，找到与 n 层介质光纤温度系数相同、介质数量更少的试样，即可实现多层介质光纤温度灵敏度的简化测量[9]。

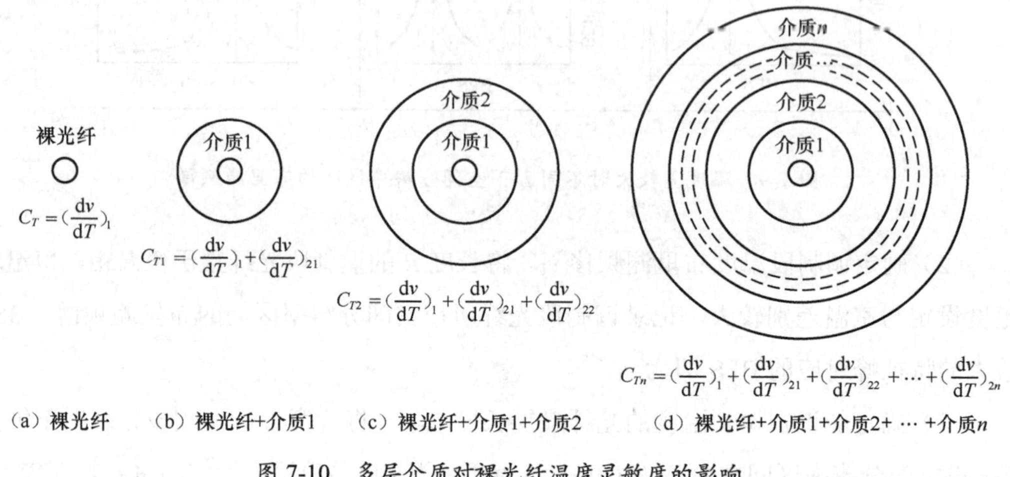

图 7-10　多层介质对裸光纤温度灵敏度的影响

7.3.2　测试系统和试样

7.3.2.1　测试系统

调制长度小于空间分辨率的光纤温度灵敏度测量系统如图 7-11 所示，包括 BOTDR、恒温箱和光纤试样。其中，试验用 BOTDR 的空间分辨率为 10m，传感距离为 35km，频移精度为 2MHz。恒温箱型号 DZF-6210B，净空 650mm×550mm×650mm，温控范围 30～220℃。

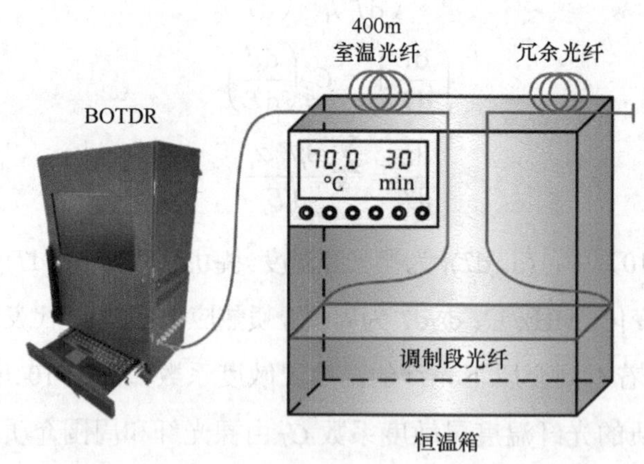

图 7-11　调制长度小于空间分辨率的光纤温度灵敏度测量系统

7.3.2.2 试样

试样为直径ϕ_1为 0.25mm 的裸光纤、直径ϕ_2为 0.90mm 的 PVC 套光纤、直径ϕ_2为 0.90mm 的不锈钢套光纤，型号均为单模 G.652D 型，如图 7-12 所示。每种光纤的调制段分别设定为无周围介质附着、置于缓冲阻水带间、置于电缆缓冲层阻水带间三种。

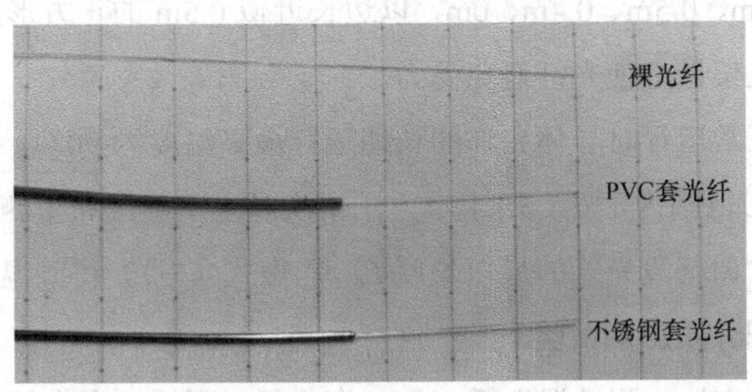

图 7-12　三种光纤试样

无周围介质附着的三种光纤如图 7-12 所示。对于置于缓冲阻水带间的光纤，阻水带尺寸为 1000mm×50mm×2mm，光纤用针线缝紧固定在两层阻水带间，如图 7-13（a）所示。对于置于电缆缓冲层阻水带间的光纤，对应电缆样品型号为 YJLW03-Z　64/110 1×800，长 900mm；去除铝套和第一层阻水带后，光纤沿电缆轴向平直敷于第二层阻水带表面，复原第一层阻水带和铝套，依靠电缆自重将光纤固定在电缆底部两层阻水带间，如图 7-13（b）所示。

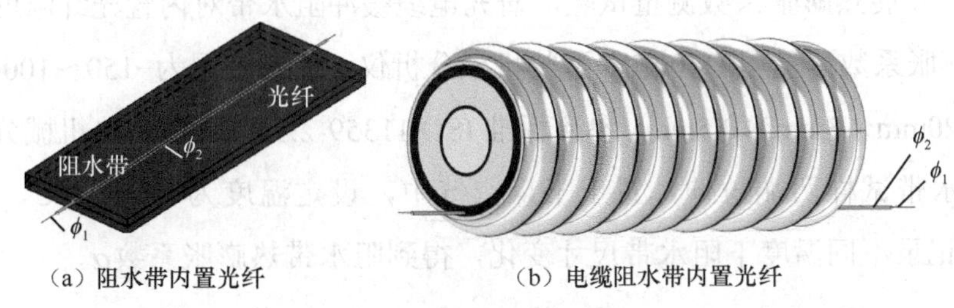

（a）阻水带内置光纤　　（b）电缆阻水带内置光纤

图 7-13　内置在缓冲阻水带间和电缆缓冲层阻水带间的光纤

7.3.3 光纤频移温度灵敏度试验

7.3.3.1 不同调制长度光纤对比试验

按 7.3.1.1 节方法所述步骤测量裸光纤温度灵敏度，将调制长度小于空间分辨率的光纤置于恒温箱、将其空间分辨率区间内的余长光纤置于室温，测量该空间分辨率区间内调制段光纤布里渊频移随调制温度线性变化的斜率。对比现有方法和所提新方法得到的裸光纤温度灵敏度，用 PVC 套光纤、不锈钢套光纤重复试验，验证所提方法的有效性。

光纤 0～400m 松弛盘绕在光纤盘上置于室温，400～410m 为调制段，调制段后的冗余光纤仍置于室温。其中，对于调制段，裸光纤、PVC 套光纤、不锈钢套光纤的长度取 10m、5m、1m、0.5m、0.4m、0m，以边长近似 0.5m 的正方形形状松弛盘绕在恒温箱内，并通过支架悬空使光纤避免受力。

考虑到电缆正常运行时导体允许的长期运行最高温度为 90℃，试验时将恒温箱温度调节在 70～90℃范围内，按 7.3.1.1 节方法依次确定室温段布里渊频移 v_0、调制段温度布里渊频移 v_1、调制段光纤的最短长度 L_{min}，由式（7-7）得到温度灵敏度系数。

7.3.3.2 周围介质影响试验

按照本节所提方法，测量裸光纤、PVC 套光纤、不锈钢套光纤分别在无周围介质附着、置于阻水带间、置于电缆阻水带间三种情况下的温度灵敏度。光纤 0～400m 松弛盘绕在光纤盘上置于室温；400～410m 为调制段，调制段后的余长光纤仍置于室温。

对于调制段，无周围介质附着、置于阻水带间的光纤长度取 1m，在恒温箱内的松弛盘绕和支架方式按 7.3.3.1 节方法布置；置于电缆阻水带间的光纤长度受恒温箱尺寸限制只能取 0.9m，水平静置在恒温箱内。恒温箱温度设定 70～90℃，测量调制段温度布里渊频移随温度变化的斜率，得到温度灵敏度系数。对比每种光纤内置在不同介质中的温度灵敏度，与电缆缓冲阻水带内置光纤系数相同的试样可以代替其进行温度灵敏度测量。

同时，开展热膨胀系数测量试验，研究电缆缓冲阻水带对内置光纤温度灵敏度的影响。热膨胀系数测量用 Q400EM 型热机械分析仪，控温范围为−150～1000℃。阻水带尺寸为 20mm×3mm×0.5mm。参照标准 ISO 11359-2:1999[10]，用热机械分析仪的金具夹紧阻水带试样两端拉伸，置于干燥空气中，设定温度为 70～90℃、升温速率 5℃/min，记录不同温度下阻水带尺寸变化，得到阻水带热膨胀系数α。

7.3.4 结果与分析

7.3.4.1 短调制长度光纤

室温段 27℃、调制段温度 70℃下，调制段长度 10m、5m、1m、0.5m、0.4m、0m 的裸光纤、PVC 套光纤、不锈钢套光纤的布里渊频谱如图 7-14 所示。

由图 7-14（a）可知，对于裸光纤，调制段长度 0m（图中粉线）的光纤布里渊频谱特征峰为 170MHz 单峰，即室温段布里渊频移 v_0 为 170MHz，对应室温 27℃。调制段长度 10m 的光纤布里渊频谱特征峰为 125MHz 单峰，即调制段温度布里渊频移 ν_1 为 125MHz，对应调制温度 70℃。调制段长度 5m、1m、0.5m 的光纤布里渊频谱特征峰为 170MHz 和 125MHz 双峰，随调制段光纤长度减小，125MHz 峰频移不变、幅值变小。继续缩短调制段长度，0.4m 的布里渊频谱双峰已不明显，无法识别调制温度。

由图 7-14（b）可知，对于 PVC 套光纤，调制段长度 0m 的光纤布里渊频谱特征峰是 240MHz 单峰，即室温段布里渊频移 ν_0 为 240MHz，对应室温 27℃。调制段长度 10m 的光纤布里渊频谱特征峰为 162MHz 单峰，即调制段温度布里渊频移 ν_1 为 162MHz，对应测量温度 70℃。调制段长度 5m、1m、0.5m 的光纤布里渊频谱特征峰是 240MHz 和 162MHz 双峰，随调制段光纤长度减小，162MHz 峰频移不变、幅值变小。继续缩短调制段长度，0.4m 的布里渊频谱双峰已不明显，无法识别调制温度。

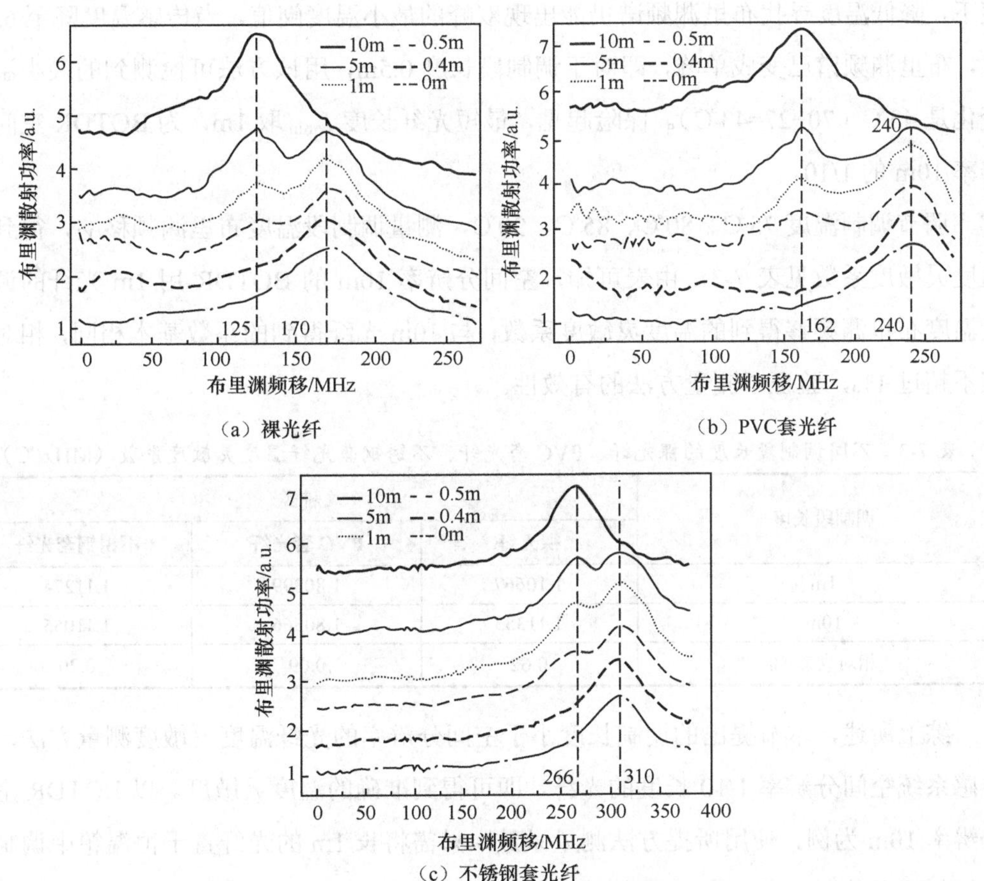

（a）裸光纤

（b）PVC套光纤

（c）不锈钢套光纤

图 7-14 不同调制段长度下三种光纤的布里渊频谱

由图 7-14（c）可知，对于不锈钢套光纤，调制段长度 0m 的光纤布里渊频谱特征峰为 310MHz 单峰，即室温段布里渊频移 ν_0 为 310MHz，对应室温 27℃。调制段长度 10m 的光纤布里渊频谱特征峰为 266MHz 单峰，即调制段温度布里渊频移 ν_1 为 266MHz，对应测量温度 70℃。调制段长度 5m、1m、0.5m 的光纤布里渊频谱特征峰为 310MHz 和 266MHz 双峰，随调制段光纤长度减小，266MHz 峰频移不变、幅值变小。继续缩短调制段长度，0.4m 的布里渊频谱双峰已不明显，无法识别调制温度。

图 7-14（a）～（c）中，除布里渊特征峰外，布里渊频谱在 0～100MHz 范围内还出现了一些“小峰”。这些“小峰”是由 BOTDR 的窄带激光器、声光调制器、掺铒光纤放大器等器件产生的噪声。这些噪声具有随机性，会出现在布里渊频谱的各个位置，但是调制段光纤和室温段光纤的布里渊特征峰远大于这些噪声，不影响测量。

本节试验中，调制光纤长度缩短至 0.5m 仍能有效识别调制温度。在该调制段长度下，降低温度寻找布里渊频谱仍能出现双峰的最小温度阈值，当传感温度降至 65℃时，布里渊频谱已变成单峰，即对于调制段长度 0.5m，用该方法可检测到的最小温度变化是 43℃（70−27=43℃）。保险起见，最短光纤长度 L_{min} 取 1m，为 BOTDR 空间分辨率 10m 的 1/10。

调节调制温度 75℃、80℃、85℃、90℃，测量调制段温度布里渊频移 ν_1，得到的温度灵敏度系数见表 7-3。由表可知，空间分辨率 10m 的 BOTDR 用 1m 光纤的调制段温度布里渊频移得到的温度灵敏度系数，与 10m 光纤得到的系数基本相同，相对误差不超过 1%，验证了测量方法的有效性。

表 7-3　不同调制段长度的裸光纤、PVC 套光纤、不锈钢套光纤温度灵敏度系数（MHz/℃）

调制段长度	种类		
	裸光纤	PVC 套光纤	不锈钢套光纤
1m	1.10667	1.80399	1.11274
10m	1.11353	1.80566	1.11055
相对误差/%	0.62	0.09	0.20

综上所述，本节提出的调制长度小于空间分辨率的光纤温度灵敏度测量方法，用传感系统空间分辨率 1/10 长度的光纤，即可得到准确的温度灵敏度。以 BOTDR 空间分辨率 10m 为例，使用所提方法测量系数，只需将长 1m 的光纤置于恒温箱中调制温度至与室温差别较大、将空间分辨率区间内余长 9m 的光纤置于室温，测得的温度灵

敏度与 10m 光纤相同。

7.3.4.2 多层介质光纤

由于 PVC 套光纤理论上作为紧套光纤兼具应变敏感、保护光纤免受外力破坏的作用，更适合作为内置传感器置于电缆阻水带间，因此以 PVC 套光纤为例，研究光纤内置在阻水带间温度灵敏度的变化。

室温段 27℃、调制段温度 70℃下，调制段长度 10m、5m、1m、0.5m、0.4m、0m 的阻水带内置 PVC 套光纤的布里渊频谱如图 7-15（a）所示，调制段长度 0.9m、0.8m、0.7m、0.6m、0.5m、0.4m、0m 的电缆缓冲层阻水带内置 PVC 套光纤的布里渊频谱如图 7-15（b）所示。

由图 7-15（a）可知，对于阻水带内置 PVC 套光纤，调制段长度 0m 的光纤布里渊频谱特征峰为 240MHz 单峰，即室温段布里渊频移 ν_0 为 240MHz，对应室温 27℃。调制段长度 10m 的光纤布里渊频谱特征峰为 180MHz 单峰，即调制段温度布里渊频移 ν_1 为 180MHz，对应测量温度 70℃。调制段长度 5m、1m、0.5m 的光纤布里渊频谱特征峰为 240MHz 和 180MHz 双峰，随调制段光纤长度减小，180MHz 峰频移不变、幅值变小。继续缩短调制段长度，0.4m 的布里渊频谱双峰已不明显，无法识别调制温度。

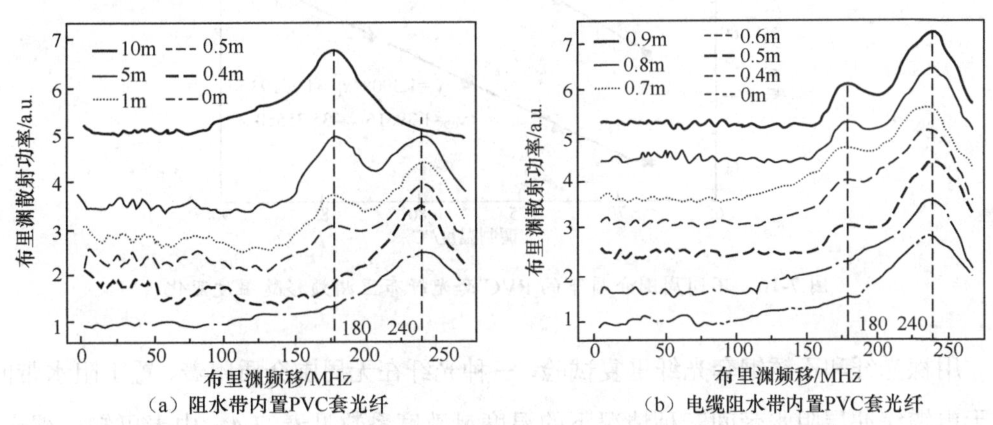

（a）阻水带内置PVC套光纤　（b）电缆阻水带内置PVC套光纤

图 7-15　有周围介质的 PVC 套光纤的布里渊频谱

由图 7-15（b）可知，对于电缆阻水带内置 PVC 套光纤，调制段长度 0m 的光纤布里渊频谱特征峰为 240MHz 单峰，即室温段布里渊频移 ν_0 为 240MHz，对应室温 27℃。受恒温箱尺寸限制，无法直接测量 10m 电缆缓冲层阻水带内置 PVC 套光纤的调制段温度布里渊频谱。调制段长度 0.9m、0.8m、0.7m、0.6m、0.5m 的光纤布里渊频谱特征峰为240MHz和180MHz双峰，随调制段光纤长度减小，180MHz峰频移不变、幅值变小。可见，不同长度光纤的调制段温度布里渊频移 v_1 为180MHz。继续缩短调制长度，0.4m的布里渊频谱双峰已不明显，无法识别调制温度。

试验结果表明，7.3.1.1节提出的调制长度小于空间分辨率的光纤温度灵敏度测量方法，对阻水带内置光纤和电缆缓冲层阻水带内置光纤有效，适用于高压电缆内置光纤标定。

随调制温度从70℃升至90℃，测量不同温度下的PVC套光纤、阻水带内置PVC套光纤、电缆缓冲层阻水带内置PVC套光纤的调制段光纤布里渊频移变化，如图7-16所示。由图可知，随温度升高，阻水带内置PVC套光纤和电缆缓冲层阻水带内置PVC套光纤的布里渊频移变化重合，温度灵敏度系数相同，约1.4MHz/℃，线性可决系数 R^2 大于0.98。与之相比较，无周围介质附着的PVC套光纤温度灵敏度系数为1.8MHz/℃。

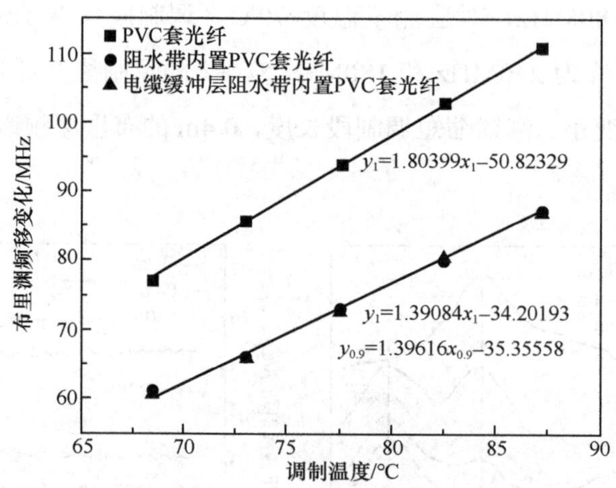

图7-16　不同周围介质下的PVC套光纤布里渊频移随温度变化

用裸光纤和不锈钢套光纤重复试验，三种光纤在无周围介质附着、置于阻水带间、置于电缆缓冲层阻水带间三种情况下的温度灵敏度系数见表7-4。由表可知，裸光纤在不同周围介质中温度灵敏度的变化规律与PVC套光纤相同，即置于阻水带间和电缆缓冲层阻水带间这两种情况下的温度灵敏度系数相同，均为0.98MHz/℃，略小于无周围介质附着时的1.11MHz/℃。不锈钢套光纤置于阻水带间和电缆缓冲层阻水带间这两种情况下的温度灵敏度系数相同，均为1.11MHz/℃，与无周围介质附着时的温度灵敏度也相同。

表 7-4　　不同周围介质中三种光纤的温度灵敏度系数　　（单位：MHz/℃）

周围介质	光纤种类		
	PVC 套光纤	裸光纤	不锈钢套光纤
无	1.80399	1.10667	1.11274
阻水带	1.39084	0.97733	1.11198
电缆缓冲层阻水带	1.39616	0.97596	1.10885

为了进一步研究阻水带对内置光纤温度灵敏度系数的影响，测量了 70～90℃温度范围内阻水带的热膨胀系数，如图 7-17 所示。随着温度从 70℃升至 90℃，阻水带热膨胀系数从-1.06×10^{-4}/℃降至-1.60×10^{-4}/℃，始终为负值，即阻水带受热会收缩。由式（7-10）可知，对于阻水带内置 PVC 套光纤，其周围介质热应力 $d\varepsilon/dT$ 见式（7-11）：

$$\frac{d\varepsilon}{dT}=\frac{A_1\cdot E_1\cdot\alpha_1+A_2\cdot E_2\cdot\alpha_2}{A_1\cdot E_1+A_2\cdot E_2} \tag{7-11}$$

式中：A_1、E_1、α_1 分别为光纤外 PVC 套的截面积、弹性模量、热膨胀系数；A_2、E_2、α_2 分别为阻水带的截面积、弹性模量、热膨胀系数。上述参数中，α_2 为负数，其余参数为非负数。而对于PVC套光纤，式(7-11)中没有$A_2E_2\alpha_2$ 和 A_2E_2。由此可知，阻水带内置 PVC 套光纤的 $d\varepsilon/dT$ 明显小于 PVC 套光纤。从而，由式（7-9）可知，阻水带内置 PVC 套光纤的 $(dv/dT)_2$ 明显小于 PVC 套光纤；由式（7-8）可知，明显降低的阻水带内置 PVC 套光纤的$(dv/dT)_2$ 引起了 C_T 显著降低。因此，与 PVC 套光纤相比，阻水带内置 PVC 套光纤的温度灵敏度较低。

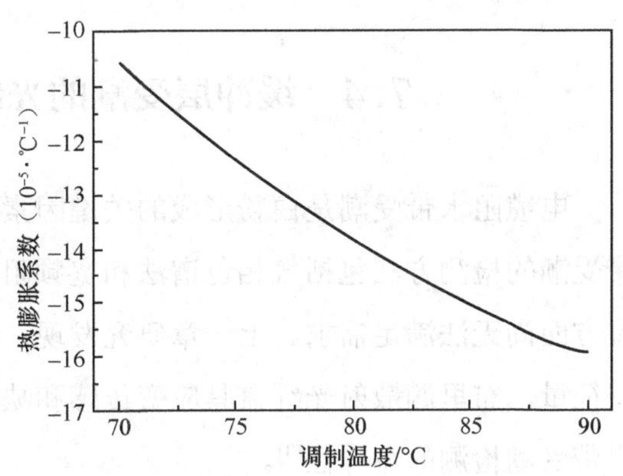

图 7-17　温度 70～90℃范围内阻水带的热膨胀系数

阻水带内置 PVC 套光纤的温度灵敏度与电缆缓冲层阻水带内置 PVC 套光纤相同，是因为这两种试样中，PVC 套光纤周围的介质均为蓬松结构的阻水带，缆芯和铝套热膨胀产生的应力被阻水带缓冲无法有效作用于光纤，温度灵敏度主要由 PVC 套和阻水带决定。

对于裸光纤，由式（7-10）易知，无介质附着情况下光纤没有周围介质热应力 $d\varepsilon/dT$，而置于阻水带间的情况下由于阻水带 α_2 为负数、其余参数为非负数，阻水带内置裸光纤的 $d\varepsilon/dT$ 明显小于无周围介质附着的裸光纤，由此最终导致阻水带内置裸光纤的温度灵敏度偏低。同时，阻水带内置裸光纤的温度灵敏度与电缆缓冲层阻水带内置裸光纤相同，也再次表明缆芯和铝套热膨胀产生的应力能被阻水带缓冲，无法作用于光纤；电缆缓冲层阻水带内置裸光纤的温度灵敏度只由阻水带决定。

对于不锈钢套光纤，由于光纤在不锈钢套中留有余长不受力，且不锈钢套弹性模量较大不易受阻水带受热收缩影响产生形变，因此其在无周围介质附着、置于阻水带间、置于电缆缓冲层阻水带间三种情况下的温度灵敏度系数均相同。

综上所述，以 BOTDR 空间分辨率 10m 为例，对于裸光纤、PVC 套光纤、不锈钢套光纤，使用所述方法测量电缆缓冲层阻水带内置光纤的温度灵敏度仅需长度约 1m 的电缆，用长宽 100cm×100cm 的恒温箱即可实现，解决了现有光纤温度灵敏度测量方法需要电缆长度过大而恒温箱无法实现的问题。同时，阻水带内置光纤和电缆缓冲层阻水带内置光纤的温度灵敏度相同，可以用内置光纤的阻水带代替电缆缓冲层阻水带内置光纤进行温度灵敏度测量。

7.4 缓冲层受潮的光纤 BOTDR 检测研究

电缆阻水带受潮是白粉形成的关键因素，也是缓冲层缺陷的早期阶段。目前阻水带受潮的检测方法包括气相色谱法和宽频阻抗谱法，但两种方法在检测效率、缺陷定位方面尚无法满足需求。上一章研究发现，阻水带膨胀应变可作为阻水带受潮的检测特征量，布里渊散射光纤兼具应变传感和缺陷定位作用，有必要研究其应用于电缆阻水带受潮检测的可行性[3]。

7.4.1 电缆内置光纤断点检测试验

开展光纤检测电缆阻水带受潮试验前，需要先测量电缆内置光纤断点，以确定有效检测范围。为此制备了长度 28m、阻水带内置光纤的 110kV 电缆，用 BOTDR 和 OTDR 依次检测光纤断点，对比测量结果，如图 7-18 所示。

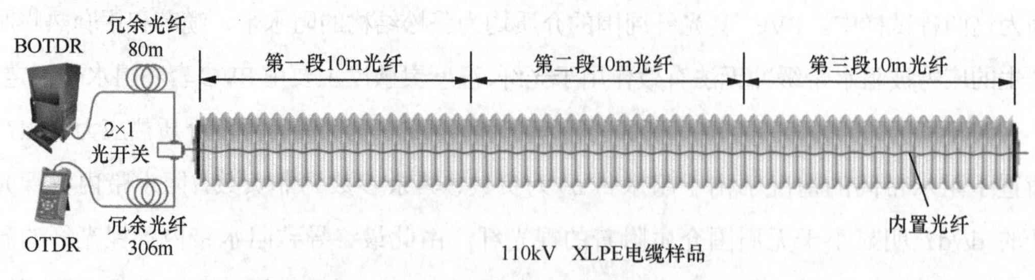

图 7-18 110kV 电缆内置光纤断点检测系统

7.4.1.1　测试系统和电缆制备

搭建了 110kV 电缆内置光纤断点检测系统，包括 BOTDR、OTDR 和 110kV 电缆样品，如图 7-18 所示。其中，实验室自研的 BOTDR 空间分辨率为 10m，传感距离为 35km，温度分辨率为 2℃。OTDR 型号 AV6416，中心波长为（1550±15）nm，空间分辨率为 1m，测距精度为 1m。

110kV 电缆由实验室与广州某电缆集团公司合作制备，长度 28m，型号 YJLW03-Z　64/110 1×1200。电缆两层阻水带间置入了 30m 长的 G.652D 型裸单模光纤。为方便钻孔注水，电缆无外护套。

7.4.1.2　测试方法

依次用 BOTDR 和 OTDR 检测 110kV 电缆内置光纤断点。其中，冗余光纤和内置光纤均取自同一盘光纤。

对于 BOTDR，内置光纤一端经 80m 松弛盘绕于室温的冗余光纤接 BOTDR，另一端不做处理。BOTDR 端口位置记为 0m。电缆水平静置，按 7.2.1 节方法测量光纤各测量位置的布里渊频移，用式（7-4）确定断点位置。试验中 BOTDR 共有 11 个测量位置，即 N 为 11，重复测量 5 次。

对于 OTDR，连接待测光纤的设备端口会产生菲涅尔反射强信号，引起光电探测器饱和形成测量盲区，需在待测光纤前接一段较长的、特性相同的冗余光纤，避免盲区干扰测量结果。考虑到 7.2.3 节测量得到本试验用 OTDR 的盲区为 83m，试验时内置光纤一端经一段长 306m 的冗余光纤接 OTDR，另一端不做处理。冗余光纤松弛盘绕后置于室温环境。OTDR 端口位置记为 0m。先按 7.2.2.2 节所述 OTDR 方法测量冗余光纤的长度，再测量冗余光纤熔接内置光纤后的总长度，最后取两者差值得到内置光纤断点位置。

7.4.1.3　结果与分析

BOTDR 测量裸光纤沿线的布里渊频移如图 7-19 所示。由图可知，其中 0～80m 冗余光纤、80～100m 内置光纤的布里渊频移在小范围内稳定波动。以第一次测量为例，布里渊频移在 202.6～206.0MHz 范围内波动。这是因为冗余光纤和内置光纤特性相同，且所处环境温度、应变情况相近，使这两段光纤的布里渊频移几乎相同。而 100～110m 内置光纤的布里渊频移陡增至 250MHz。

第一次测量时，裸光纤各测量位置的布里渊频移、第（1～i）个测量位置的频移平均值和标准差见表 7-5。由表可知，第 1～10 个测量位置中，各测量位置布里渊频

移与平均值之差的绝对值$\left|v_i-\overline{v_{i-1}}\right|$均小于$3\sigma_{i-1}$，满足式（7-4）。而第 11 个测量位置的布里渊频移与平均值之差的绝对值$\left|v_{11}-\overline{v_{10}}\right|$为 45.54MHz，远大于$3\sigma_{10}$的 1.74MHz。由 7.2.1 节 BOTDR 检测光纤断点判据可知，第 11 个测量位置所在的空间分辨率区段 100～110m 内有断点。其余重复测量试验的结果均满足该判据。

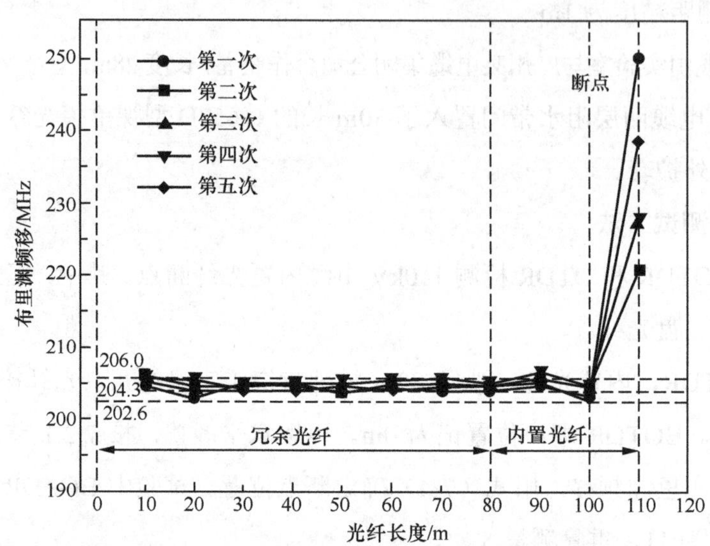

图 7-19 BOTDR 测量裸光纤沿线的布里渊频移

表 7-5 光纤各测量位置布里渊频移、平均值和标准差

i	v_i /MHz	$\overline{v_i}$ /MHz	$3\sigma_i$ /MHz	$\left\|v_i-\overline{v_{i-1}}\right\|$ /MHz	$\left\|v_i-\overline{v_{i-1}}\right\|<3\sigma_{i-1}$	i	v_i /MHz	$\overline{v_i}$ /MHz	$3\sigma_i$ /MHz	$\left\|v_i-\overline{v_{i-1}}\right\|$ /MHz	$\left\|v_i-\overline{v_{i-1}}\right\|<3\sigma_{i-1}$
1	204.51	—	—	—	—	7	203.97	204.24	1.78	0.31	√
2	203.14	203.83	2.06	—	—	8	205.10	204.34	1.86	0.86	√
3	204.93	204.19	2.29	1.10	√	9	204.59	204.37	1.78	0.25	√
4	204.98	204.39	2.23	0.79	√	10	203.88	204.32	1.74	0.49	√
5	204.00	204.31	2.05	0.39	√	11	249.86	—	—	45.54	×
6	204.12	204.28	1.89	0.19	√						

OTDR 测量光纤断点结果如图 7-20 所示。由图可知，两条曲线 0～83m 位置的相对瑞利散射功率约 0dB，与 7.2.3 节测量结果相同，表明 OTDR 测量盲区为 83m。黑色曲线在长度 306m 位置有菲涅尔反射峰，表征冗余光纤长度为 306m，与实际情况相同，测量准确。

冗余光纤熔接电缆内置光纤后，306m 位置的反射峰消失，这是因为两段光纤特性相同，熔接后不再因为有空气/光纤界面反射而出现菲涅尔反射峰。但另一现象是，瑞利散射功率在 OTDR 量程内逐渐衰减，曲线再未出现反射峰，表明 OTDR 检测不到电缆内置光纤的断点，可能是光纤端面粗糙质量差所致。由文献[4]可知，粗糙端面一般是大应力拉伸光纤断裂形成的。在生产、敷设过程中电缆会经历多次扭转，若铝套与阻水带局部位置接触紧密，可能在局部接触紧密位置产生无法被阻水带缓冲的扭转应力，使光纤断裂并形成粗糙端面，导致菲涅尔反射峰大幅减小，OTDR 检测不到。

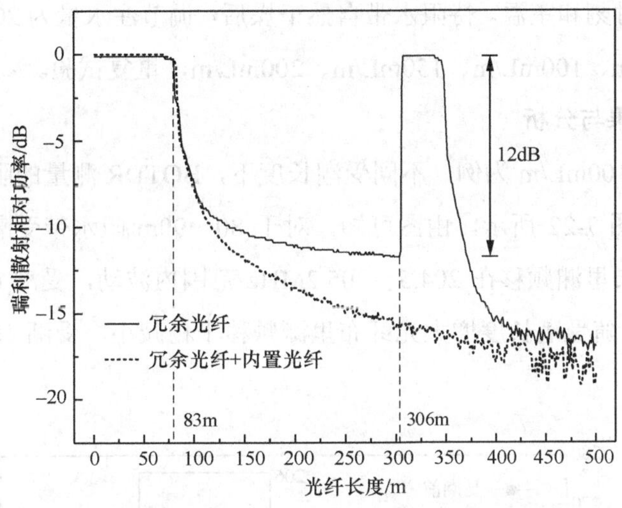

图 7-20　OTDR 测量冗余光纤长度和内置光纤断点

7.4.2　阻水带受潮临界长度、受潮程度的光信号频移规律

7.4.2.1　测试系统

试验时将制备的 28m 长 110kV 电缆样品水平置于室内，对电缆局部位置钻孔注水，用 BOTDR 检测电缆内置光纤沿线布里渊频移分布，研究阻水带受潮长度、受潮程度对光纤布里渊频移的影响，以及阻水带受潮干燥过程的光纤布里渊频移变化。为此，搭建了 110kV 电缆阻水带受潮光纤 BOTDR 检测系统，如图 7-21 所示，包括 BOTDR 和 110kV 电缆样品。其中，实验室自研的 BOTDR 空间分辨率 10m，温度分辨率 2℃。

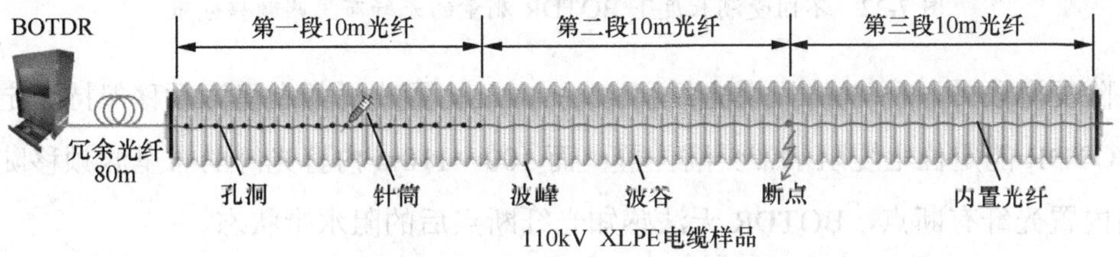

图 7-21　110kV 电缆阻水带受潮光纤 BOTDR 检测系统

7.4.2.2 测试方法

为了模拟缓冲层缺陷电缆阻水带受潮状态，如图 7-21 所示，第一段 10m 光纤对应的铝套相邻波峰钻孔，用注射器针头伸入孔中，斜刺到波谷位置注水。另外，为避免温度的影响，注入的自来水温度控制在室温，电缆未加电压。每次注水 1m，每米均匀注 5mL 自来水，注水后间隔 5min，继续按相同注水量注入下 1m。注水前，用 BOTDR 测量光纤各测量位置的初始布里渊频移。注水过程中，每注水 1m 立即记录布里渊频移、测量时刻和室温。待阻水带自然干燥后，调节注水量为 20mL/m、40mL/m、60mL/m、80mL/m、100mL/m、150mL/m、200mL/m，重复试验。

7.4.2.3 结果与分析

先以注水量 100mL/m 为例，不同受潮长度下，BOTDR 测量的阻水带内置光纤布里渊频移分布如图 7-22 所示。由图可知，对于 80～90m 阻水带受潮段光纤，受潮长度不超过 5m 时布里渊频移在 204.5～205.2MHz 范围内波动，受潮 6m 时布里渊频移降至 204.0MHz。随受潮长度增大光纤布里渊频移平稳减小，受潮 10m 时频移达最小值 199.7MHz。

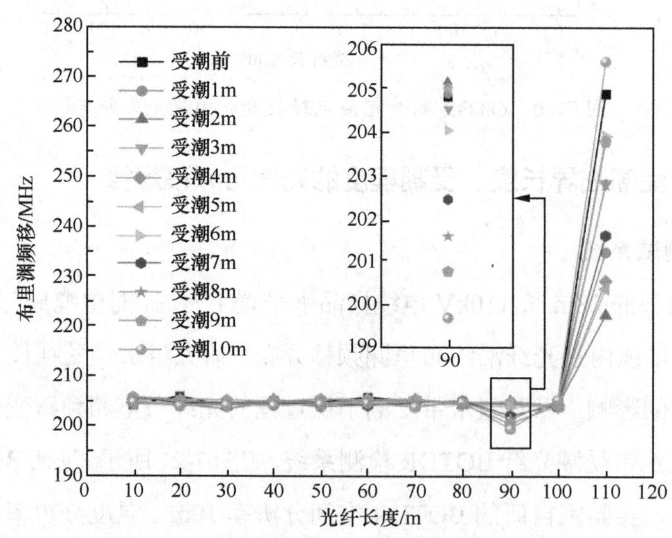

图 7-22 不同受潮长度下 BOTDR 测量的光纤布里渊频移分布

除受潮段外，0～80m 冗余光纤和 90～100m 内置光纤的布里渊频移保持稳定，表明 BOTDR 能定位电缆阻水带受潮位置；而 100～110m 内置光纤的布里渊频移陡增，表明内置光纤有断点，BOTDR 无法感知光纤断点后的阻水带状态。

不同注水量下，内置光纤布里渊频移与阻水带受潮长度的关系如图 7-23 所示。整个受潮过程约 43min，室温在 23.3～23.8℃范围内波动，不超过 0.5℃，室温对光纤布里渊频移的影响可忽略。布里渊频移的变化均由阻水带受潮膨胀导致光纤形变引起。

如图 7-23（a）（b）所示，注水量为 5mL/m、20mL/m 的情况下，受潮长度 10m 时光纤布里渊频移都基本不变。如图 7-23（c）所示，注水量为 40mL/m 的情况下，受潮长度达 9m（不是注水量小于 40mL/m 时的 10m）时光纤布里渊频移陡降。这是因为，受潮长度小于 BOTDR 空间分辨率 10m 时，该测量位置中的内置光纤分为形变段和无形变段。其中，形变段指的是阻水粉膨胀作用下发生形变的光纤，无形变段指的是阻水粉未膨胀、无形变的光纤。由于空间分辨率区段内的阻水带内置光纤布里渊频移由形变段与非形变段累加平均得到，受潮长度较小时，形变段光纤所受应变经过平均不足以使布里渊频移变化，受潮长度大于 9m 时才开始有明显变化。由结果可知，在本节试验条件下，能使电缆阻水带内置光纤布里渊频移产生变化的最小注水量阈值为 40mL/m。

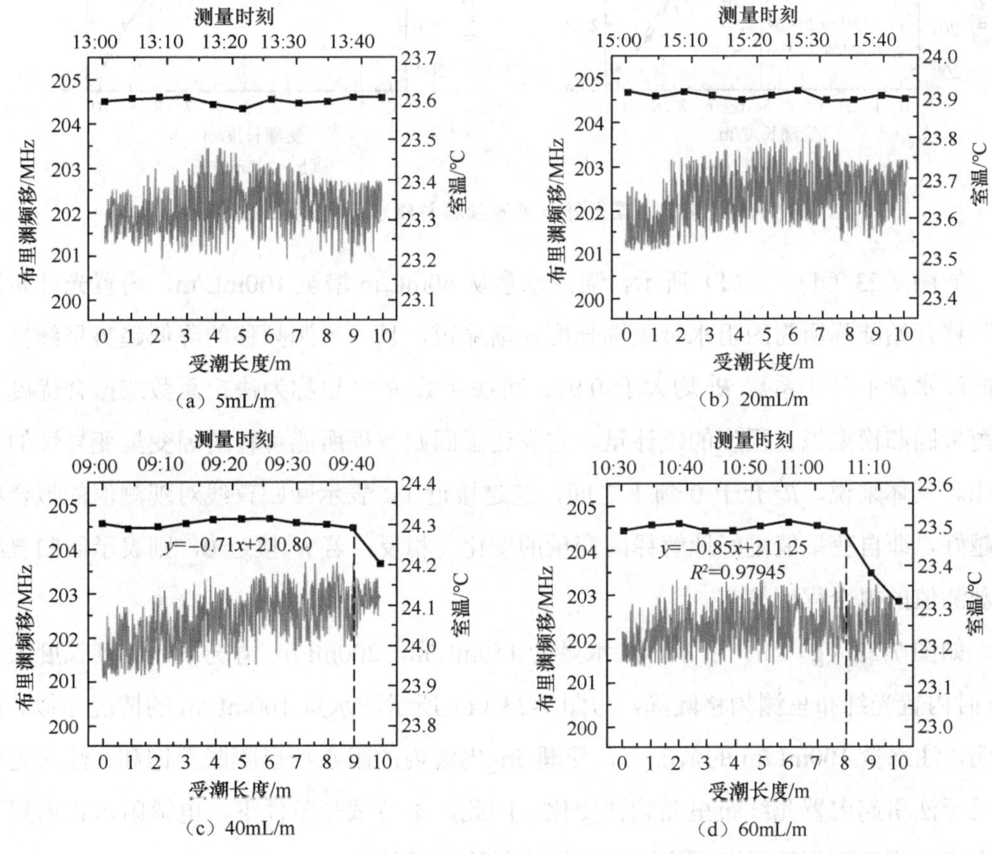

（a）5mL/m　（b）20mL/m　（c）40mL/m　（d）60mL/m

图 7-23　不同注水量下内置光纤布里渊频移与阻水带受潮长度的关系（一）

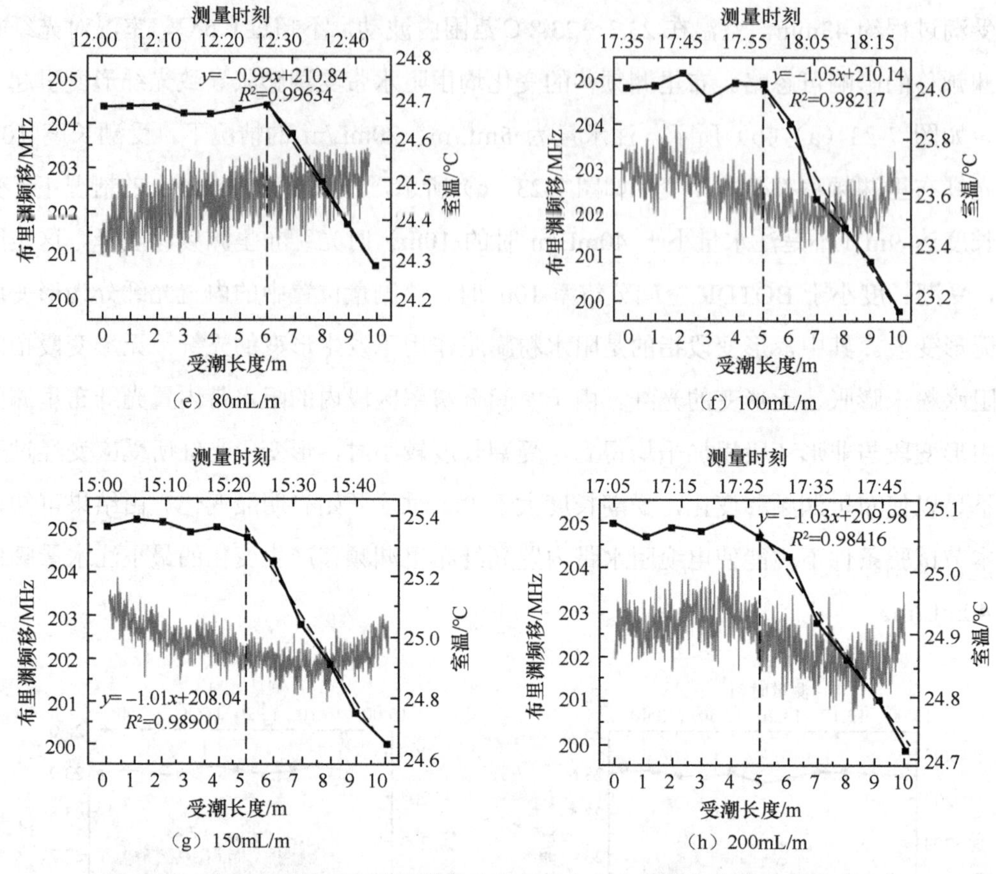

（e）80mL/m （f）100mL/m （g）150mL/m （h）200mL/m

图 7-23 不同注水量下内置光纤布里渊频移与阻水带受潮长度的关系（二）

如图 7-23（d）～（f）所示，随注水量从 60mL/m 增至 100mL/m，内置光纤布里渊频移开始陡降所需的阻水带受潮长度逐渐缩短，且布里渊频移的降低趋势呈线性，不同注水量下可决系数 R^2 均大于 0.97。可决系数 R^2（也称为决定系数或拟合优度）是衡量回归模型拟合程度的统计量，它表达了回归方程所能解释的因变量变异性的百分比。具体来说，R^2 介于 0 到 1 之间，值越接近 1，表示回归直线对观测值的拟合程度越好，即自变量能更好地解释因变量的变化。相反，若 R^2 接近 0，则表示回归直线对观测值的拟合程度较差。

如图 7-23（g）（h）所示，注水量为 150mL/m、200mL/m 情况下，受潮长度大于 5m 时内置光纤布里渊频移陡降，与图 7-23（f）所示注水量 100mL/m 的情况相似。这表明，注水量 100mL/m 的情况下，受潮 5m 电缆内的阻水粉已膨胀至饱和，注入更多水已无法引起内置光纤布里渊频移变化。因此，本节试验条件下，电缆阻水带内置光纤布里渊频移不再随受潮程度影响的注水量饱和阈值为 100mL/m。

7.4.3　阻水带受潮干燥过程

7.4.3.1　测试方法

用防水胶布密封铝套孔洞，电缆在室温环境下水平静置自然干燥。每隔 24h 用 BOTDR 接内置光纤测量布里渊频移，同时记录测量时刻和对应的室温。其中，0h 指阻水带刚注水受潮 10m 的时刻。

7.4.3.2　结果分析

阻水带受潮后静置自然干燥，注水量为 100mL/m 的情况下，内置光纤布里渊频移、室温、相对湿度随干燥时间的变化情况如图 7-24 所示。

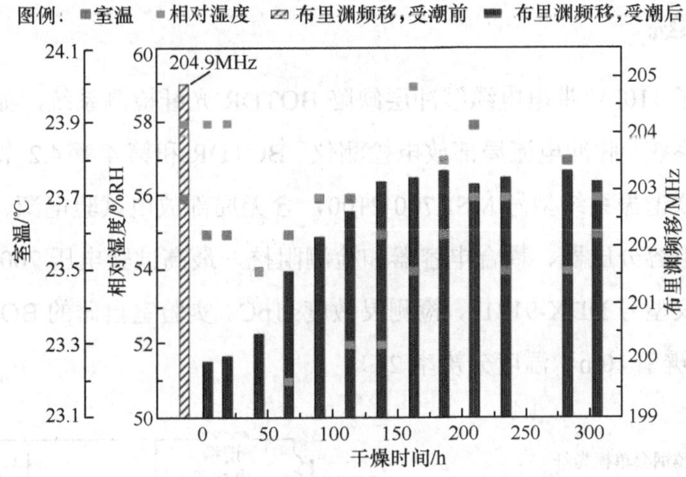

图 7-24　不同干燥时间下的室温、相对湿度与内置光纤布里渊频移

由图可知，干燥过程任一测量时刻的室温相比受潮前的 23.7℃变化不超过 0.2℃，由 7.4.2.3 节分析可知，室温对布里渊频移影响很小，可忽略不计。相对湿度在 51～59%RH 范围内变化不大，忽略不计相对湿度的影响。随干燥时间增长，内置光纤布里渊频移从干燥 0h 时刻的 200.0MHz 逐渐增大，反映了其自然干燥的变化过程。干燥时间大于 135h，布里渊频移稳定在约 203.3MHz，略小于受潮前的 204.9MHz。

这是因为，聚丙烯酸钠水凝胶吸收的水分含量较高时，水分子在羧酸盐离子基团周围形成易脱附的溶剂化壳层；水分含量较低时，水分子与离子基团紧密结合形成相互作用力很强的键，不易脱附。随自然干燥时间延长，阻水粉内易脱附的水分持续蒸发，阻水带膨胀程度逐渐减小，光纤所受应变随之减小，布里渊频移随之增大。干燥很长一段时间后，阻水粉吸收的水分含量大大减少，水分子与阻水粉的羧酸离子基团结合为强键不易蒸发脱附，阻水带无法完全恢复至受潮前状态，光纤仍有较小形变，其内传播光信号的布里渊频移相对干燥状态仍有一定较小差值。

7.5 电力电缆损耗、局部放电的光纤 BOTDR 检测研究

阻水带受潮缺陷进一步发展会在阻水带表面形成白粉，引起局部放电或容性电流分布不均，长期作用下可能损伤电缆绝缘屏蔽层、主绝缘形成烧蚀孔洞，是影响高压电缆安全稳定运行的隐患。现有检测方法无法同时满足带电检测、信号衰减、缺陷定位、检测效率、抗环境干扰等检测需求，有必要开展光纤 BOTDR 检测研究[11]。

7.5.1 测试系统

本节搭建了 110kV 带电电缆缓冲层缺陷 BOTDR 光纤检测系统，如图 7-25 所示，包括串联谐振系统、脉冲电流局部放电检测仪、BOTDR 和第 4 章 4.2 节制备的缓冲层缺陷电缆。串联谐振系统型号 MSR700-2100，含无局部放电试验电源、励磁变压器、谐振电抗器、电容分压器、耦合电容器和检测阻抗，最高试验电压 700kV。脉冲电流局部放电检测仪型号 DDX-9121b，检测灵敏度<1pC。实验室自研的 BOTDR 传感距离 35km，空间分辨率 10m，温度分辨率 2℃。

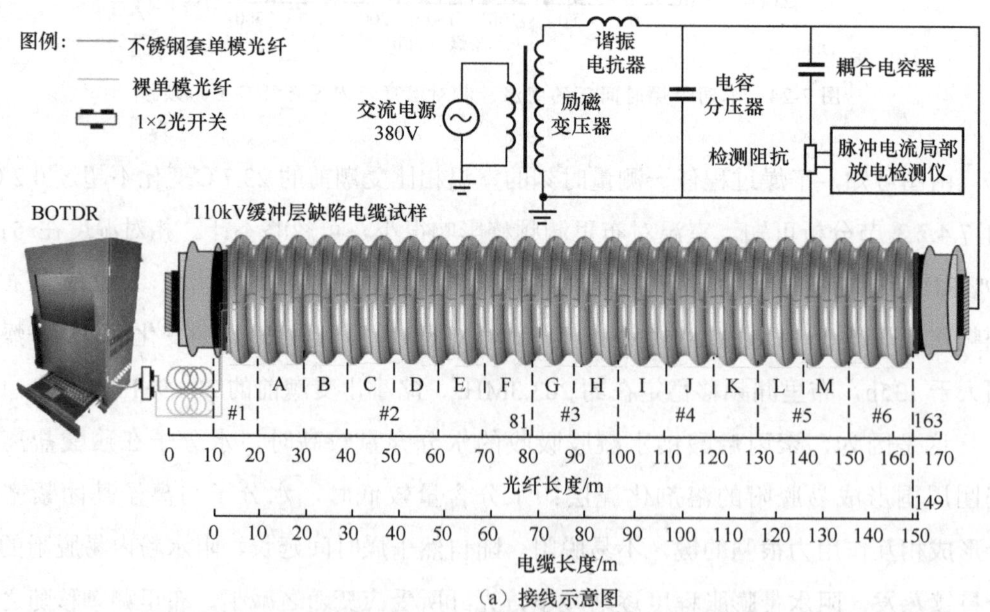

（a）接线示意图

图 7-25 110kV 带电电缆缓冲层缺陷 BOTDR 光纤检测系统（一）

(b) 接线实物图

图 7-25　110kV 带电电缆缓冲层缺陷 BOTDR 光纤检测系统（二）

7.5.2　测试方法

7.5.2.1　局部放电检测

电缆局部放电试验在高压屏蔽大厅进行，长电缆卷绕在电缆盘上，通过水终端连接高压引线，铝套接地，如图 7-25 所示。用脉冲电流局部放电检测仪记录试验大厅的背景噪声。参照标准 IEC 60840:2020[6]，电压以升压速率 10kV/min 从 0 升至 1.75U_0（1.75×64=112kV）维持 10s，再降至 1.5U_0（1.5×64=96kV），维持 8h。

加电压后，长电缆按缺陷类型切断成 6 段短电缆。短电缆加电压方式与长电缆相同。用局部放电检测仪记录背景噪声和局部放电起始电压、64kV、96kV 下各短电缆的局部放电 φ-q 谱图（其中 φ 为相位，q 为局部放电量）。对于有明显局部放电脉冲的短电缆，设定局部放电检测仪的采集触发阈值 10pC，记录局部放电 φ-q-n 谱图（其中 n 为放电次数）。电压在 96kV 每隔 0.5h 记录一次数据，采样时间 2min。

7.5.2.2　电缆内置布里渊散射光纤布里渊频移测量

通过 BOTDR 测量电缆内置布里渊散射光纤布里渊频移分布，检测不同缓冲层缺陷引起的温升。内置光纤一端从阻水带白粉段#1 左侧端面引出，不进入水终端，不锈钢套光纤和裸光纤分别经 10m 松弛盘绕的室温光纤接 BOTDR，另一端不做处理。

试验前用 7.2.1 节所述方法测量长电缆内置光纤断点。加电压过程中用 BOTDR

实时记录整段光纤各测量位置的布里渊频移，同时记录测量时刻和室温。

7.5.2.3 电缆介质损耗测量

介质损耗角正切值 tanδ 是反映材料功率损耗大小的特性参数，是表征电缆绝缘材料性能的重要指标。加电压后，参照标准 GB/T 3048.11—2007[12]测量 6 段短电缆的介质损耗。电缆导体接高压端，铝套接高压电容电桥测量极，在室温环境下测量。测量时电压从 40%U_0 缓慢平稳升至 U_0，电桥平衡后读数得到电缆的介质损耗角正切 tanδ 和电容值 C，由式（7-12）计算各短电缆的绝缘介质损耗 P：

$$P = 2\pi f \cdot C \cdot U_0^2 \cdot \tan\delta \tag{7-12}$$

式中：f 为外施电压频率，Hz；U_0 为外施电压有效值，V。

7.5.3 电缆内置光纤断点检测试验

长电缆加电压前，光纤沿线的布里渊频移分布如图 7-26 所示。由图可知，对于不锈钢套光纤，0～10m 室温光纤（RT）和 10～160m 内置光纤的布里渊频移在 235.0～237.8MHz 范围内波动，表明电缆内置不锈钢套光纤的状态与松弛盘绕的室温光纤相同，不受外力影响。布里渊频移在 170m 位置陡变，由于试验用 BOTDR 的空间分辨率为 10m，由 7.2.1 节 BOTDR 断点检测方法可知，断点位于光纤长度 160～170m 的区间内，结合图 4-1 可知正对应从电缆右端面自然引出的一端，表明不锈钢套光纤在电缆内完好未断裂。

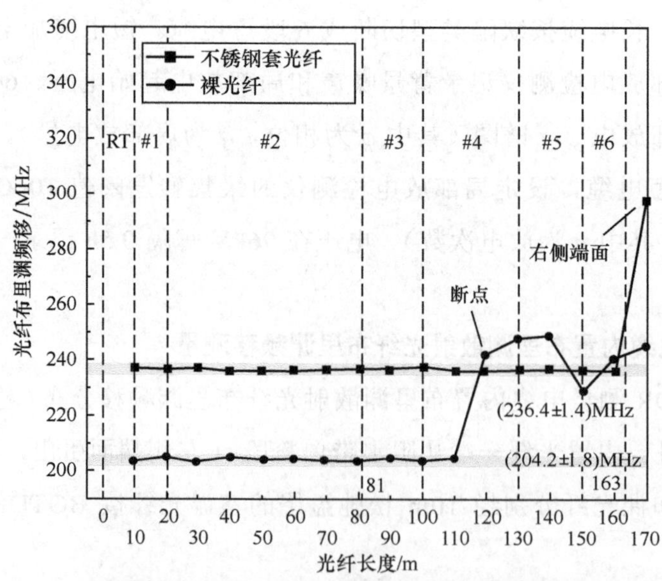

图 7-26 长电缆内置光纤的布里渊频移检测断点

因此，在不锈钢套保护光纤不受外力影响的情况下，BOTDR 能通过测量长电缆所有段的不锈钢套光纤布里渊频移变化检测不同缓冲层缺陷的温升情况。

对于裸光纤，0～10m 室温光纤和 10～110m 内置光纤的布里渊频移在 202.4～206.0MHz 范围内稳定波动，而 110～170m 的布里渊频移陡增至 230MHz 以上，由 7.2.1 节 BOTDR 断点检测方法可知，裸光纤的断点位于光纤长度 110～120m 的区间内，对应绝缘屏蔽层受损段，可能是在电缆运输过程中断裂损坏。因此，BOTDR 只能测量到阻水带白粉段#1、主绝缘受损段#2、阻水带受潮段#3 和部分绝缘屏蔽层受损段#4 的裸光纤布里渊频移。

7.5.4　六种缓冲层缺陷电缆光纤 BOTDR 检测试验

加电压 0h、8h 下，长电缆内置裸光纤、不锈钢套光纤的布里渊频移分布如图 7-27 所示。由于裸光纤有效测量范围仅到 110m，为方便表述，裸光纤的布里渊频移分布只记录 0～110m。由图可知，长电缆加电压 8h 后，无论裸光纤或不锈钢套光纤，长电缆各段对应的布里渊频移均显著小于 0h 时刻。其中，阻水带受潮段#3、绝缘屏蔽层受损段#4、无缺陷段#5 和电气接触不良段#6 的光纤布里渊频移变化规律相近，这可能是四段缺陷在加电压过程中产生的温升相近所致。长电缆各段缺陷对应的光纤布里渊频移变化将在下文详细阐述。

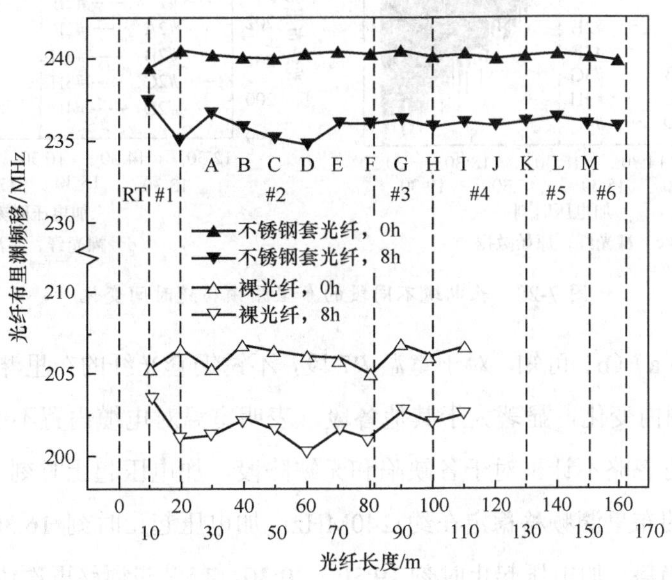

图 7-27　加电压 0h、8h 时长电缆内置光纤的布里渊频移分布

加电压起止时刻 12:30～20:30，长电缆各段对应的不锈钢套光纤布里渊频移如图 7-28（a）（b）所示，裸光纤布里渊频移如图 7-28（c）（d）所示。其中，平滑处理是每个电缆段从第 1 个原始频移数据开始，往后依次每 100 个数据取算术平均值。用高压屏蔽大厅内的温度计测得试验全程室温在 23.4～25.2℃范围内波动，温度变化最大达 1.8℃。

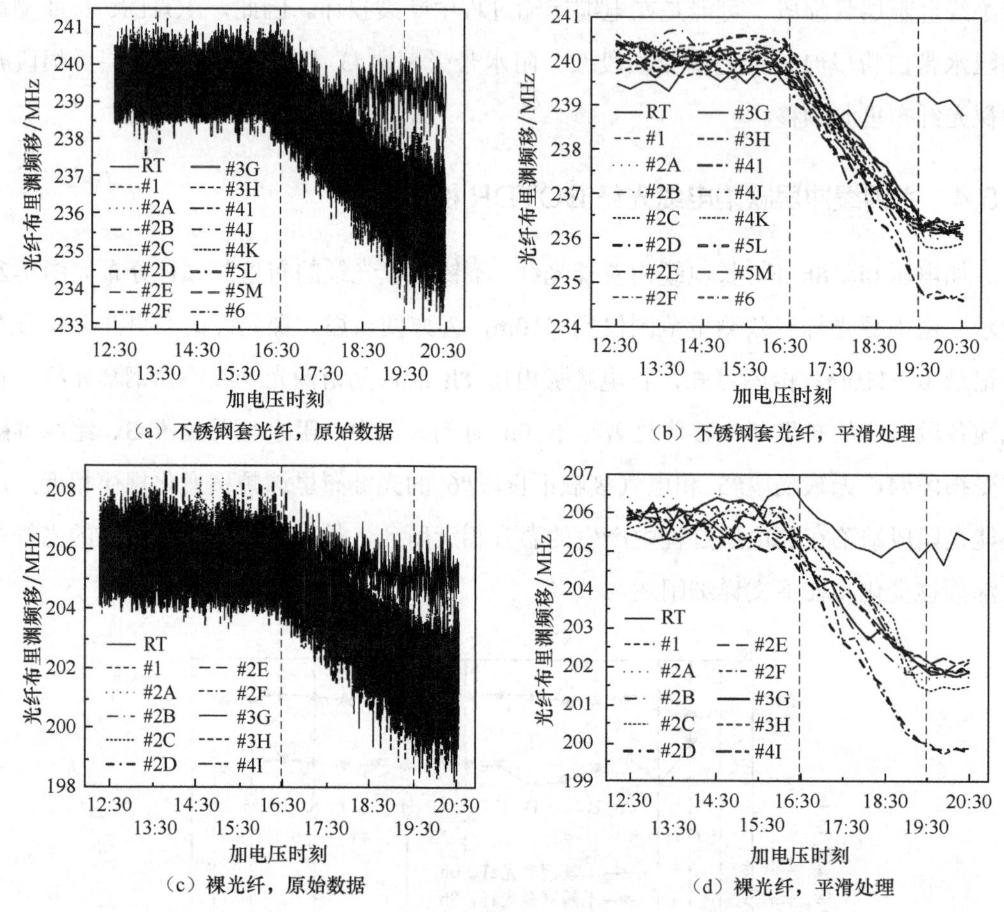

（a）不锈钢套光纤，原始数据
（b）不锈钢套光纤，平滑处理
（c）裸光纤，原始数据
（d）裸光纤，平滑处理

图 7-28 长电缆不同段的布里渊频移随时间变化

由图 7-28（a）（b）可知，对于室温 *RT* 段，不锈钢套光纤的布里渊频移在 238.5～240.2MHz 范围内变化，显著大于其他各段，表明室温对电缆内置不锈钢套光纤的布里渊频移影响可忽略不计。对于各缺陷和无缺陷段，加电压起止时刻 12:30～16:30，不锈钢套光纤的布里渊频移稳定在约 240MHz；加电压起止时刻 16:30～19:30，布里渊频移呈下降趋势；加电压起止时刻 19:30～20:30，布里渊频移再次达到稳定。其中，阻水带白粉段#1、主绝缘受损#2D 段从初始的 240.5MHz 降到稳定时的 234.5MHz，降幅明显大于阻水带受潮#3G、#3H 段、绝缘屏蔽层受损#4I、#4J、#4K 段、无缺陷#5L、#5M 段和电气接触不良段#6。

由图 7-28（c）（d）可知，裸光纤布里渊频移随加电压时间的变化规律与不锈钢套光纤相似。对于室温 RT 段，裸光纤的布里渊频移在 204.8～206.6MHz 变化；同样地，室温变化对光纤布里渊频移的影响忽略不计。对于各缺陷和无缺陷段，加电压起止时刻 12:30～16:30，裸光纤的布里渊频移稳定在约 206MHz；加电压起止时刻 16:30～19:30，布里渊频移持续减小；加电压起止时刻 19:30～20:30，布里渊频移再次达到稳定。其中，阻水带白粉段#1、主绝缘受损#2D 段从初始的 206.0MHz 降到稳定时的 200.0MHz，降幅明显大于阻水带受潮#3G、#3H 段和绝缘屏蔽层受损#4I 段。

为了研究不同缓冲层缺陷的温升情况，测量各缺陷和无缺陷段加电压 7h 的布里渊频移 $\nu(T_{7h},\varepsilon_{7h})$ 相对各自初始频移 $\nu(T_0,\varepsilon_0)$ 的布里渊频移变化 $\Delta\nu$ 见式（7-13）:

$$\Delta\nu = \left|\nu(T_{7h},\varepsilon_{7h}) - \nu(T_0,\varepsilon_0)\right| \tag{7-13}$$

各缺陷和无缺陷段对应不锈钢套光纤和裸光纤的布里渊频移变化 $\Delta\nu$ 如图 7-29 所示。由图 7-29 可知，对于不锈钢套光纤，各缺陷和无缺陷段的的布里渊频移变化均大于 4.0MHz，其中阻水带白粉段#1 和主绝缘受损#2D 段变化尤其明显，最大达 5.8MHz。而与无缺陷#5L、#5M 段的布里渊频移变化相比，阻水带受潮#3G、#3H 段，绝缘屏蔽层受损#4I、#4J、#4K 段和电气接触不良段#6 的布里渊频移变化相近，即 BOTDR 无法有效检测这些缺陷。其中，阻水带受潮#3G、#3H 段的频移变化不明显，可能是因为：①电缆在电缆盘上圆形盘绕，沿铝套孔洞注入的水受重力影响未被光纤敷设位置的阻水带吸收引起膨胀；②加电压前阻水带已受潮膨胀至稳定，加电压过程中对光纤的应变影响较小。

对于裸光纤，各缺陷和无缺陷段的布里渊频移变化趋势与不锈钢套光纤一致，区别仅在于变化幅值更大；由式（7-2）可知，这与两种光纤的温度灵敏度差异有关。理论上，裸光纤相比不锈钢套光纤更能灵敏地检测缓冲层缺陷，但裸光纤较脆弱，缺乏护套保护易受损或断裂。

综上所述，一方面，由于保护套隔绝了外界应力对光纤的影响，且室温变化对光纤影响较小，不锈钢套光纤的布里渊频移只受电缆温升的影响；另一方面，长时间加电压后，阻水带白粉和主绝缘受损段对应的光纤布里渊频移明显小于其他缺陷和无缺陷段。

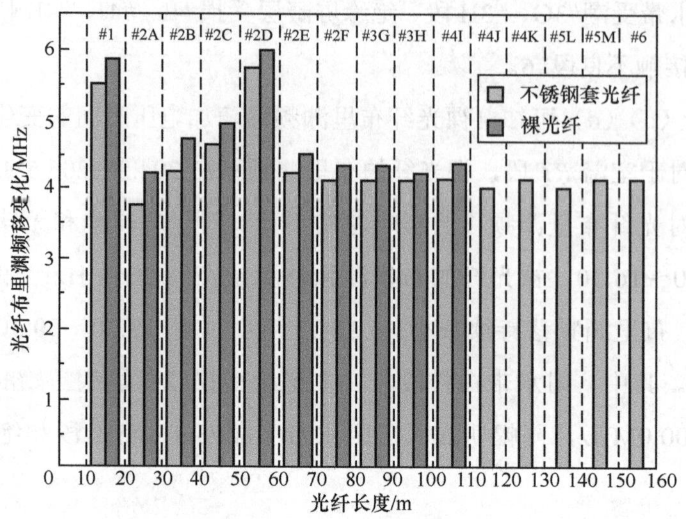

图 7-29 加电压 0h、7h 长电缆各缺陷和无缺陷段对应光纤的布里渊频移变化

7.5.5 缓冲层缺陷电缆损耗光纤 BOTDR 检测试验

7.5.5.1 缓冲层缺陷电缆的损耗

每段短电缆的介质损耗角正切 $\tan\delta$ 和电容值 C，以及由式（7-12）计算得到的电缆介质损耗 P，见表 7-6。

表 7-6 无缺陷和不同缓冲层缺陷电缆的 $\tan\delta$ 和 C

缺陷电缆	阻水带白粉	主绝缘受损	阻水带受潮	绝缘屏蔽层受损	无缺陷	电气接触不良
$\tan\delta/10^{-4}$	13.1	12.8	11.8	10.9	8.6	11.1
C/（pF·m^{-1}）	326	371	316	300	289	312
P/W	5.50×10^{-1}	6.11×10^{-1}	4.80×10^{-1}	4.21×10^{-1}	3.20×10^{-1}	4.46×10^{-1}

参照标准 GB/T 11017.1—2024[13]，完好 110kV 电缆应满足式（7-14）和式（7-15）：

$$\tan\delta \leqslant 10\times10^{-4} \tag{7-14}$$

$$C \leqslant 295\text{pF}/\text{m} \tag{7-15}$$

由表 7-6 可知，无缺陷电缆#5 的介质损耗角正切 $\tan\delta$ 和电容值 C 满足完好电缆指标，介质损耗功率为 3.2×10^{-1}W，其余缺陷电缆均已超过标准规定值。其中，阻水带白粉段#1、主绝缘受损段#2 超过幅值最多，相比阻水带受潮#3、绝缘屏蔽层受损#4、电气接触不良段#6 更严重。这是因为阻水带白粉段#1 在长电缆的最左端，制备过程中为了生成阻水带白粉，未密封电缆端面，导致主绝缘受潮。潮气和水分在电缆主绝缘与绝缘屏蔽层间形成水膜，由于水为极性液体，相比非极性的 XLPE 材料 $\tan\delta$ 偏大，引起电导损耗和极化损耗增大所致。主绝缘受损段#2 在段内沿线的主绝缘均有受损孔洞，在电场作用下介质中的自由电荷载流子会在界面和缺陷处积聚，形成局部空间电荷积累产生界面极化，引起极化损耗增大所致。

7.5.5.2　缓冲层缺陷电缆损耗温升对光纤布里渊频移的影响

由图 7-29 可知，加电压后长电缆各段对应的光纤布里渊频移变化均大于 4.0MHz。结合第四章测量各段电缆的局部放电结果可知，无缺陷段等在没有局部放电的情况下布里渊频移变化同样增大，认为是电缆主绝缘介质损耗产生的温升引起了频移变化增大。

一方面，主绝缘在交流电场作用下极化产生介质损耗 P，使电缆发热；另一方面，电缆通过铝套向周围空气散热。由文献[14]根据热平衡原理得式（7-16）：

$$P\mathrm{d}t = K_T\mathrm{d}\theta + Fh(\theta - \theta_\mathrm{a})\mathrm{d}t \tag{7-16}$$

式中：t 为加电压时间，s；K_T 为单位长度电缆的热容量，J/（m・℃）；θ 为电缆温度，℃；F 为单位长度电缆的散热面积，m^2/m；h 为电缆表面散热系数，W/（m^2・℃）；θ_a 为室温，℃。对式（7-16）进行移项、积分，可得到电缆暂态发热方程，见式（7-17）～式（7-19）：

$$\theta = \theta_\mathrm{m}(1 - \mathrm{e}^{-t/\tau}) + \theta_\mathrm{a} \tag{7-17}$$

$$\theta_\mathrm{m} = P \cdot T_T \tag{7-18}$$

$$\tau = K_T \cdot T_T \tag{7-19}$$

式（7-17）～式（7-19）中：θ_m 为电缆最终能达到的温升，℃；τ 为以 t=0 时刻的温度变化率直线上升至最终温度所需的时间，s；T_T 为单位长度电缆主绝缘和周围空气热阻之和，m・℃/W。其中，W、T_T、K_T 在本文试验条件下为常数，θ_m、τ 不变。

电缆温度 θ 受 $\theta_\mathrm{m}(1 - \mathrm{e}^{-t/\tau})$ 和室温 θ_a 共同影响。$\theta_\mathrm{m}(1 - \mathrm{e}^{-t/\tau})$ 随时间持续增大，当 θ_a 增大时，θ 增大；当 θ_a 减小时，θ 根据 $\theta_\mathrm{m}(1 - \mathrm{e}^{-t/\tau})$ 和 θ_a 变化幅值可能增大、减小或不变。

加电压过程中，阻水带受潮段#3、无缺陷段#5 和电气接触不良段#6 对应的不锈钢套光纤布里渊频移变化如图 7-30 所示。由图 7-30 可知，加电压起止时刻 12:30～16:30，$\theta_\mathrm{m}(1 - \mathrm{e}^{-t/\tau})$ 增大，室温 θ_a 从 23.4℃升至 24.8℃，增幅 1.4℃，由式（7-17）可知 θ 增大。但其光纤布里渊频移与加电压前初始值相比无变化，这可能是因为此时刚加电压，t 较小，$\theta_m(1-e^{-t/\tau})$ 较小，导致 θ 增大的幅值低于 BOTDR 的温度分辨率 2℃。因此，该阶段电缆损耗产生的温升无法通过光纤布里渊频移变化表征。

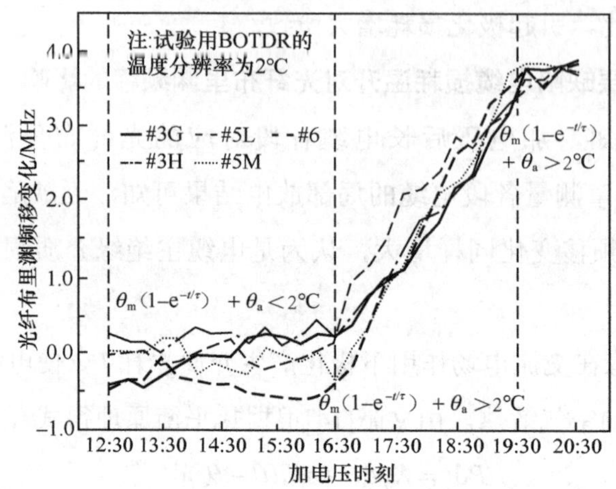

图 7-30 长电缆阻水带受潮段、无缺陷段、电气接触不良段对应光纤的布里渊频移变化

加电压起止时刻 16:30～19:30，$\theta_m(1-e^{-t/\tau})$ 增大，室温 θ_a 升至 25.2℃后稳定，相比初始时刻的 23.4℃增幅达 1.8℃，由式（7-17）可知 θ 增大。由图 7-30 可知该阶段光纤频移变化持续增大至 4.0MHz，这是因为 $\theta_m(1-e^{-t/\tau})$ 随时间显著增大，θ 的增幅超过 BOTDR 的温度分辨率被有效检测到。因此，该阶段电缆损耗产生的温升能通过光纤布里渊频移变化表征。

加电压起止时刻 19:30～20:30，$\theta_m(1-e^{-t/\tau})$ 增大，室温 θ_a 从 25.2℃降至 24.8℃，降幅 0.4℃。由图 7-30 可知该阶段光纤频移变化趋于稳定在约 4.0MHz，这可能是因为 $\theta_m(1-e^{-t/\tau})$ 的增幅与 θ_a 的降幅相近导致电缆温度 θ 不变所致。

综上所述，加电压 4h 后光纤布里渊频移变化的增大是由电缆损耗产生热量引起电缆温升导致，各缺陷段、无缺陷电缆都存在损耗温升。通过高压电缆内置光纤 BOTDR 能检测电缆损耗引起的温升。

7.5.6 主绝缘受损电缆局部放电光纤 BOTDR 检测试验

7.5.6.1 主绝缘受损电缆局部放电累积温升对光纤布里渊频移的影响

加电压过程中，电缆主绝缘受损段的光纤布里渊频移变化、最大放电量和放电重复率如图 7-31 所示。由图 7-31 可知，加电压起止时刻 12:30～16:30，最大放电量从 1.52pC 陡增至 1322.94pC 后降至约 750pC，放电重复率从 0 先陡增至 1534.2 后降至约

519.0。这是因为随着电压从 0 升至 96kV，主绝缘受损处的电场畸变趋于严重加剧了局部放电，而随电压稳定在 96kV 时间增长孔洞毛刺因老练效应而减少，局部放电减弱。该阶段光纤布里渊频移相比加电压前基本不变，这是因为短时间内电缆局部放电和损耗引起的温升还未达到 BOTDR 温度分辨率，无法引起光纤布里渊频移变化。

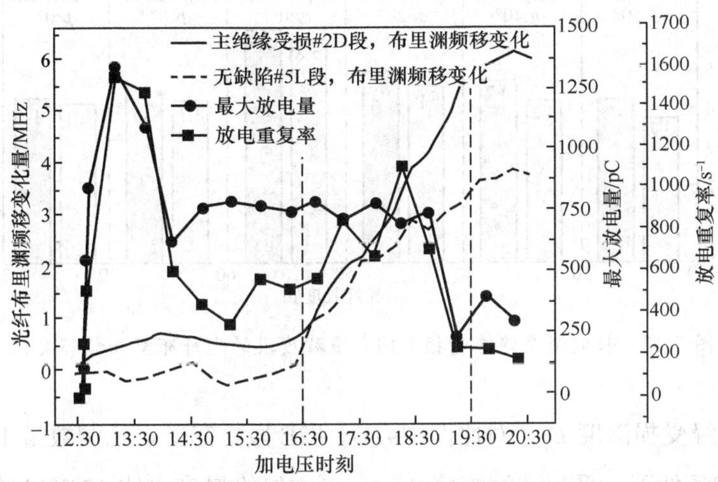

图 7-31　加电压过程主绝缘受损段的光纤布里渊频移变化和最大放电量、放电重复率

加电压起止时刻 16:30～19:30，最大放电量稳定在约 750pC，放电重复率在 200～1200 范围内波动，这一阶段布里渊频移变化开始增大。这是因为随加电压时间增长，电缆局部放电和损耗产生的热量累积引起温升超过 BOTDR 的温度分辨率，使内置光纤能够检测到。加电压起止时刻 19:30～20:30，最大放电量降至 245～385pC，放电重复率稳定在 200，布里渊频移变化趋于稳定。

对比图 7-29 所示电缆各段的布里渊频移变化，有连续局部放电的主绝缘受损#2D 段比无缺陷#5L、#5M 段大 2MHz，表明除损耗温升外，内置光纤能检测到电缆主绝缘受损长时间发生大幅值、高频次局部放电引起的累积温升。

7.5.6.2　主绝缘受损严重程度对光纤布里渊频移的影响

通过制备不同数量、深度的主绝缘受损孔洞和距光纤圆周向角度不同的受损孔洞来模拟不同严重程度的主绝缘受损情况，主绝缘受损#2A～#2F 段的布里渊频移变化如图 7-32 所示。由图 7-32 可知，不锈钢套光纤和裸光纤的布里渊频移变化趋势一致，裸光纤变化幅值更大。以不锈钢套光纤为例，对于主绝缘受损数量 N，对比图中#2E、#2F 段，在受损孔洞深度 0.1mm（主绝缘厚度占比 0.625%）、距光纤圆周向角度 0°条件下，主绝缘有 10 个孔洞的布里渊频移变化为 4.5MHz，相比 5 个孔洞增大了 12.5%。

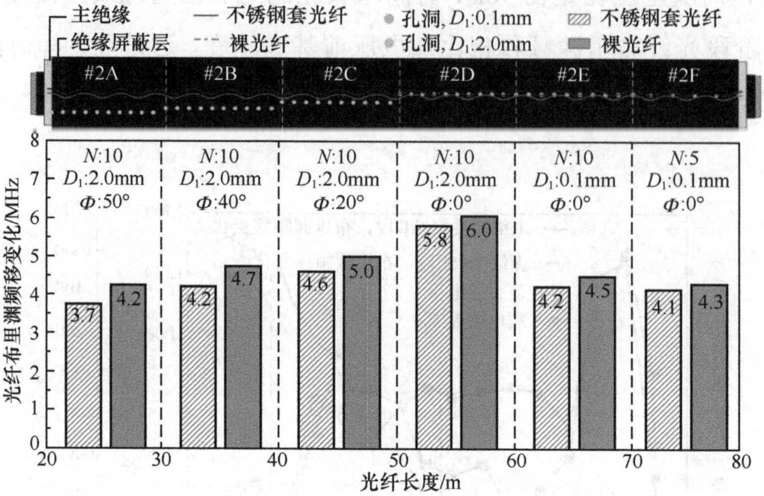

图 7-32　长电缆主绝缘受损不同严重程度段的光纤布里渊频移变化

对于主绝缘受损深度 D_1，对比图中#2D、#2E 段，在受损孔洞数量 10 个、距光纤圆周向角度 0°条件下，受损孔洞深度 2.0mm（主绝缘厚度占比 12.5%）的布里渊频移变化为 5.8MHz，相比受损孔洞深度 0.1mm（主绝缘厚度占比 0.625%）增大了 28.9%。

对于孔洞距光纤圆周向角度 Φ，对比图中#2A～#2D 段，在受损孔洞数量 10 个、受损孔洞深度 2.0mm（主绝缘厚度占比 12.5%）条件下，布里渊频移变化随孔洞距光纤圆周向角度增大而减小，角度达 50°时频移变化仅 4.0MHz，无法与无缺陷段区分。在本文试验条件下，BOTDR 能检测到的受损孔洞距光纤圆周向最大角度为 40°。

7.5.7　绝缘屏蔽层受损电缆局部放电光纤 BOTDR 检测试验

加电压过程中，绝缘屏蔽层受损电缆的光纤布里渊频移变化、最大放电量和放电重复率如图 7-33 所示。由图 7-33 可知，在电缆加电压的 8h 内，绝缘屏蔽层受损电缆仅采集到 2 次局部放电信号，局部放电幅值小、频次低。采集到局部放电信号最剧烈的时刻是 19:30，最大放电量 179.72pC、放电重复率 14。对应的光纤布里渊频移变化规律与无缺陷段相近，表明 BOTDR 无法检测到小幅值、低频次局部放电引起的温升。

综上所述，电缆长时间加电压后，BOTDR 能通过高压电缆内置光纤，检测到主绝缘受损缺陷长时间发生大幅值、高频次局部放电引起的累积温升，但检测不到绝缘屏蔽层受损缺陷小幅值、低频次局部放电产生的温升。

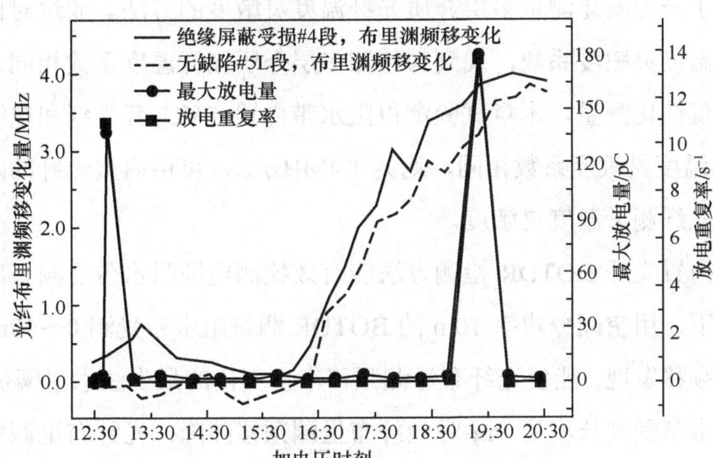

图 7-33　加电压过程绝缘屏蔽层受损段的光纤布里渊频移变化和最大放电量、放电重复率

本节提出的布里渊散射光纤检测带电电缆缓冲层缺陷的方法适用于 110kV 及以上有阻水带结构的高压电缆，其应用于 110kV 电缆的有效性已通过试验得到验证。对于 220kV 及以上电压等级电缆，光纤检测阈值可能有变化，需要进一步深入研究。

7.6 小　　结

本章搭建了 110kV 电缆内置光纤断点检测系统，验证了所提光纤断点 BOTDR 检测方法及其判据的有效性，对比测量了不同调制长度、周围介质光纤的温度灵敏度，以电缆缓冲层受潮、局部放电为检测对象，研究了电缆内置光纤检测缓冲层缺陷的可行性，得到以下结论：

（1）在传统 OTDR 检测方法因接收不到菲涅尔反射峰无法检测非平端面断点的情况下，BOTDR 能精确定位断点位置，相比 OTDR 检测方法应用场景更具普适性。通过对比光纤沿线各测量位置的布里渊频移与频移平均值的偏移量定位断点位置，布里渊频移偏离频移平均值 3 倍标准差的测量位置即为断点。

（2）提出了一种调制长度小于空间分辨率的光纤温度灵敏度测量方法。通过测量空间分辨率区间内光纤温差较大的布里渊频谱双峰，得到室温段布里渊频移和调制段温度布里渊频移，计算温度灵敏度系数。本章试验条件下，用空间分辨率 10m 的 BOTDR 测量大于 0.5m 光纤的调制段温度布里渊频移得到的温度灵敏度，与用 10m 光纤得到的系数相同，验证了所提方法的有效性。

（3）提出了一种简化测量多层介质光纤温度灵敏度的方法。通过对比测量附着不同介质的光纤温度灵敏度系数，找到与待测多层介质光纤温度系数相同、介质数量更少的试样，实现简化测量。本章试验测得阻水带内置 PVC 套光纤和电缆阻水带内置 PVC 套光纤的温度灵敏度系数相同，均为 1.4MHz/℃，可用内置光纤的阻水带代替电缆阻水带内置光纤测量温度灵敏度。

（4）电缆内置光纤 BOTDR 检测方法能有效检测电缆阻水带受潮长度、位置。在本章试验条件下，用空间分辨率 10m 的 BOTDR 测量阻水带受潮 0～10m 情况下内置光纤的布里渊频移发现，能使光纤布里渊频移产生变化的最小注水量阈值为 40mL/m，该注水量下阻水带受潮长度达 9m 时光纤布里渊频移陡降；光纤布里渊频移陡降所需的受潮长度随注水量增大而缩短；光纤布里渊频移不再随受潮程度影响的注水量饱和阈值为 100mL/m，该注水量下阻水带受潮长度达 5m 时光纤布里渊频移陡降，且降低趋势呈线性规律。

（5）电缆内置光纤 BOTDR 检测方法能测量电缆大幅值、高频次局部放电引起的温升。交流电压 96kV 下维持 8h，主绝缘受损电缆的最大放电量长时间维持在 750pC 以上，放电重复率大于 200。与加电压前的布里渊频移相比，主绝缘受损段的布里渊频移变化最大达 5.8MHz，大于无缺陷段的 4.0MHz。同时，BOTDR 能检测主绝缘受损严重程度，与受损数量、深度和距光纤圆周向角度相关。

（6）电缆内置光纤 BOTDR 检测方法无法测量绝缘屏蔽层受损缺陷小幅值、低频次局部放电产生的温升。交流电压 96kV 下维持 8h，绝缘屏蔽层受损电缆仅采集到 2 次局部放电信号，最大放电量 179.72pC、放电重复率 14。对应的光纤布里渊频移变化规律与无缺陷段相近，无法区分。此外，内置光纤也无法通过温度特征检测阻水带受潮、电气接触不良的缺陷。

本章参考文献

[1] Eggleton B.J., Steel M.J., Poulton C.G. Brillouin Scattering Part 1[M]. Academic Press, 2022.

[2] 张旭苹．全分布式光纤传感技术[M]．北京：科学出版社，2021．

[3] Cheng Y.T., Hao Y.P., Li Q.S., et al. Breakpoint and moisture detection method based on distributed Brillouin optical fiber built in buffer layer of high-voltage XLPE cable[J]. IEEE Sensors Journal,

2024, 24(2): 1443-1452.

[4] Ueno Y., Shimizu M.. Optical fiber fault location method[J]. Applied Optics, 1976, 15(6): 1385-1388.

[5] Lu P., Lalam N., Badar M., et al. Distributed optical fiber sensing: Review and perspective[J]. Applied Physics Reviews, 2019, 6(4): 1-35.

[6] IEC 60840:2020, Power cables with extruded insulation and their accessories for rated voltages above 30kV(U_m=36kV) up to 150kV(U_m=170kV) – Test methods and requirements[S]. Geneva, Switzerland, 2020.

[7] Cheng Y.T., Hao Y.P., Zhao P., et al. Measurement method for temperature sensitivity coefficient of embedded optical fiber in high-voltage XLPE cable—shorter than spatial resolution of BOTDR[J]. IEEE Transactions on Dielectrics and Electrical Insulation, 2024, Early Access.

[8] Bao X., Webb D.J., Jackson D.A.. Temperature nonuniformity in distributed temperature sensors[J]. Electronics Letters, 1993, 29(11): 976-977.

[9] 成延庭．高压电缆缓冲层缺陷布里渊散射光纤检测方法研究[D]．广州：华南理工大学，2024.

[10] International Organization for Standardization, Technical Committee ISO/TC 61. Plastics- Thermomechanical analysis (TMA)-Part 2: Determination of coefficient of linear thermal expansion and glass transition temperature:ISO 11359-2[S]. Geneva, Switzerland, 1999.

[11] Cheng Y.T., Hao Y.P., Tian W.X., et al. Distributed optical fiber detection based on BOTDR for buffer layer defects of high-voltage XLPE cable with corrugated aluminum sheath[J]. IEEE Transactions on Dielectrics and Electrical Insulation, 2024, Early Access.

[12] 中华人民共和国国家质量监督检验检疫总局，中国国家标准化管理委员会．电线电缆电性能试验方法 第 11 部分：介质损耗角正切试验：GB/T 3048.11—2007[S]．北京：中国标准出版社，2007.

[13] 国家市场监督管理总局，国家标准化管理委员会．额定电压 110kV（U_m=126kV）交联聚乙烯绝缘电力电缆及其附件 第 1 部分：试验方法和要求：GB/T 11017.1—2024[S]．北京：中国标准出版社，2024.

[14] Bejan A., Kraus A.D.. Heat Transfer Handbook[M]. Hoboken, NJ, USA, 2003.

第8章

皱纹铝套电力电缆缓冲层缺陷修复技术研究

本章主要介绍皱纹铝套高压电缆缓冲层缺陷修复技术。首先，介绍高压电缆缓冲层修复的技术原理，构建了等效电路模型并进行分析；其次，提出基于加成型双组分硅橡胶的可固化导电修复液材料，研究该材料的制备方法、电气性能和固化性能；再次，针对修复液特性提出了缓冲层缺陷修复工艺；最后，对修复前后的缓冲层电气性能进行评估。

8.1　电力电缆缓冲层缺陷修复原理

8.1.1　含修复液高压电缆等效阻抗模型

目前用于恢复缓冲层电气性能的材料主要有两类：一类是以石墨颗粒为代表的气溶胶型修复剂，另一类则是石墨颗粒作为导电颗粒、聚二甲基硅氧烷作为介质为代表的液体型修复剂[1][2]。考虑采用液体型修复剂方案，以导电炭黑作为填料颗粒、加成型双组分硅橡胶作为溶剂来制备可固化的缓冲层缺陷修复液。加成型双组分硅橡胶因其硫化过程无副产物产生、收缩率小且化学性质稳定，在电磁屏蔽等领域均得到广泛的应用。稳定的化学性质能提高硅橡胶与电缆本体材料之间的相容性；加入导电填料后，展现出的良好导电性能，可以更好地恢复绝缘屏蔽与铝套之间的导电通道；相对可控的固化时间能够避免液体型修复剂出现导电颗粒沉淀的不良现象。

由于皱纹铝套与缓冲层之间存在的尺寸配合裕度，液体型修复剂（后文统称为修复液）能够沿着缓冲层与铝套之间的空气间隙顺利地注入电缆内部；当修复液浸润缓冲层后，可以改善绝缘屏蔽和铝套之间的电气连接。图 8-1 展示的是注入导电修复液后电缆等效电路模型。其中，R_{repair} 为修复液的等效电阻，并以可变电阻的形式展现。

由等效电路模型可知，修复液等效电阻通过气隙层连接了缓冲层与铝套。当缓冲层受潮后，由于化学腐蚀及电化学腐蚀，缓冲层与铝套紧密接触的位置会产生白斑缺陷。正如第 3 章所述，在缺陷初期，白色粉末呈现斑状，随着时间的推移，白色粉末可变成半环状，最终，缓冲层和皱纹铝套之间的接触面会完全被白色粉末覆盖。灌注修复液对白斑缺陷电缆进行修复，修复液等效电阻与白斑缺陷电容并联使其旁路，大大减轻了白斑缺陷对缓冲层分压电压的影响。此时，绝缘屏蔽与铝套之间的电位差 U_x'' 可由式（8-1）计算得到：

$$U_x''=\frac{R_6(\rho_3)+\dfrac{1}{j\omega C_2}//R_{\text{repair}}}{R_1+\dfrac{1}{j\omega C_1}+R_4+R_6+\dfrac{1}{j\omega C_2}//R_{\text{repair}}}\cdot U_{\text{ab}}=f(R_{\text{repair}},C_2,\rho_3) \tag{8-1}$$

由于绝缘屏蔽与铝套间的电位差对白斑缺陷电容 C_2 所在支路电气参数的灵敏度较高，因此白斑缺陷电容与修复液等效电阻并联后，能够使缓冲层与铝套之间的电位差降低。同时，修复液的浸润作用会影响缓冲层本身的电气性能，因此当修复液电气性能优于缓冲层时，理论上将能够有效恢复缺陷电缆绝缘屏蔽层与铝套之间的电气连接。

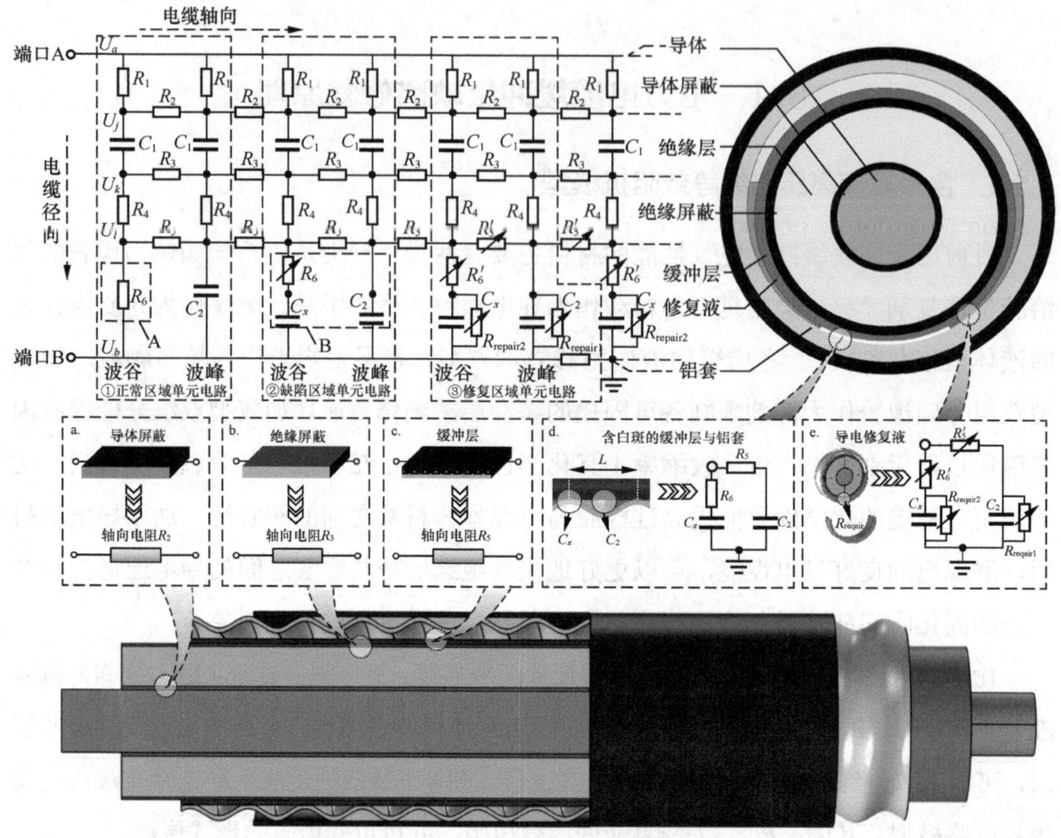

图 8-1　注入修复液后高压电缆等效电路模型

由于修复液在气隙层中以相对不规则的形态存在，因此本章采用解析方法近似计算修复液等效电阻。一个铝套节距内的修复液形态如图 8-2 所示。

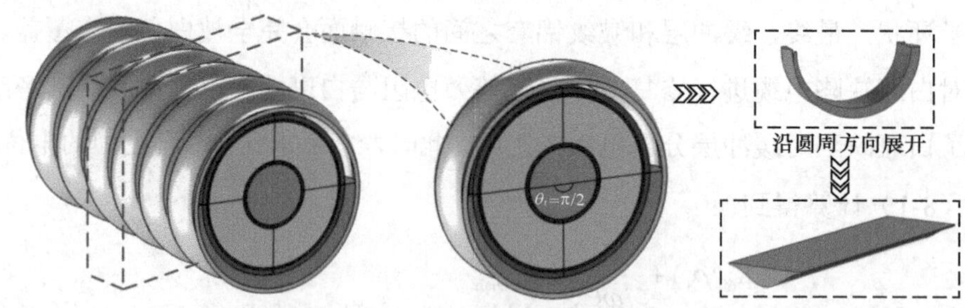

图 8-2　气隙层中修复液形态示意图

假设导电修复液均匀地填充在一个节距的气隙层中。考虑将一个节距内的修复液填充体沿圆周方向展开如图 8-3（a）所示，该修复液体积可由式（8-2）计算：

$$V_1 = S_1 \cdot h_1 = \int_0^h \left[d_{\text{air}} \cdot \sin\left(\frac{2\pi}{p} \cdot h\right) \right] \mathrm{d}h \times h_1 = \frac{d_{\text{air}} \cdot p h_1}{2\pi}\left(1 - \cos\frac{2\pi}{p} \cdot h\right) \tag{8-2}$$

式中：d_{air} 为气隙平均厚度；p 为铝套节距；h 为修复液接触角 θ_r(rad) 对应缓冲层外半径处的弧长。在修复液体积相等的条件下，原不规则形态可等效为一个长为 h、宽为 p、高为 b 的长方体，如图 8-3（b）所示。设等效前后修复液体积相等，则有如下方程：

$$V_2 = p \cdot b \cdot h_1 = V_1 = \frac{d_{air} \cdot p \cdot h_1}{2\pi}\left(1-\cos\frac{2\pi}{p}\cdot h\right) \tag{8-3}$$

解得修复液等效几何体的高 b 的表达式为：

$$b = \frac{d_{air}}{2\pi}\left(1-\cos\frac{2\pi}{p}\cdot h\right) \tag{8-4}$$

修复液的电阻与其材料电阻率 ρ、长度 L（即为节距 p）以及横截面积 S 存在着以下关系：

$$R = \rho\frac{L}{S} \tag{8-5}$$

联立式（8-4）、式（8-5），即可求得导电修复液等效电阻的计算公式为：

$$R_{repair} = \rho \cdot \frac{d_{air}}{2\pi \cdot p \cdot h}\left(1-\cos\frac{2\pi}{p}\cdot h\right) \tag{8-6}$$

式中：ρ 为导电修复液的电导率；d_{air} 为空气间隙平均厚度；p 为铝套节距。

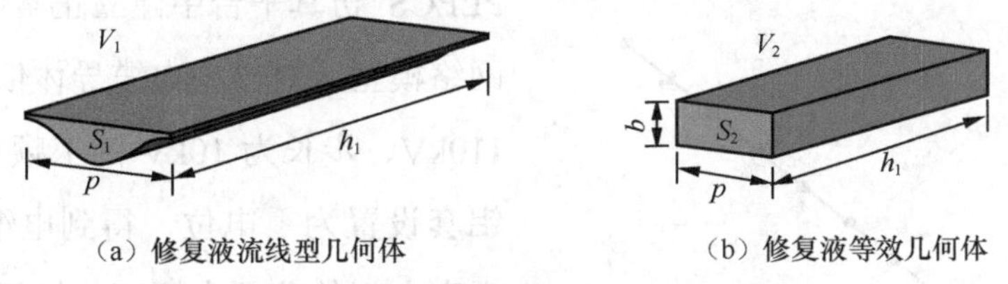

（a）修复液流线型几何体　　（b）修复液等效几何体

图 8-3　修复液等效形态示意图

8.1.2　含修复液高压电缆阻抗模型仿真分析

为了定量分析高压电缆在不同接触情况下的电压分布情况，本节基于 PLECS Standalone 软件，对正常、含白斑缺陷和注入修复液情况下的电缆等效电网络进行仿真计算。研究缓冲层与铝套之间不同接触状态对高压电缆电压分布的影响。所研究的高压电缆型号为 YJLW03 64/110，导体截面积为 800mm^2。表 8-1 给出了 YJLW03 64/110 电缆在正常运行状态下各层的结构参数以及物性参数。假设此时缓冲层与皱纹铝套之间的接触面宽度为 10mm。接触面对应的圆心角为 120°，白斑厚度为 1mm。则根据表 8-1 数据，可计算出等效电网络中各元件参数，见表 8-2。

表 8-1　　电缆结构及物性参数表

结构（材料）名称	YJLW03 64/110（导体截面 800mm²）		
	外径/mm	电导率/（S/m）	相对介电常数
铜导体	35.2	6×10^{7}	1
导体屏蔽层	36.2	1×10^{-3}	700
XLPE 绝缘层	71.2	1×10^{-18}	2.6
绝缘屏蔽层	73.2	1×10^{-3}	700
缓冲层	80.2	2×10^{-3}	3.4
空气隙	91.8	0	1
皱纹铝套	95.8	3.7×10^{7}	1×10^{4}
白斑缺陷	—	0	3.4
修复液	—	2×10^{-3}	1

表 8-2　　等效电网络中各元件参数计算值

参数	计算结果	参数	计算结果
R_1/Ω	354.3	R_5/Ω	358.5
R_2/Ω	2.3×10^{4}	R_6/Ω	1.3×10^{4}
R_3/Ω	1.5×10^{4}	C_1/F	4.38×10^{-12}
R_4/Ω	102.7	C_2/F	1.13×10^{-11}

1．正常电缆等效电网络仿真结果分析

正常电缆的缓冲层与铝套之间不存在白斑腐蚀产物，电气连接情况良好。在PLECS 仿真平台中建立正常电缆的等效电网络模型。对模型电缆导体依次加载 10～110kV、步长为 10kV 的工频交流电压，将铝套设置为零电位，得到电缆绝缘屏蔽与铝套之间的分压电压变化结果，如图 8-4 所示。由图 8-4 可知，当缓冲层电阻率小于 500Ω · m 时，绝缘屏蔽与铝套之间的分压电压能够维持在较低水平（小于 1V）。随着导体电压的增大，分压电压也逐渐增大。当导体电压为 64kV 时，绝缘屏蔽与缓冲层之间的压降约为 0.4V。根据上述仿真结果可知，正常电缆的缓冲层与铝套之间电气连接情况良好，此时的缓冲层放电风险较低。

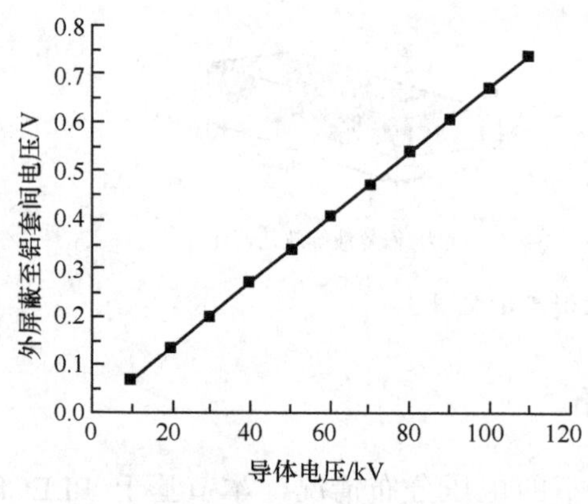

图 8-4　绝缘屏蔽与铝套之间分压电压随导体电压的变化情况

2．含白斑电缆等效电网络仿真结果分析

在电缆实际运行过程中，可能由于护套破损或接头密封等缺陷发生水汽入侵。水汽入侵电缆段的缓冲层表面会在一系列物化过程的作用下生成白斑。随着时间的推移，白斑会往缺陷两侧发展，使得缓冲层与铝套之间的电气连接进一步被破坏[3]。假设水汽入侵电缆段白斑已完全发展，电缆两侧白斑仍未生成，可视为良好电气连接。导体加载工频电压64kV，对白斑沿轴向发展过程中被入侵电缆段在不同白斑缺陷长度下的电压进行计算，电压变化计算结果如图 8-5 所示。由图 8-5 可知，相较于电缆正常区域，白斑缺陷区域的电压明显增大。在白斑缺陷区域中，位于白斑缺陷中心的电压最高，且缺陷两侧分压电压呈现对称分布。当白斑发展数量达到 10 个节距时，电压最大可以达到 19.7V。在实际电缆中，发生放电烧蚀的电缆往往已运行数年。这些电缆白斑缺陷的情况往往十分严重。可以推测，随着白斑缺陷在电缆轴向的发展，绝缘屏蔽与铝套之间的最大电压会继续上升。而白斑缺陷区域的相对介电常数更小，容易出现场强集中，进而增大缓冲层放电的风险。

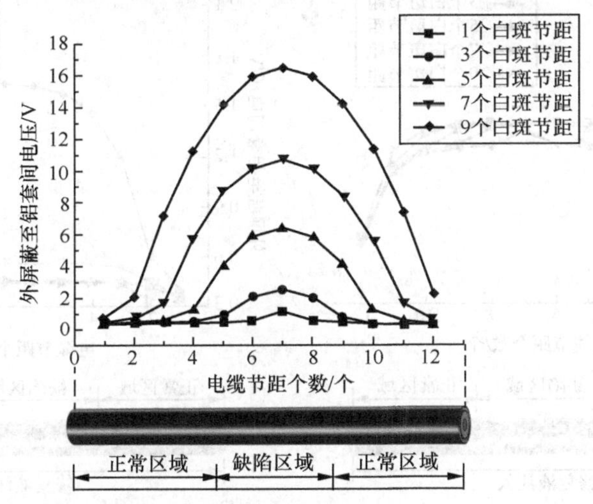

图 8-5　连续缺陷长度不同时绝缘屏蔽与铝套间分压电压变化情况

3．注入修复液后等效电网络仿真结果分析

当导电修复液注入高压电缆后，将存在于缓冲层与皱纹铝套之间的空气间隙中。根据图 8-1 的电压分布计算模型，在 PLECS 仿真平台中计算不同白斑缺陷长度下绝缘屏蔽与铝套之间的分压情况。计算结果如图 8-6（a）所示。由图 8-6（a）可知，电缆在注入修复液后绝缘屏蔽层与铝套之间的分压电压均明显降低。在电缆导体加载 64kV 电压时，不同缺陷长度的分压电压均低于 0.5V。对于 9 节距长度的电压分布计算模型，最大电压相较于含白斑缺陷电缆降低了 16V。

为了进一步研究修复液电导率变化对分压电压的影响，设置修复液电导率 S_{repair} 从 3.6×10^{-6}S/m 变化至 3.6×10^{-1}S/m。在 PLECS 仿真平台中分别计算正常电缆与注入修复液后绝缘屏蔽与铝套之间的分压电压。计算结果如图 8-6（b）所示。定义注入修复液后与正常电缆绝缘屏蔽与铝套之间最大分压电压的比值为缓冲层电气性能恢复率 λ。由图 8-6（b）可知，当修复液电导率达到 3.6×10^{-4}S/m 时，绝缘屏蔽与铝套间的电压开始显著下降；表 8-3 数据表明，当修复液电气性能优于缓冲层（超过 3.6×10^{-3}S/m）时，绝缘屏蔽与铝套间的电压能恢复至白斑缺陷发展前的 97%以上。由图 8-1 的模型可知，电缆在注入修复液后，相当于在缓冲层与铝套之间并联了一个“小电阻”，由此形成的气隙层区域的等效电阻将远小于缺陷区域等效电阻。图 8-6（a）的仿真结果也表明，修复液的注入能够大幅减小绝缘屏蔽与铝套之间的分压电压，从而有效抑制白斑腐蚀产物的进一步发展，降低缓冲层的放电风险。

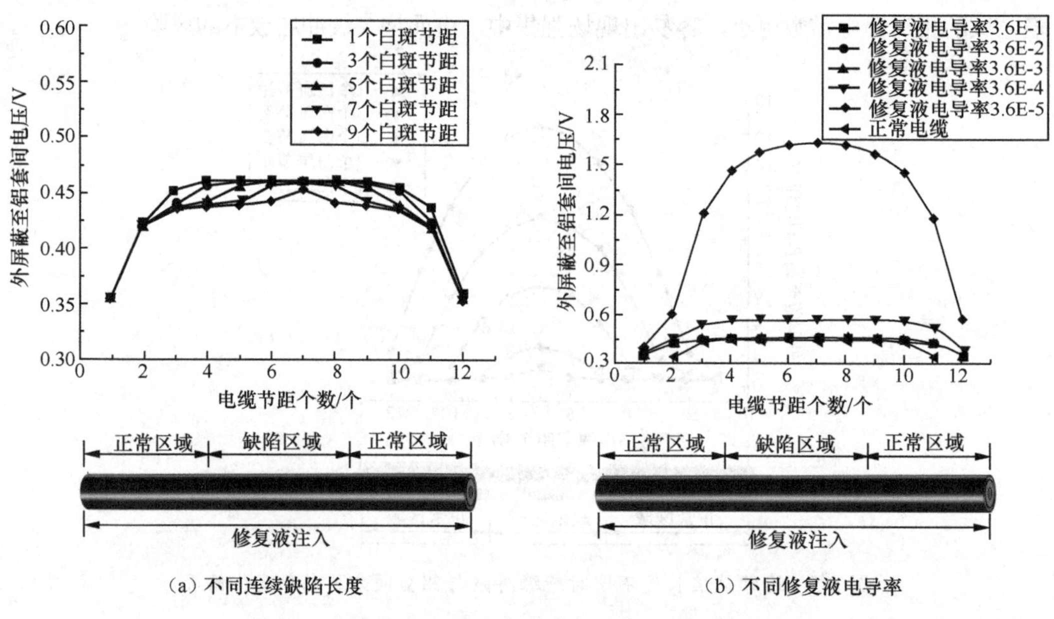

（a）不同连续缺陷长度　（b）不同修复液电导率

图 8-6　存在修复液时绝缘屏蔽与铝套间电压变化情况

表 8-3　不同修复液电导率对应的缓冲层电气性能恢复率

修复液电导率/（S/m）	缓冲层电气性能恢复率 λ/%
3.6×10^{-1}	99.9
3.6×10^{-2}	99.8
3.6×10^{-3}	97.4
3.6×10^{-4}	78.2
3.6×10^{-5}	27.1

8.1.3　电缆修复影响因素三维仿真分析

为了准确描述高压电缆缓冲层与皱纹铝套之间的接触情况，分析在修复液注入过程中影响修复效果的因素，结合型号为 YJLW03 64/110 1×800 的高压电缆实际结构，建立三维有限元仿真模型，如图 8-7 所示。在模型中，铝套采用节距为 25mm 的螺旋型皱纹结构。考虑重力的作用，当缓冲层与皱纹铝套波谷底部紧密接触时，缓冲层顶部与波谷之间存在 2mm 的空气间隙。由于缓冲层为疏松多孔介质，具有一定弹性，设置波谷嵌入缓冲层深度为 0.5mm，计算得到缓冲层与铝套之间单个接触点面积约为 462.31mm^2。高压电缆的各层物性参数仍沿用表 8-1 的数据，在仿真计算过程中包含如下假设：

（1）假设电缆各层介质的电参数均为各向同性。

（2）建模过程中，由于铝套接地，因此可忽略铝套表面的防蚀层及外护套。

（3）忽略温度对各层结构物性参数的影响，导电硅橡胶的电导率仅由炭黑质量分数决定。

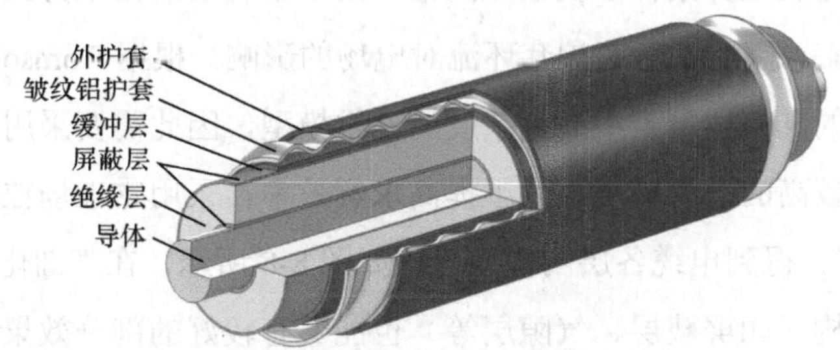

图 8-7　高压电缆三维有限元仿真结构示意图

从宏观层面进行电缆的电磁场分析的问题，其本质是在一定边界条件下求解麦克斯韦方程组的问题，这些方程组通常采用微分或是积分的形式表达。为了便于进行有限元处理分析，此处采用微分方程形式。对于一般的时变场，麦克斯韦方程组可以表示为以下形式：

$$\nabla \times \boldsymbol{H} = \boldsymbol{J} + \frac{\partial \boldsymbol{D}}{\partial t} \tag{8-7}$$

$$\nabla \times \boldsymbol{E} = -\frac{\partial \boldsymbol{B}}{\partial t} \tag{8-8}$$

$$\nabla \cdot \boldsymbol{D} = \rho \tag{8-9}$$

$$\nabla \cdot \boldsymbol{B} = 0 \tag{8-10}$$

工频交流电下的电场分布对时间的变化不敏感，可以认为电缆缓冲层的场域分布在仿真过程中是稳定的[4]，因此可以考虑采用准静态场进行分析，根据麦克斯韦方程组，整合推导出准静态电场的控制方程：

$$-\nabla\cdot[(\sigma+j\omega\varepsilon)\nabla V]=0 \tag{8-11}$$

式中：V为电位；ε为媒介的介电常数；σ为电导率。

除了控制方程，为了能够完整描述电磁问题，需要在材料表面以及物理边界处制定边界条件。在两种介质的界面处，介质的本构关系可以由下列表达式描述：

$$\boldsymbol{D}=\varepsilon_0\boldsymbol{E}+\boldsymbol{P} \tag{8-12}$$

$$\boldsymbol{B}=\mu_0(\boldsymbol{H}+\boldsymbol{M}) \tag{8-13}$$

$$\boldsymbol{J}=\sigma\boldsymbol{E} \tag{8-14}$$

式（8-12）～式（8-14）中，ε_0为绝对介电常数，取8.854×10^{-12}F/m；μ_0为真空的磁导率；$\boldsymbol{P}$为电极极化向量，其通常是$\boldsymbol{E}$的函数。根据仿真假设，在线性材料中可以得到：

$$\boldsymbol{D}=\varepsilon_0(1+\chi_e)\boldsymbol{E}=\varepsilon_0\varepsilon_r\boldsymbol{E}=\varepsilon\boldsymbol{E} \tag{8-15}$$

式中：χ_e为极化系数；ε_r为相对介电常数。

接着对模型加载边界条件以及划分网格。由于金属套的接地方式为单端接地，护套回路为开路状态，因此不考虑护套环流对电场的影响。根据 Comsol 对网格的要求，仿真模型所处理的几何体属于中高复杂度的三维模型，因此需要采用细化网格进行剖分，以获得相对较高的求解精度。为了提高求解效率，采用物理场控制网格，单元大小设置为“细化”，得到电缆各层网格剖分图如图 8-8 所示，在“细化”的网格下，一些相对细小的结构（如屏蔽层、气隙层等）也能够有较好的剖分效果。

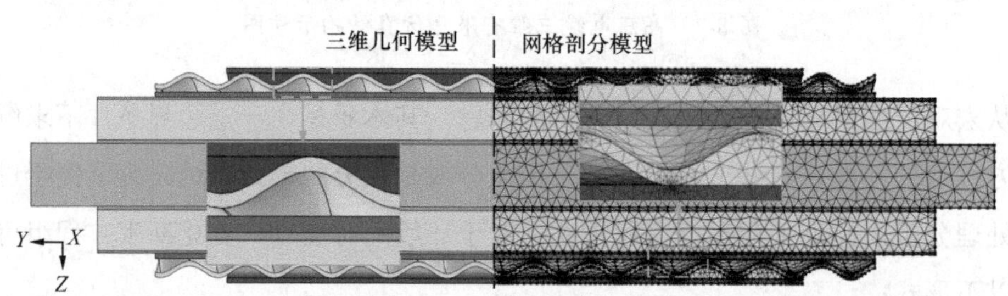

图 8-8　高压电缆网格剖分示意图

本节利用建立的三维高压电缆准静态场仿真模型，计算分析含白斑缺陷电缆在修复液注入前后缓冲层与铝套之间的分压电压及接触界面的场强变化，从而研究修复液对缓冲层与铝套之间电气性能的影响。

考虑缓冲层与皱纹铝套波谷接触时的压入深度（0.5mm），计算正常电缆的三维电场云图以及电势云图，如图 8-9 及图 8-10 所示。从图中可以看出，不同切面的电场与电势分布规律一致：绝缘层处从内至外的电场大小逐渐下降，最大场强出现在绝缘层与绝缘屏蔽界面处，电势大小从内至外逐渐降低，到铝套处电势降为 0V。

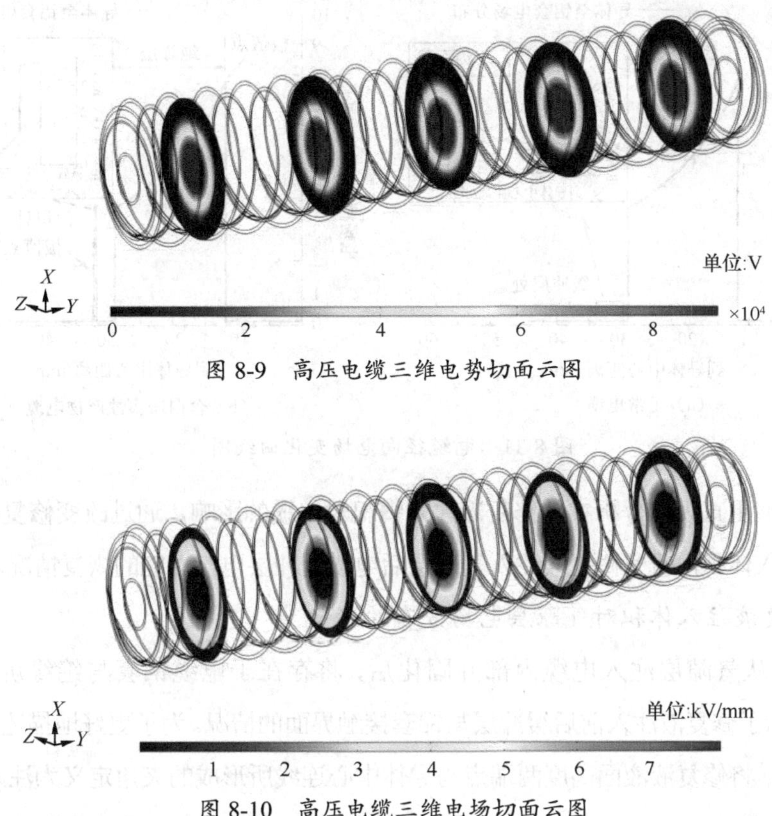

图 8-9　高压电缆三维电势切面云图

图 8-10　高压电缆三维电场切面云图

当水分入侵电缆后，缓冲层与皱纹铝套之间的接触界面会发生电化学反应，生成不导电的白斑腐蚀产物等缺陷，受缺陷的影响，缓冲层与铝套之间无法进行等电位连接[5]~[7]。设置白斑缺陷厚度为 0.2mm，分别计算正常电缆以及白斑缺陷电缆从导体中心至铝套的电场变化曲线，如图 8-11 所示。从图 8-11（a）可以看出，当电缆缓冲层与铝套间的电气连接良好时，其接触界面的电场最大值仅为 4.9×10^{-4}kV/mm。当存在白斑腐蚀产物时，如图 8-11（b）所示，电场强度在径向变化的过程中存在两个极大值：第一个场强极大值出现在绝缘层与绝缘屏蔽层的交界处，约为 7.9kV/mm，由于绝缘层的击穿强度较高，可达到 28kV/mm，因此在电缆正常运行情况下，该程度电场不足以对电缆绝缘及绝缘屏蔽造成损害；第二个场强极大值出现在白斑处，根据式（8-15）可知，电场强度与介电常数成反比，由于白斑缺陷的相对介电常数远小于缓冲层与绝缘屏蔽[8]，因此绝缘屏蔽至铝套之间的电场集中点出现在白斑界面处。由图 8-11（b）可知，白斑界面处的场强极大值为 3.8kV/mm，远大于正常电缆接触界面的电场强度。因此，白斑腐蚀产物的存在会使缓冲层与皱纹铝套界面间出现场强集中区域，从而大幅提高了界面的放电风险。

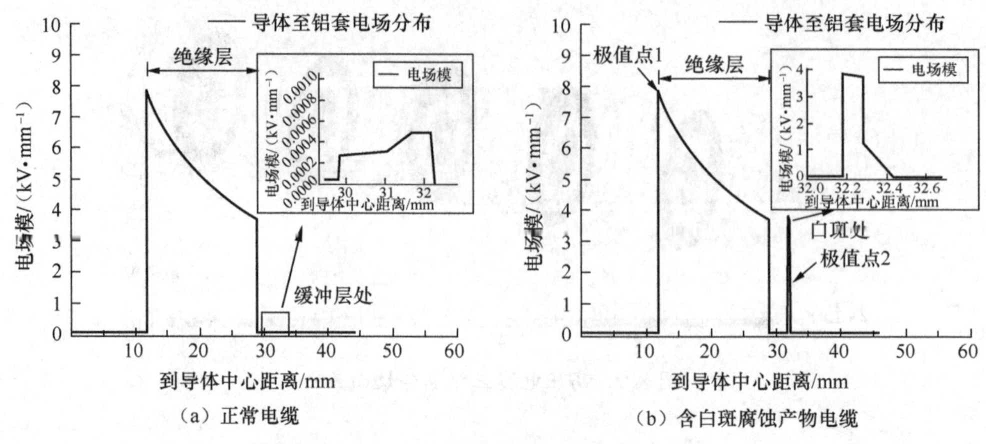

图 8-11 电缆径向电场变化曲线图

为了能够更直观地分析实际修复液注入情况对电缆的影响，通过改变修复液材料的电导率以及注入体积，研究修复液注入气隙层后电缆缓冲层电气性能的恢复情况。

1．修复液注入体积对气隙层电场分布的影响

修复液从气隙层注入电缆内部并固化后，将存在于电缆铝套与绝缘屏蔽层之间。图 8-12 展示了修复液注入前后缓冲层与铝套接触界面的情况。为了更好地描述修复液的注入体积情况，将修复液液面高度两端点与导体中心连线所形成的夹角定义为注入修复角 α。

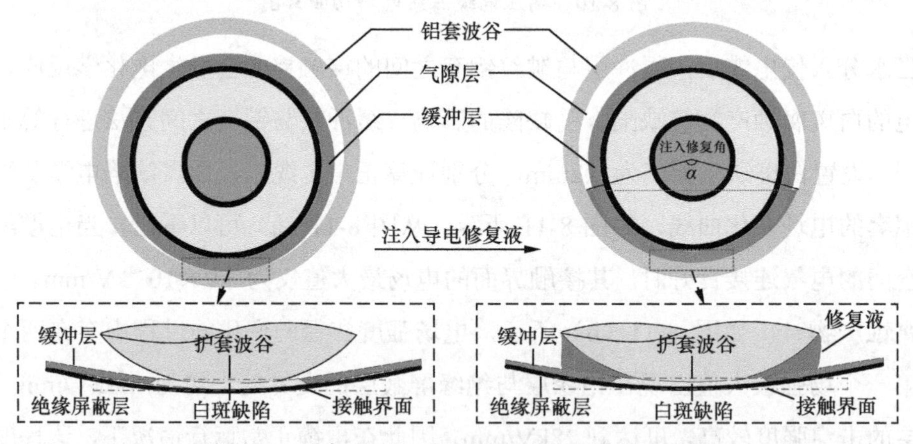

图 8-12 修复液注入前后缓冲层接触界面示意图

为研究注入修复角 α 对白斑缺陷周围场强分布的影响，计算注入修复角分别为 10°、30°、60°、150°、270°和 360°时的场强大小（360°即代表修复液完全填满气隙层）。图 8-13 展示的是当修复液电导率设置为 1.0×10^{-5}S/m 时，缓冲层与铝套之间弧鞍形接触界面电场云图随修复液变化的情况。如图 8-13（a）、（b）所示，当修复液注入体积较小时，原本隔绝电气联系的白斑缺陷将会被修复液部分覆盖，并在缓冲层与铝套之

间构筑一条新的导电通道，恢复绝缘屏蔽与铝套之间的电气接触。当修复角为 10°时，电缆注入修复液前后弧鞍形接触界面电场最大值从 7.9kV/mm 下降至 1kV/mm，相较于未修复前电场最大值降低了 87%，显著改善了由白斑缺陷引起的电场集中情况。随着修复角的增大，接触界面电场最大值进一步降低。当弧鞍形界面被修复液完全覆盖后，接触界面电场最大值稳定在 0.1kV/mm 以下，此时继续注入修复液，电场改善程度变化已不明显。因此修复液的注入体积需以能否完全覆盖白斑缺陷来衡量。

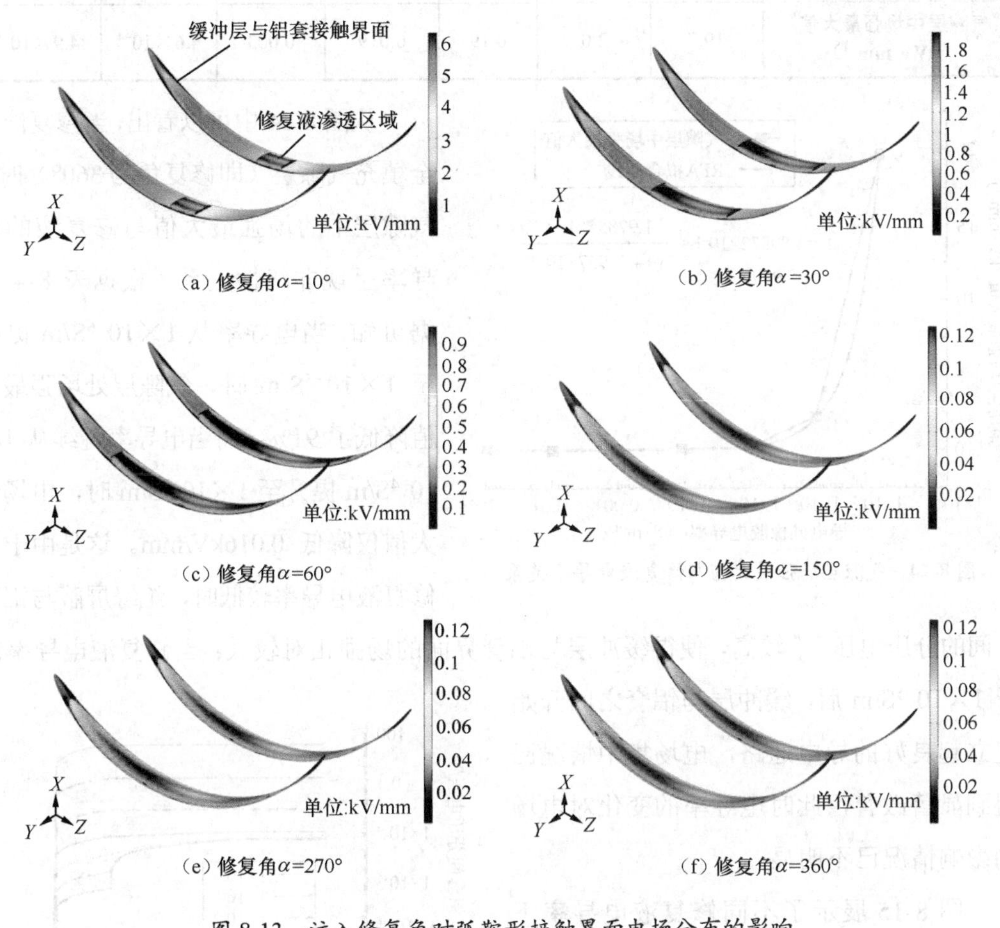

（a）修复角 α=10°　（b）修复角 α=30°

（c）修复角 α=60°　（d）修复角 α=150°

（e）修复角 α=270°　（f）修复角 α=360°

图 8-13　注入修复角对弧鞍形接触界面电场分布的影响

2．修复液电导率对气隙层电场分布的影响

根据上文对修复液的电气性能测试可知，当修复液内导电炭黑质量分数无法使材料达到渗流阈值时，修复液本身将呈现相对较低的电导率。为研究不同电导率的修复液对气隙层中电场以及缓冲层分压电压的影响，在仿真模型的物性参数设置中，通过参数化扫描修复液材料电导率的方式，使其从 1×10^{-7}S/m 变化至 0.1S/m，计算对应电导率下气隙层的场强最大值的数据及其变化趋势如表 8-4 及图 8-14 所示。图 8-14 中的黑点代表有限元数值计算结果，曲线表示 RFA（rational functional approximation）拟合结果，对应拟合方程为式（8-16）。

$$y = 4.89872 \times 10^{-5} + \frac{1.97855 \times 10^{-6}}{x + 4.35957 \times 10^{-10}} \tag{8-16}$$

表 8-4　　不同导电硅橡胶电阻率对应气隙层场强最大值

修复液电导率/（Ω · m）	1×10⁻⁷	1×10⁻⁶	1×10⁻⁵	1×10⁻⁴	0.001	0.01	0.1
气隙层中场强最大值/（kV · mm⁻¹）	19.7	2.0	0.19	0.019	0.003	4.6×10⁻⁴	4.9×10⁻⁵

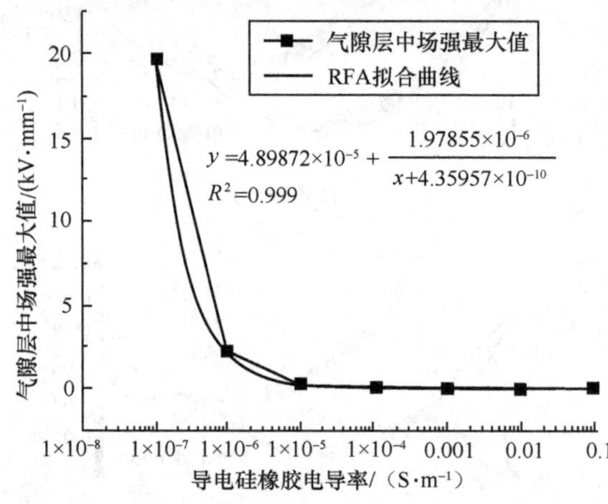

图 8-14　气隙层场强最大值与修复液电导率关系

从图 8-14 中可以看出，当修复液完全填充气隙层（即修复角为 360°）时，气隙层中的场强最大值与修复液的电导率呈现非线性关系。根据表 8-4 数据可知，当电导率从 1×10^{-6}S/m 提高至 1×10^{-5}S/m 时，气隙层处场强最大值降低了 91%；而当电导率继续从 1×10^{-4}S/m 提升至 1×10^{-3}S/m 时，电场最大值仅降低 0.016kV/mm。这是由于当修复液电导率较低时，绝缘屏蔽与铝套之间的分压电压 U_x'' 较高，使得缓冲层与铝套界面的场强相对较大；当修复液电导率高于 1×10^{-5}S/m 后，缓冲层与铝套之间开始建立起良好的导电通路，电场集中情况已得到显著改善，此时电导率的变化对电场的影响情况已不明显。

图 8-15 展示了不同修复液电导率下绝缘屏蔽与铝套之间的分压电压 U_x'' 的变化曲线。当缓冲层电气连接不良时，接触界面电场受修复液电导率影响显著。随着修复液电导率的提高，分压电压降低，当修复液电导率为 1×10^{-4}S/m 时，缓冲层的分压电压已降至 0.2V。

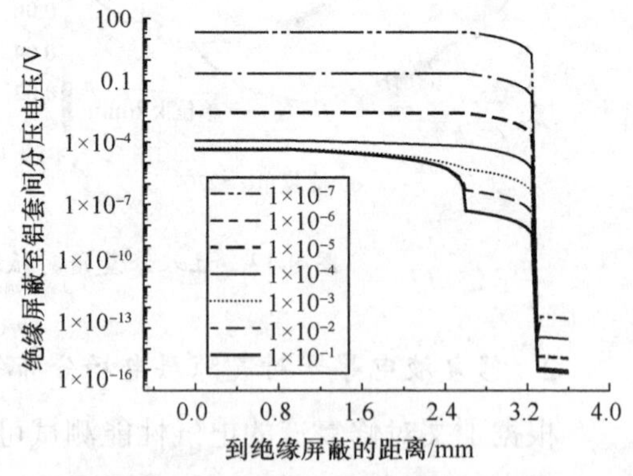

图 8-15　不同修复液电导率下绝缘屏蔽至铝套的分压电压变化

图 8-16 展示的是两种修复液电导率对应的缓冲层与铝套接触界面的电场云图。如图 8-16（a）所示，当修复液电阻率为 1×10^{-5}S/m 时，由于接触界面边缘的曲率相对较大，且尚未形成良好导电通道，因此在边缘处存在场强局部集中区域；当修复液电阻率提高至 1×10^{-3}S/m 后，如图 8-16（b）所示，修复液的电导特性使得接触边缘电场得到了极大改善，同时提高了接触界面被修复液覆盖区域的场强均匀程度，场强最大值减小了 5 个数量级，显著降低了缓冲层与铝套之间的放电风险。

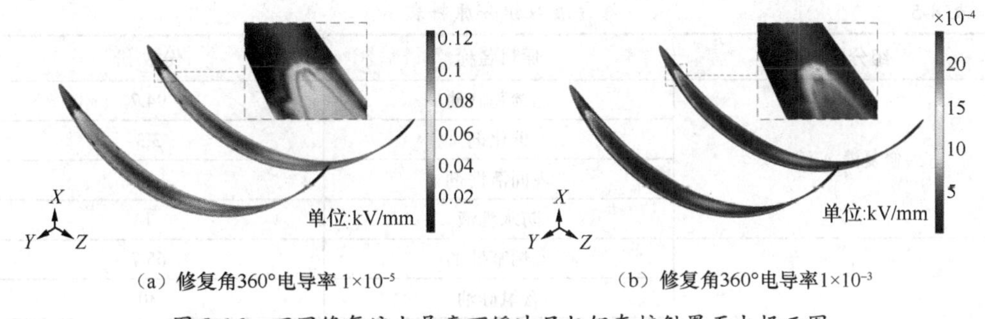

（a）修复角360°电导率 1×10^{-5}　　（b）修复角360°电导率1×10^{-3}

图 8-16　不同修复液电导率下缓冲层与铝套接触界面电场云图

8.2　电力电缆缓冲层缺陷修复材料研究

8.2.1　材料配方和制备方法

修复材料能够导电的关键因素是其中含有的导电颗粒，而导电颗粒的种类、规格及含量等均会对修复液的导电、固化以及应力等诸多性能产生重要影响。从导电性及成本等方面考量，采用碳系导电填料中的炭黑作为修复材料的导电介质，同时选择环保型双组分 AB 加成型硅橡胶作为修复材料的基材，制成修复液。将乙烯基硅油、催化剂、表面活性剂和防水乳液加入带加热和减压系统的搅拌机中，升温至 60℃减压搅拌 1h 制得修复液 A 液。接着将乙烯基硅油、含氢硅油、消泡剂和增稠剂加入带加热和减压系统的搅拌机中，升温至 60℃减压搅拌 1h 制得组分 B。以高速搅拌和超分散技术将导电炭黑均匀地分散于组分 B 中制得修复液 B 液，以此降低整体修复液的体积电阻率。

上述制备过程中，增加消泡剂的目的在于消除混合时产生的气泡。由于修复液在注入电缆的缓冲层与铝套之间的空气间隙后需固化，若固化后的固态硅橡胶含有气泡，则可能会在电缆投运后在缓冲层与铝套之间出现电场集中的现象，增大电缆本体内部的放电风险。增加增稠剂的目的在于调节修复液的黏度。由于修复液的修复对象往往是百米级的电缆，需要对黏度进行控制；若黏度太大，则会对电缆其他修复工艺造成影响（黏度越大，注入压力越大，而灌注设备无法承受较大的压力）；增加防水乳液的目的在于消除自由水或者结合水对修复效果的影响；增加表面活性剂的目的则是在于提高修复液A液、组分B和导电炭黑颗粒之间的相容性。表面活性剂的添加可以使基材和导电填料混合均匀，使得修复液固化后具有较高的电导率以及良好的分散性。修复液A、B组分的原料见表8-5。

表8-5　　修复液双组分原料表

组分名称	原料名称	份数/份
修复液A液	乙烯基硅油	94.7
	催化剂	3.3
	表面活性剂	1
	防水乳液	1
修复液B液	乙烯基硅油	65.7
	含氢硅油	30
	增稠剂	1
	消泡剂	0.3
	导电填料	3

液态硅橡胶久置后，分散在基体中的导电炭黑颗粒会团聚沉淀，这也是液体修复溶剂应用时的主要问题。因此在实际应用时，需要将液态硅橡胶均匀分散后固化。在实验室条件下，分别制备炭黑质量分数为3%、2.4%、1.8%、1.2%的修复液B液，并以1∶1比例加入修复液A液，分散均匀后放入如图8-17（a）所示的QLB-D-50t型平板硫化机进行压制。随后，将试样放入60℃恒温箱中放置50min后取出，待冷却后脱模冲片，即得到炭黑质量分数分别为1.5%、1.2%、0.9%、0.6%的固态导电硅橡胶试样，图8-17（b）为制备完成的固态硅橡胶试样。

（a）平板硫化机压制试样

（b）制备好的固态硅橡胶试样

图8-17　修复液试样制备方法

8.2.2 材料电气性能测试

为了揭示导电硅橡胶中炭黑颗粒介观结构与宏观电气性能的关联机制，研究导电硅橡胶对缓冲层电气性能的改善作用，本节将通过 SEM 测试与电阻率测试，对修复液的导电机理进行分析。

采用 GeminiSEM 500 场发射扫描电子显微镜（见图 8-18），对制备完成的固态导电硅橡胶试样进行表面形貌观测，以研究分散在固态硅橡胶中的导电炭黑颗粒的分布状态。图 8-19 展示了不同炭黑质量分数下固态硅橡胶的 SEM 图像，其中出现的明显突起结构即为炭黑颗粒。从图 8-19 中可以看出，硅橡胶中的炭黑颗粒并非独立存在，而是基本以团聚体的形式出现的。当炭黑质量分数为 ω_1=0.6%时，炭黑团聚体聚落之间的距离为 1.41μm，此时距离相对较大，炭黑整体分布较为分散，同时 SEM 成像存在着明显的荷电效应，这说明此时材料表面的电阻率相对较高，二次电子的发射率较低，于是图像呈现出异常的亮暗分明。

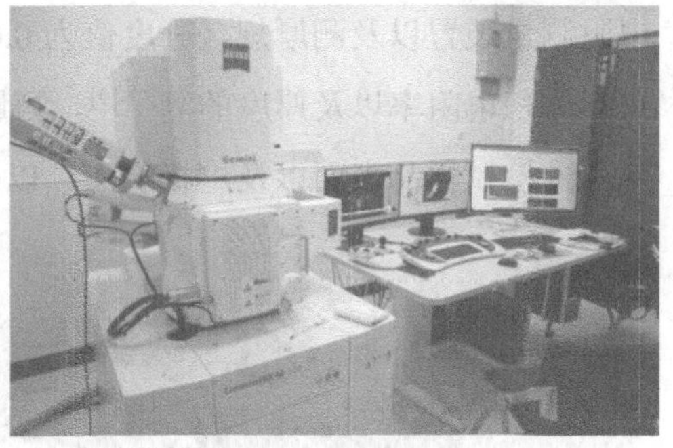

图 8-18　场发射扫描电子显微镜实物图

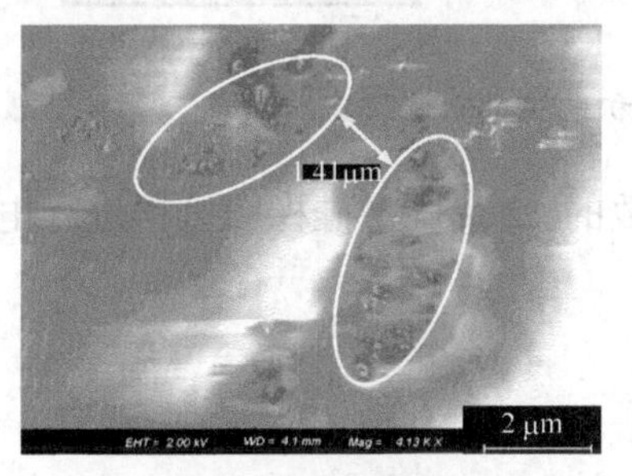

（a）炭黑质量分数 ω_1=0.6%
（团聚体相对较少）

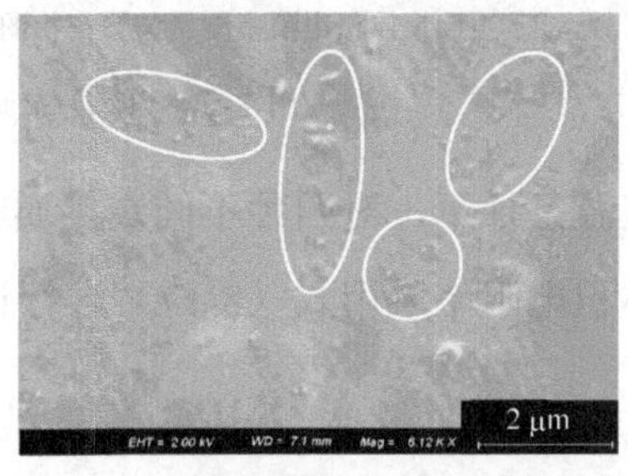

（b）炭黑质量分数 ω_2=0.9%
（团聚体聚落开始增多）

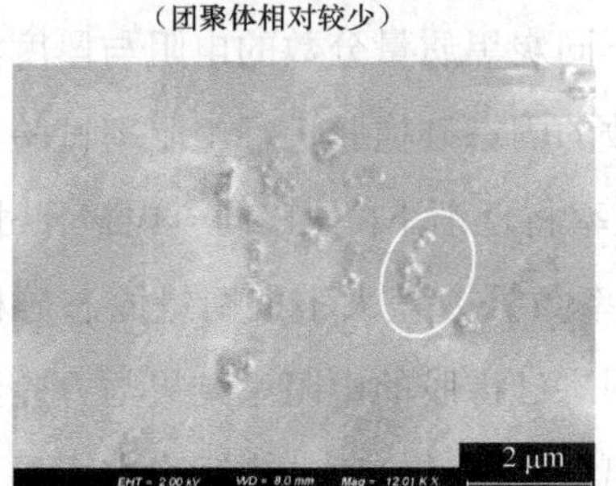

（c）炭黑质量分数 ω_3=1.2%
（开始出现明显链式结构）

（d）炭黑质量分数 ω_4=1.5%
（团聚体聚落较多且均匀分布）

图 8-19　不同炭黑质量分数下的固态硅橡胶 SEM 图像

随着炭黑质量分数的提高，电镜视野中的炭黑团聚体聚落逐渐增多，聚落之间的距离也开始变小。当炭黑质量分数 ω_3=1.2%时，开始出现明显的炭黑链状结构，这些链状结构将不同的团聚体聚落连接形成更大的团聚体，从而形成基本的导电网络通路。当炭黑质量分数 ω_4=1.5%时，团聚体聚落的规模开始增大，团聚体的个数也明显增多，炭黑颗粒的整体分布也更加均匀。

为了从宏观层面表征不同炭黑质量分数下的微观差异，采用 BDD-2 型电缆半导电电阻测量装置以及测厚规（分度值为 0.001），对不同炭黑质量分数的固态导电硅橡胶进行体积电阻率以及厚度的测量[9]。测量装置实物图如图 8-20 所示。测量之前，用无水乙醇擦拭样品表面以及电极表面，以保证接触面的洁净。

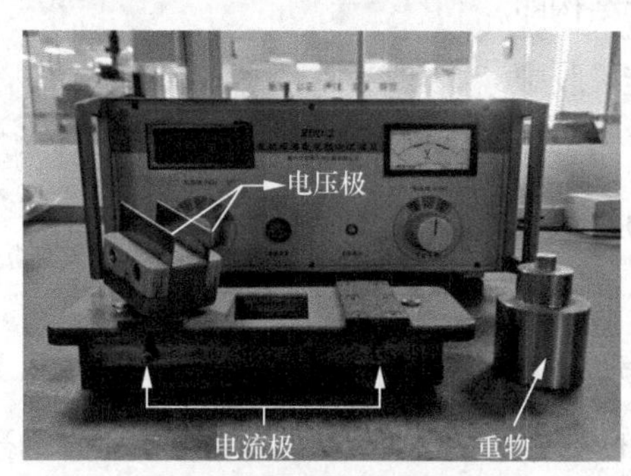

（a）体积电阻率测量装置实物图

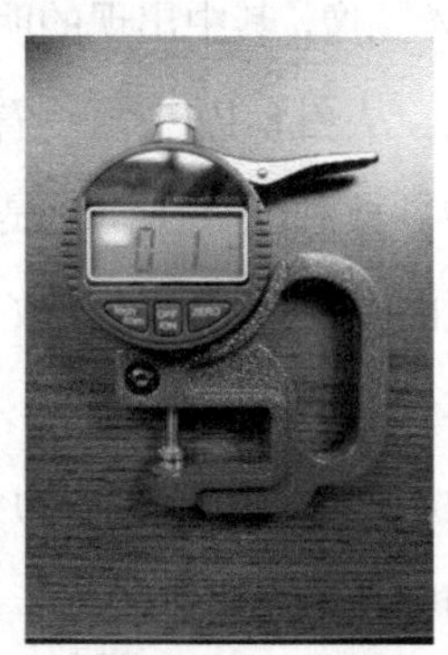
（b）测厚规实物图

图 8-20　修复液试样体积电阻率测试装置

在室温条件下，对四种不同炭黑质量分数的 12 片固态硅橡胶试样进行电阻测量，试样的体积电阻率采用式（8-17）进行计算：

$$\rho = R\frac{S}{L} \tag{8-17}$$

式中：R 为电阻测量值，kΩ；S 为电流流过固态硅橡胶的横截面积，mm²；L 为电流流过固态硅橡胶的长度，mm。表 8-6 展示了不同炭黑质量分数的电阻与厚度测量结果和体积电阻率计算结果。对不同炭黑质量分数的固态硅橡胶进行电阻率试验可知，随着固态硅橡胶中的炭黑质量分数提升，其电阻率将逐渐下降。在同一电极尺寸条件下，可以用同一炭黑质量分数中不同试样的电阻率数据方差大小来衡量固态硅橡胶中导电炭黑的分散性。绘制不同炭黑质量分数下固态硅橡胶的电阻率结果与方差结果趋势变化曲线如图 8-21 所示。由图 8-21 可以看出，固态硅橡胶的电阻率在炭黑质量分数达到 1.2%时开始急剧下降；同时，电阻率结果的方差数值也出现了明显的降低，这意味着此时的炭黑分散性能也显著提高。上述的这种电阻突变现象，被许多学者称为逾渗现象（percolation）。逾渗现象普遍存在于粒子填充型聚合物复合材料中，且发生在分散质粒子间距小于其面间距的情况下，因此逾渗阈值可以采用粒子间距与面间距的相对大小进行量化。逾渗时分散质粒子面间距 T_f 可由下式进行计算：

$$T_f = [(\pi / 6V_p)^{1/3} - 1] \cdot d \tag{8-18}$$

式中：V_p 为分散质粒子体积分数；d 为分散质粒子粒径。当质量分数低于 1.2%时，炭黑粒子在硅橡胶基体中所占比例较小，炭黑粒子之间的间距大于其面间距，在微观层面，炭黑团聚体被薄聚合物分开，相对孤立分散。在外加电压作用下，由热震动激活的电子穿过薄聚合物界面形成的势垒，跃迁至邻近炭黑颗粒，通过隧道效应进行导电，因此宏观表征为体积电阻率相对较大。当炭黑质量分数大于 1.2%时，炭黑粒子间距小于面间距，炭黑团聚体之间能够相互成链，载流子能够通过这些链状结构进行移动，此时载流子移动的阻力较小，因此宏观表现出电阻率的急剧下降。

表 8-6　　固态硅橡胶体积电阻率测量结果

炭黑质量分数 ω	试样编号	电阻测量结果 R/kΩ	厚度 d /mm	电阻率 ρ/（Ω · m）	平均电阻率 ρ/（Ω · m）	方差 σ^2
ω_1=0.6%	A_1	950.8	1.0254	2437.38	2969.67	19.34
	B_1	972.4	1.3478	3276.51		
	C_1	956.2	1.3366	3195.14		
ω_2=0.9%	A_2	470	1.0182	1196.39	867.53	15.29
	B_2	276.5	1.0596	673.78		
	C_2	255.8	1.0536	732.45		
ω_3=1.2%	A_3	35	0.74	64.75	61.52	1.87
	B_3	35.6	0.6362	56.62		
	C_3	36	0.7022	63.19		
ω_4=1.5%	A_4	27.1	0.932	63.14	60.14	1.82
	B_4	27	0.9158	61.82		
	C_4	27.6	0.804	55.48		

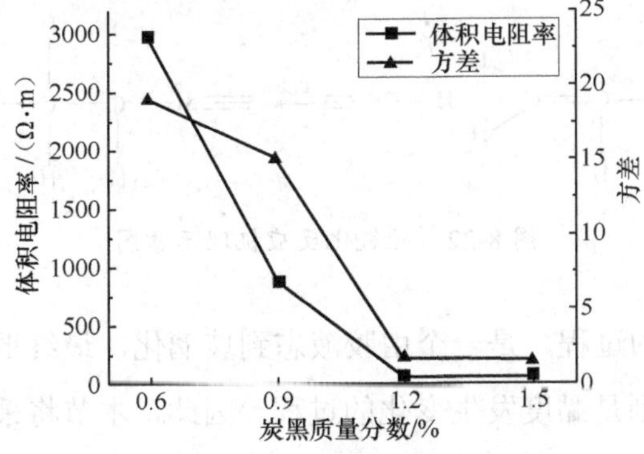

图 8-21　不同炭黑质量分数下固态硅橡胶电阻率及分散性变化趋势

随着硅橡胶基体中炭黑质量分数继续上升，当炭黑质量分数达到1.5%时，从图 8-19（d）可以看出，团聚体分布均匀且聚落较多，导电通道已趋于完善。若此时继续添加同种导电炭黑颗粒，将难以大幅提升硅橡胶的导电性能，反而会使得未固化前的液态硅橡胶黏度增加，提高配置以及注入电缆中的难度。根据以上分析，硅橡胶基体中添加的导电炭黑质量分数可以以达到材料的逾渗阈值为标准，其宏观表现为电阻率的明显下降。在本章的试验条件中，结合正常缓冲层的电阻率标准，为了呈现修复液良好的电气性能，其炭黑质量分数配制在1.2%～1.5%较为合适。

8.2.3 材料固化性能测试

对于通过导电修复液恢复缓冲层电气性能的方法，需要分析的主要问题除了电气性能和相容性能之外，还需要关注修复液本身的固化性能。若固化时间过长，会使电缆中修复液的导电颗粒发生沉淀，降低修复液固化后的分散性以及电气性能；若固化时间过短，则对修复液的注入工艺要求较高，修复液可能无法填满电缆气隙层，同时也使得灌注过程难以进行。因此，有必要对书中所采用的修复液固化性质进行分析，从而在理论上指导工程实践。

如 8.2.1 节所述，采用的修复液基体的主要成分是乙烯基硅油和含氢硅油。其中，含氢硅油是指含有两个以上硅氢（Si-H）基团的线形甲基硅油。修复液固化的机理是：乙烯基硅油中的乙烯基官能团与含氢硅油上的硅氢基团发生硅氢化反应（即一种加成反应）。含氢硅油在硅氢化反应中被称为交联剂，它能够在催化剂的作用下与乙烯基“拉手”交联，从而形成网格结构。硅氢化反应机理如图 8-22 所示。硅氢化加成反应与其他缩合型反应不同，不会脱去水、醇等小分子导致收缩率上升，其反应过程中不会产生小分子物质，因此体积收缩率极小，反应前后体积几乎不会发生变化[10]。

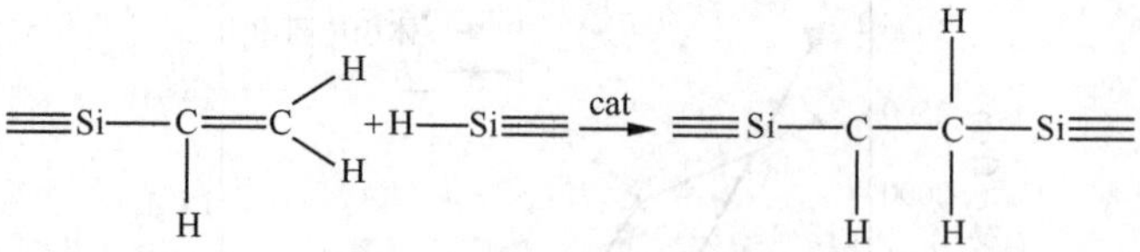

$$\equiv Si-CH=CH_2 + H-Si\equiv \xrightarrow{cat} \equiv Si-CH_2-CH_2-Si\equiv$$

图 8-22 硅氢化反应机理示意图

导电硅橡胶固化的过程，是一个由胶液态到玻璃化，最终形成三维交联结构的过程[11]，从宏观来看，则是黏度发生变化的过程。因此，本节将采用数字式旋转黏度计以及 DSC（differential scanning calorimetry，差示扫描量热法）对导电硅橡胶的固化动力学进行研究。

首先制备修复液样品，将修复液 A 液［初始黏度：（0.8±0.2）pa·s］与含有 3% 炭黑质量分数的修复液 B 液［初始黏度：（5.5±0.5）pa·s］，按照质量比 1∶1 进行均匀混合，调配成炭黑质量分数为 1.5%的待固化修复液，将修复液置于数字式旋转黏度计（型号：NDJ-5S）的转子下，设修复液受到的剪切应力为 τ，切向速度为 ω，则修复液的动力黏度 η 可以由下式定义：

$$\tau = \eta\omega \tag{8-19}$$

设置黏度计转子转速为 $12\text{r}\cdot\text{min}^{-1}$，按照 GB/T 22235—2008 标准，分别测量 20℃（常温）、40℃和 60℃下修复液体系的黏度变化，得到三种不同温度下修复液黏度随时间变化曲线，如图 8-23 所示。由图 8-23 可知，当在室温下时，修复液 A 液与修复液 B 液混合后的起始黏度为（2.5±0.2）Pa·s，在混合后的第 120min 时黏度为（3.5±0.2）Pa·s，在混合后的第 180min 时黏度为（5.5±0.2）Pa·s。不难发现，室温条件下修复液的固化速率较慢，在固化反应开始后的 210min 内修复液黏度没有发生明显变化。而在第 220min 后，室温下混合的修复液黏度发生骤变，不到 10min 黏度变化已超过黏度计量程。随着温度的升高，修复液的固化速率也不断升高。40℃下修复液的固化时间约为 70min；60℃下修复液的固化时间进一步缩短到约 15min。上述实验结果表明，在一定范围内升高温度，有利于修复液固化反应的进行。

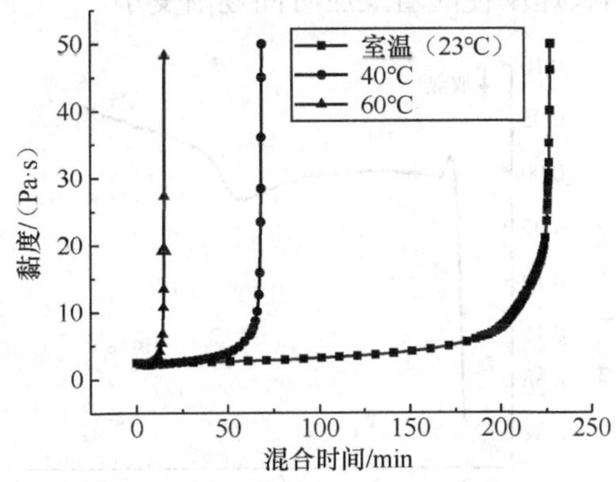

图 8-23　不同温度下修复液黏度随时间变化关系曲线

为了更精确表征修复液固化行为的物态变化情况，采用 NETZSCH DSC 214 型差示扫描量热仪对炭黑质量分数为 1.5%的修复液进行测试。实验操作过程为：①用电子天平测量约 10mg 样品；②将加有修复液样品的国产铝坩埚置于样品池中；③设置升温速率为 10℃/min，升温范围为 10～95℃；④为保持修复液试样周围温度的均匀性，实验中采用氮气作为实验氛围，氮气流量设置为 40mL/min。得到的 DSC 扫描曲线随时间的变化如图 8-24 所示。由图 8-24 可知，修复液固化反应的放热峰值出现在反应开始后的一段时间，具有自催化反应机理的特征[12]。衡量修复液固化性能的固化度 α 可以用式（8-20）表示：

$$\alpha = \int_0^t (\mathrm{d}H / \mathrm{d}t)\mathrm{d}t / H_\mathrm{f} \tag{8-20}$$

式中：$\int_0^t (\mathrm{d}H / \mathrm{d}t)\mathrm{d}t$ 为修复液从开始发生固化反应到 t 时刻的热流量；H_f 为修复液固化反应完全时的总放热量。根据式（8-20），将图 8-24 纵坐标的热流量对时间 t 积分，则得到修复液体系下固化度随时间的变化曲线，如图 8-25 所示。由图 8-25 可以看出，在反应的初期，固化度增长较慢，这是由于在这一阶段受到自催化效应的影响，因此反应速率较为缓慢；随着固化反应的进行，反应生成物浓度逐渐增加，反应的速度也逐渐加快，在第 5min（对应温度为 60.1℃）时达到峰值；在反应末期，由于修复液体系黏度增大，固化反应从化学反应控制逐渐转为扩散控制，因此，修复液固化度 α 的增长速率便随着反应时间逐渐变小。

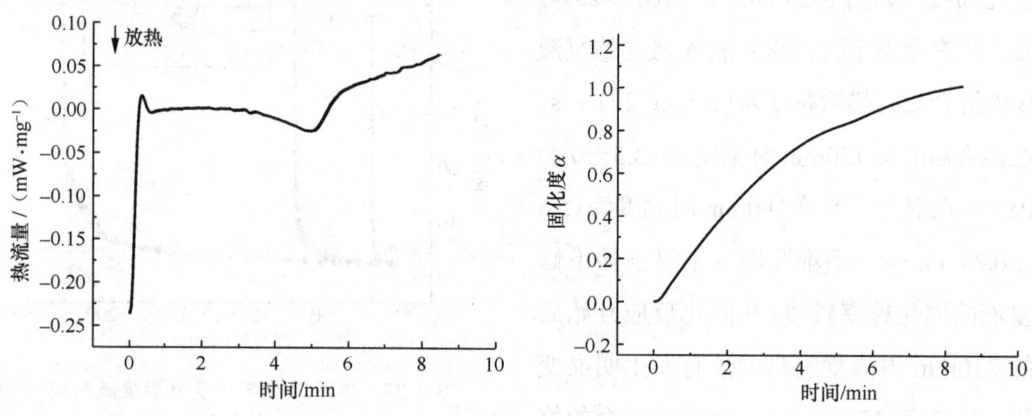

图 8-24　修复液 DSC 曲线［10℃/10.0（℃/min）/95℃］　　图 8-25　修复液固化度随时间变化曲线

结合以上试验数据分析，当修复工程在寒冷天气下开展时（如秋冬季节），由于室温环境温度相对较低，修复液固化反应速率较慢，此时提供给运维人员的可操作时间较长，约为 240min。在注入修复液后，若需要尽可能缩短施工时间，或是防止填料沉淀导致的电阻分布不均，则可以考虑通过给电缆铝套施加电流，提高气隙层中修复液反应环境的温度，以达到快速固化的目的。当修复工程在炎热天气下进行时，往往工作环境温度可达 40℃以上，此时提供给运维人员的可操作时间相对较短，约为 70min，若需要灌注修复液的电缆长度较长时，则需要注意尽量缩短修复液灌注的时间，以免在灌注过程中修复液提前固化，导致无法灌满电缆气隙层。

8.2.4　材料相容性能测试

当将一种材料注入电缆本体中时，需要优先考虑的是这种材料与电缆本身材料的相容性。这里的相容性是指电缆各层在与注入的材料之间不发生影响以及相互作用的性质：与电缆各层之间无明显物化影响的材料，即为与电缆各层相容的材料；反之，若材料与电缆各层相接触后，对电缆各层材料产生了明显的化学反应或是物理影响，降低了电缆各层材料本身的性能，即为与电缆各层不相容的材料。因此，有必要研究修复液与电缆材料之间的相容性。

修复液在被注入电缆气隙层后，会与缓冲层、绝缘屏蔽层以及皱纹铝套发生接触。在修复液未固化前，其相容性的分析实际是对固液界面结合的情况的分析。而固液界面的结合程度可以采用静态接触角 θ_r 进行评价，如图 8-26 所示。所谓静态接触角，是指在固体水平表面上滴一液滴，此时液滴将自动平铺开来，在固-液-气三相的交界点处，气-液界面与固-液界面的切线将液相夹在其中时所形成的夹角。当液滴处于平衡状态时，不同界面间的界面张力在水平方向上的分量之和为零，即在理想情况下，可以得到如下方程：

$$\gamma_{\mathrm{S/A}} = \gamma_{\mathrm{S/L+}} \gamma_{\mathrm{L/A}} \cdot \cos\theta_r \tag{8-21}$$

式（8-21）又被称为杨氏方程，该方程用于描述固-液-气三相之间界面能与固体表面浸润情况的关系。式中：$\gamma_{\mathrm{L/A}}$、$\gamma_{\mathrm{S/L+}}$ 和 $\gamma_{\mathrm{S/A}}$ 分别为液-气、固-液以及固-气界面张力。接触角能够反映修复液液滴与固体表面之间的浸润（结合）情况，而接触角 θ_r 的范围一般在 0°～180°。θ_r=90°可以作为一个界限，当接触角 θ_r<90°时，液滴容易浸润固体表面，此时液体与固体间的相容性良好；当接触角 θ_r>90°时，液滴不容易浸润固体表面，此时液体与固体之间的相容性较差[13]。

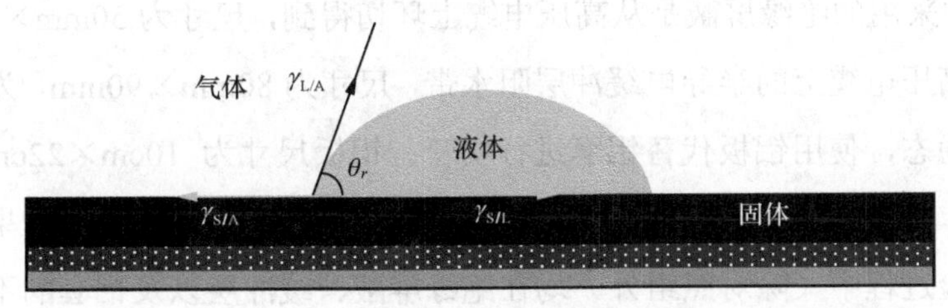

图 8-26　静态接触角定义示意图

为了研究修复液与缓冲层、绝缘屏蔽层以及皱纹铝套之间的相容性，自主搭建接触角测量平台，实物图及原理图分别如图 8-27 所示。接触角测量平台分别由高清 CCD 显微镜、LED 光源控制系统和接触角测量系统等组成。通过 LED 光源控制系统为修复液与固体试样提供背光条件。高清 CCD 显微镜可以对修复液液滴在不同固体试样条件下的光学图片进行拍摄，采集到的图像输入到接触角测量系统，利用 LBADSA （low bond axisymmetric drop shape analysis）测量方法[14]对液滴轮廓进行测量。该方法由 Aurélien F. Stalder 提出，并提供了开源代码，利用了 Young-Laplace 方程的一阶近似，并使用了图像原始像素值的全部信息，能够以较少的计算量给出液滴轮廓的解析解。LBADSA 方法在使用时，需要首先根据图像上接触角的大致轮廓手动为 Young-Laplace 方程提供参数，接着利用 LBADSA 方法对接触角轮廓拟合进行迭代，当误差小于（10^{-6}）°时停止迭代，最后输出接触角数值。通过 LBADSA 方法，可以准确快速地根据修复液液滴轮廓测量出接触角 θ_r 的大小。

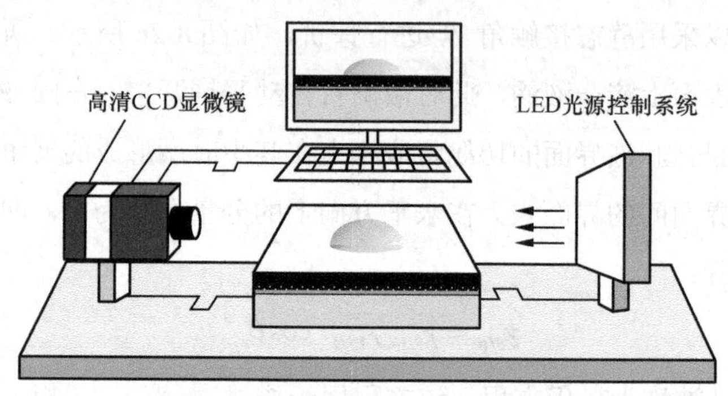

图 8-27　静态接触角测量平台原理图

采用搭建调试好的接触角测量平台分别对 8 组固-液体系进行试验，分别为：①修复液 A 液和绝缘屏蔽；②修复液 A 液和铝板；③修复液 B 液和绝缘屏蔽；④修复液 B 液和铝板；⑤组分 B 和绝缘屏蔽；⑥组分 B 和铝板；⑦去离子水和绝缘屏蔽；⑧去离子水和铝板。其中，修复液 B 液添加了质量分数为 3%炭黑颗粒，组分 B 未添加炭黑颗粒。实验中采用的绝缘屏蔽是从高压电缆上环切得到，尺寸为 50mm×60mm；缓冲层同样来自高压电缆上的半导电缓冲层阻水带，尺寸为 80mm×90mm。为了使液滴能更好地保持稳态，使用铝板代替铝套进行实验。铝板尺寸为 10cm×22cm，在试验前经 400～800 目砂纸依次打磨，并用无水乙醇进行清洗。为减少实验结果的偶然性，上述各组实验过程中（除对照组外）均在绝缘屏蔽、缓冲层以及铝套的不同区域至少选取 5 个点进行测量。实验过程中，环境温度均保持在 20℃。图 8-28 展示了 8 组固-液体系的接触角形貌图。

表 8-7 为 8 组固-液体系的接触角实验数据。结合材料属性、实验环境以及实验过程现象可知，各组体系均为非反应润湿。对比铝板与绝缘屏蔽上不同液滴的接触角数据可知，铝板上的液滴接触角均大于绝缘屏蔽，这说明绝缘屏蔽与各液滴间结合能力好于铝板。与对照组相比，修复液 A 液、修复液 B 液和组分 B 与各固体界面的接触角均小于去

离子水与各固体界面的接触角，也印证了有机液体的表面张力小于水的结论[15]。

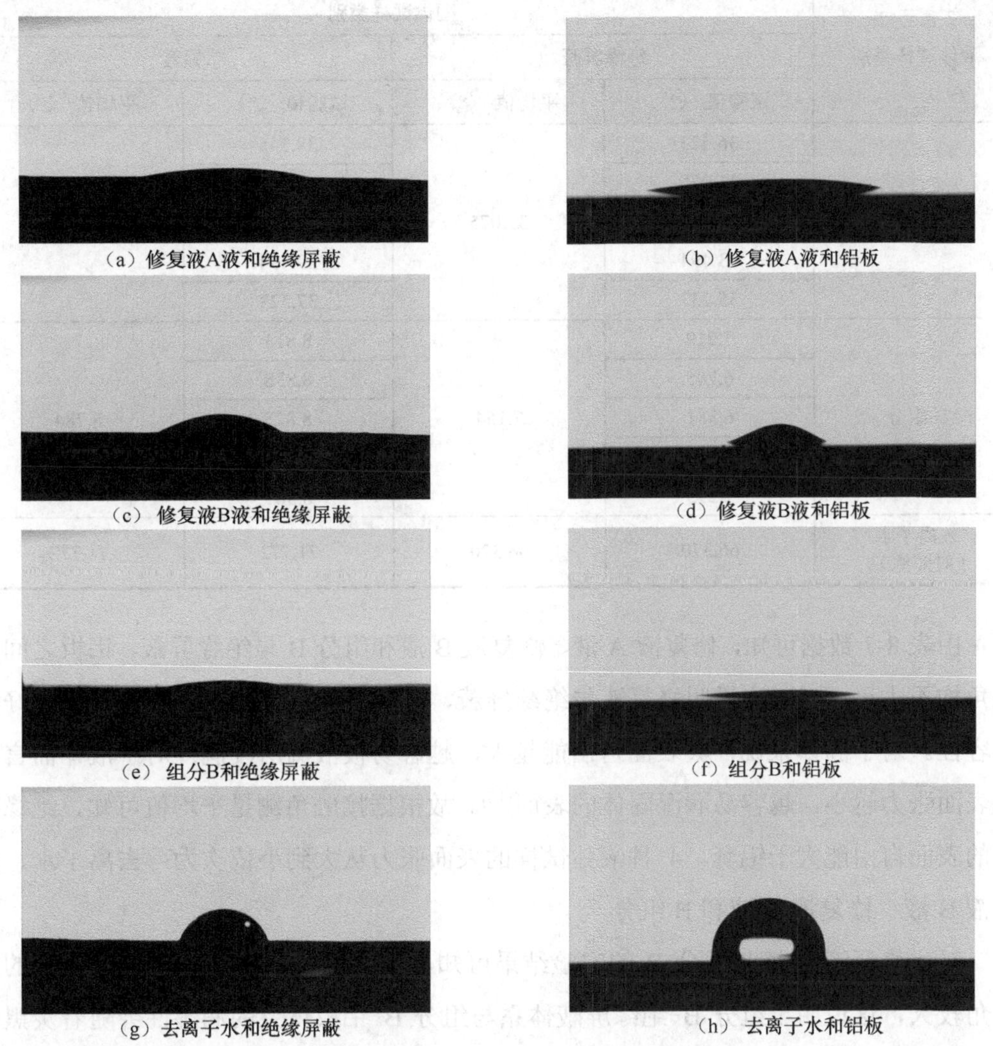

（a）修复液A液和绝缘屏蔽　（b）修复液A液和铝板

（c）修复液B液和绝缘屏蔽　（d）修复液B液和铝板

（e）组分B和绝缘屏蔽　（f）组分B和铝板

（g）去离子水和绝缘屏蔽　（h）去离子水和铝板

图 8-28　各固-液体系接触角形貌图

表 8-7　　8 组固-液体系的接触角实验数据

液体试样类别	固体试样类别			
	绝缘屏蔽		铝套	
	试验值/（°）	平均值/（°）	试验值/（°）	平均值/（°）
修复液 A 液	7.919	8.944	11.151	11.156
	8.813		11.378	
	9.991		11.117	
	9.625		11.025	
	8.373		11.108	

续表

液体试样类别	固体试样类别			
	绝缘屏蔽		铝套	
	试验值/（°）	平均值/（°）	试验值/（°）	平均值/（°）
	36.423		38.545	
	36.075		37.906	
修复液 B 液	34.148	35.075	39.519	38.597
	33.494		39.494	
	35.237		37.523	
	7.919		8.813	
	6.705		8.838	
B 组分	6.351	7.154	8.825	8.784
	7.502		8.862	
	7.293		8.581	
去离子水（对照组）	66.370	66.370	71.772	71.772

由表 8-7 数据可知，修复液 A 液、修复液 B 液和组分 B 与绝缘屏蔽、铝板之间接触角均不大于 40°，这说明修复液与绝缘屏蔽、铝套之间呈现润湿表征，具有较好的相容性。对于固体来说，其表面自由能越大，越容易被液滴所浸润；对于液体而言，其表面张力越小，越容易润湿固体的表面[16]。故根据接触角测量平均值可知，绝缘屏蔽的表面自由能大于铝套，4 种液体试样的表面张力从大到小依次为：去离子水、修复液 B 液、修复液 A 液和 B 组分。

对比修复液 B 液与组分 B 的实验结果可知，加入了导电炭黑的修复液 B 液的接触角较大，这说明了组分 B-绝缘屏蔽体系与组分 B-铝板体系的润湿性会随着炭黑含量的增加而降低。因此为了保证修复液与接触到的电缆各层材料的相容性，修复液中炭黑质量分数不宜太高。

上述实验说明了修复液与绝缘屏蔽和铝套之间具有良好的相容性。而对于缓冲层而言，由于其是将纺织纤维或者短丝进行定向或者随机排列所形成的纤网结构，再用热粘和机械等方法制作而成，因此缓冲层的纤维比表面积较大，相较于绝缘屏蔽和铝套有着更加粗糙的表面，对硅橡胶基体的润湿性会更加优秀[17]。图 8-29 展示了缓冲层粗糙面的 SEM 图像。由于修复液在绝缘屏蔽和铝套上的接触角均小于 90°，而缓冲层的表面自由能更高，因此修复液在缓冲层上的接触角也将小于 90°。在这种情况下，由式（8-22）可知，毛细管力将发挥毛细渗吸作用，修复液可渗吸入缓冲层中的孔隙中[18]。对于缓冲层-修复液体系，仅采用接触角难以评价其相容性能。

$$p_c = 2\gamma \cos\theta_r / r \tag{8-22}$$

式中：p_c 为缓冲层提供的毛细管力，Pa；为界面张力，N/m；θ_r 为缓冲层与修复液界面之间的接触角；r 为毛细管半径，m。

为了量化说明缓冲层-修复液体系的相容性能，本章提出采用静态吸水时间 t_s 作为缓冲层与修复液之间的相容性指标的补充。本章所指的静态吸水时间，是在距离缓冲层 2cm 的高度处，用滴管向铺平的缓冲层粗糙表面滴一滴液滴，在无外力的作用下测量修复液液滴被缓冲层开始吸收到保持静态的时间。通过综合静态吸水时间 t_s 以及静态接触角 θ_r 两种指标，对缓冲层-修复液体系的相容性能进行评价。

图 8-29　缓冲层粗糙面 SEM 图像

使用 Nikon D7100 单反相机以及 SIGMA 微距镜头，分别记录修复液 A 液、修复液 B 液和组分 B 滴在缓冲层上的全过程。不同液滴在缓冲层上随时间的接触角形态变化如图 8-30 所示。由图 8-30 可知，修复液 A 液在第 6s 已被吸收至保持静态，实时记录缓冲层-修复液 A 液体系的静态吸水时间约为 5.5s；B 组分在第 5s 已被吸收至保持静态，实时记录缓冲层-组分 B 体系的静态吸水时间约为 4.9s。修复液 B 液在第 75s 开始处于静态，使用 LBADSA 方法测量得到修复液 B 液在缓冲层上的接触角约为 9.865°。由上述实验结果可知，无论是缓冲层-修复液 A 液体系、缓冲层-组分 B 体系的浸湿，还是修复液 B 液的铺展润湿，均体现了修复液与缓冲层之间良好的相容性。当修复液从缺陷电缆气隙层注入后，修复液能够有效连接缓冲层与铝套内表面。同时，修复液通过浸湿缓冲层后，进一步连接电缆绝缘屏蔽层，从而重新构建一条绝缘屏蔽-缓冲层-铝套的导电通道，减少由白斑腐蚀产物造成的影响。

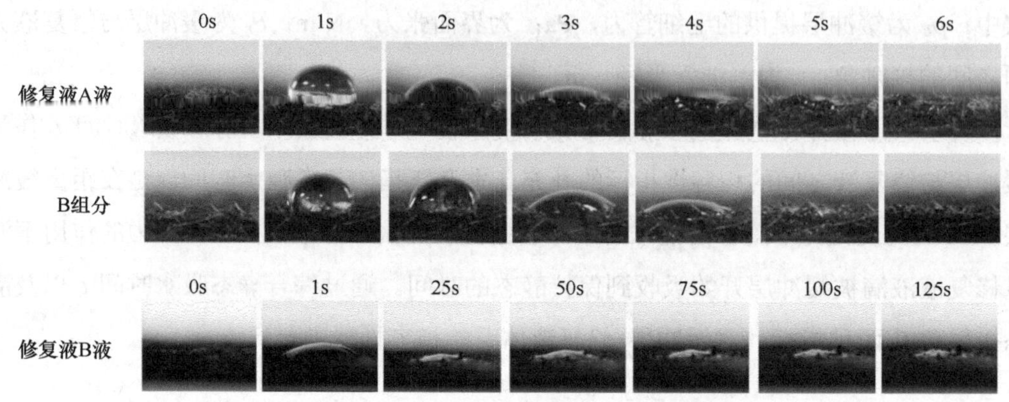

图 8-30　不同液滴在缓冲层上随时间变化的接触角形貌图

8.3　电力电缆缓冲层缺陷修复工艺研究

为了修复缺陷电缆，需要将导电修复液注入电缆缓冲层与铝套之间的空气隙中。目前公开文献中对于灌注方法的研究主要集中在单端注入修复介质的方式，通过适配器与电缆相连接，以达到注入及流出修复介质的目的。在实际工程应用中，目前的方法主要存在两类问题：一类是适配器的问题，对于不同型号的电缆而言，需要不同规格的适配器，若待修复的缺陷电缆较长，则需要较大的注入压力，对适配器的要求较高；二是注入策略的问题，目前的注入方法难以保证修复介质完全填充气隙层，修复效果欠佳。

本章提出采用中间注入两端流出的方法，可以在电缆两端安装有终端或是接头的情况下进行修复，灌注通路示意图如图 8-31 所示[19]。

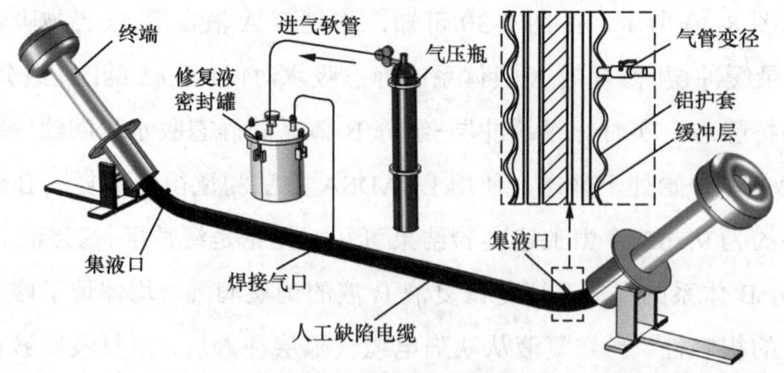

图 8-31　导电修复液灌注通路连接示意图

按照图 8-31，根据以下步骤进行修复液灌注：

（1）利用打孔器在电缆中部及电缆两端开孔，孔口朝上，且开孔深度超过铝套但不伤及缓冲层。在开孔处用双通接头焊接气口阀门后，通过注入软管将气口与修复液密封罐连接（焊接气口处应略低于集液口）。

（2）对缺陷电缆靠近终端的两端进行环切操作，即切除两端外护套、铝套以及缓冲层一周，露出绝缘屏蔽层，将绝缘屏蔽层与终端进行连接。

（3）利用绕包带将上一步骤露出的两个环切口进行密封操作。

（4）关闭两端集液口阀门，开启焊接气口处阀门，设置气压瓶注入压力为 0.4MPa，通过向电缆中注入气体 1min 的方式检查灌注通路气密性。

（5）气密性检查完毕后，关闭气压瓶开关，打开电缆两侧集液口阀门，利用流出软管将集液口阀门与修复液回收装置连接。再将气压瓶、修复液密封罐以及电缆焊接气口通过进气软管进行连接，打开气压瓶开关，将修复液注入电缆气隙中，待修复液从两端集液口均流出后，停止加压。

（6）关闭各电缆阀门，拆除注入装置，在室温（20℃）下静置至少 2h，待修复液完全固化后再进行相关电气性能试验。

上述灌注方法采用中间注入两端流出的措施，导电修复液在气压的作用下向电缆两端流动，由于修复液沿着电缆轴向前进过程中会有压强降，到电缆两端压强已经降低，可以不用专门设置密封装置，只需使用具有胶黏性的绕包带进行现场密封即可。气口及集液口朝上以及采用两端流出的注入策略，可以保证缓冲层与铝套之间的空气隙均被修复液填充，充分发挥修复液对于缺陷缓冲层的电气修复性能。环切的操作也使得该灌注方法能够在注入过程中不影响电缆终端和接头，更好地应用于现场施工场景。

8.4　高压电缆缓冲层缺陷修复方法的试验验证

8.4.1　缓冲层电气性能恢复效果验证实验

一、实验设计

为验证修复液对缓冲层电气性能恢复的实际效果，设计了如图 8-32 所示的缓冲层-皱纹铝套实验平台。实验平台主要仪器为 LW-1502 型交流电源，分度值为 1mA。该仪器可以获取测量端口处的电压以及电流数据，从而可以精确地计算出缓冲层与铝套之间的交流阻抗。为避免铝套及铝板表面氧化层对测量电阻结果的影响，每次测量进行前，分别用 400 目-800 目-1500 目水砂纸依次打磨短样表面，以去除铝材表面的缺陷和钝化膜。

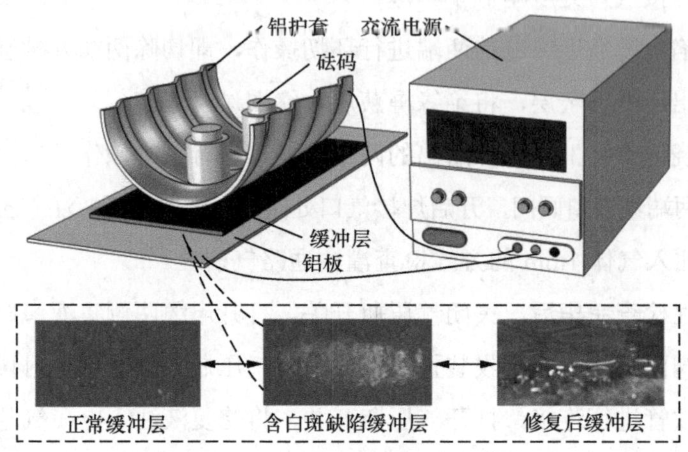

图 8-32 缓冲层-皱纹铝套实验装置示意图

缓冲层两侧的电极分别使用皱纹铝套以及铝板，以模拟实际电缆中缓冲层与铝套间的接触情况。铝套外径 46.9mm，厚度 2mm；缓冲带长 15cm，宽 8cm；铝板长 20cm，宽 10cm。缓冲层的相对粗糙面朝向皱纹铝套，相对光滑面朝向铝板。在皱纹铝套上方放置不同重量的砝码，以研究压力对缓冲层与铝套之间阻抗大小的影响[20]。每次测量待数据稳定后读数，记录试样在不同压力、不同接触状态下（正常缓冲层、含白斑缺陷缓冲层以及缺陷修复后缓冲层）的端口电压 U 以及端口电流 I，从而计算得到不同接触情况下的试样阻抗 Z。

二、实验结果及分析

根据获取的电流及电压数据，记录不同压力下正常缓冲层、含白斑缓冲层的阻抗计算数据，见表 8-8。其中，修复前对缓冲层试样的施加压力为 0～1200g，压力步长为 300g；修复后对缓冲层试样的施加压力为 0～500g，压力步长为 100g。由表 8-8 中数据可以看出，在相同电压的作用下，随着压力增大，正常缓冲层试样的阻抗逐渐降低，整体试样阻抗值不超过 500Ω。对于含白斑缓冲层而言，在施加的电压值 12.6V 下，均检测不出超过测量分度值的电流。实际上，由于白斑是一种不导电物质，其电阻往往超过兆欧[3]。白斑的存在隔绝了缓冲层与铝套之间的电气接触，因此本实验条件中几乎没有电流从白斑处流过。

表 8-8　　不同砝码压力下正常缓冲层与含白斑缓冲层实验结果

缓冲层状态		砝码压力/g				
		0	300	600	900	1200
正常缓冲层	电压/V	12.6	12.6	12.6	12.6	12.6
	电流/mA	31	92	136	171	222
	阻抗/Ω	406	137	92.6	73.6	56.7
含白斑缓冲层	电压/V	12.6	12.6	12.6	12.6	12.6
	电流/mA	0	0	0	0	0
	阻抗/Ω	—	—	—	—	—

利用针筒向缓冲层-铝套试样界面均匀注入导电修复液，不同压力下缺陷修复后缓冲层的阻抗计算数据见表 8-9。由表 8-9 可知，存在白斑缺陷的情况下，注入修复液后的缓冲层阻抗值出现明显下降，这也验证了仿真的结论。结合电网络模型分析阻抗值下降的原因为：铝套经过打磨后，表面氧化膜不影响试样电气性能，因此修复液能够利用接触面附近的空气隙，在缓冲层与铝套之间进行电气连接。

表 8-9　　不同压力下修复后缓冲层实验结果

缓冲层状态		砝码压力/g					
		0	100	200	300	400	500
缺陷修复后缓冲层	电压/V	12.6	12.6	12.6	12.6	12.6	12.6
	电流/mA	142	169	191	209	228	295
	阻抗/Ω	89.2	74.6	65.9	60.3	55.3	42.7

图 8-33 为正常缓冲层与修复后缓冲层的阻抗变化曲线。从图 8-33 中可知，缓冲层与铝套之间界面上的外加正压力与界面整体等效阻抗呈非线性负相关。在实际电缆中，当配合度 $C_r<1$ 时，电缆缓冲层承受的正压力取决于缆芯重力以及铝套对缓冲层的箍紧力。在这种情况下，随着电缆负荷的增加，绝缘层膨胀会使箍紧力增大，从而使缓冲层与铝套之间的电气连接增强。若配合度 $C_r<1$，铝套对缓冲层没有箍紧力，而此时接触面有白斑存在，缓冲层与铝套之间电气连接薄弱，便容易出现缓冲层放电现象。当缓冲层与铝套之间的界面存在修复液时，含炭黑导电颗粒修复液的导电性能优于缓冲层，同时与缓冲层有较好的相容性，因此修复液不仅能够缓解由于白斑带来的电气隔绝情况，还能够进一步提升缓冲层的电气性能，降低缓冲层与铝套之间的放电风险。

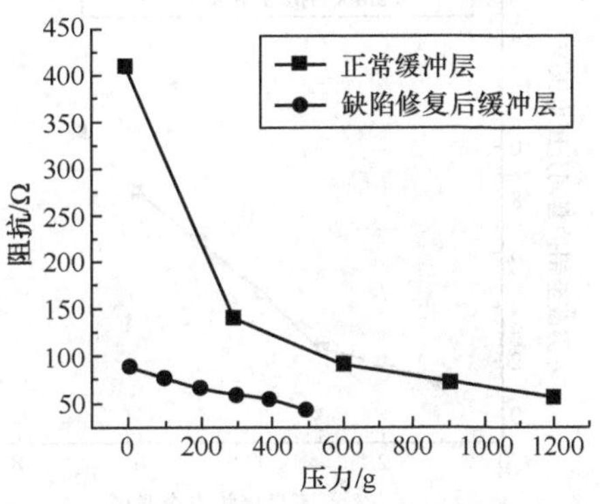

图 8-33　正常缓冲层与修复后缓冲层的阻抗变化曲线

8.4.2 人工可控缺陷电缆的设计及制作

一、人工可控缺陷电缆的制作意义

电缆缓冲层缺陷的检测与修复方法需要大量的白斑腐蚀缺陷电缆作为试验样品，而缺陷电缆大多敷设于地底，难以确定缺陷的位置，样品难以获取。有部分学者提出通过控制各项条件人为制造含白斑缺陷电缆，然而此方法成本相对较高，且无法在短时间内得到大量缺陷缓冲层样品，缺陷电缆缓冲层的获取已成为了缓冲层检测、修复研究中的瓶颈点。因此，为了研究修复液的实际修复效果，提出一种模拟缺陷电缆的制造方法，以克服目前存在的缺陷电缆样品难以获得的问题。

对于实际含白斑在运电缆，从白斑开始发展到接触点电气连接完全被白斑隔绝往往需要数年，其局部放电信号往往难以测量。而白斑腐蚀产物的析出，会使得缓冲层与铝套波谷之间电气接触不良，随着白斑的发展，沿着电缆轴向方向的接触不良点的个数将增加，进而增加缓冲层与铝套之间的放电风险。本章提出采用人工在缓冲层外侧间隙式缠绕皱纹绝缘纸的方式，来模拟缓冲层与铝套之间由于白斑腐蚀导致的电气接触不良情况。在制作人工缺陷电缆之前，需要确定皱纹绝缘纸的缠绕长度以及气隙层厚度这两个关键参数。

二、人工可控缺陷电缆绝缘带缠绕长度确定

随着电缆连续缺陷长度的增加，电缆的放电风险也会上升[21]。为了保证缺陷电缆在缓冲层外侧缠绕皱纹绝缘纸后能够产生放电现象，需要对绝缘纸缠绕的最短长度进行分析。基于电压分布计算模型，图 8-33 给出了导体加载 64kV 电压时，随着不良接触点个数的增加，绝缘屏蔽与铝套之间的分压电压的变化情况。由图 8-34 中可以看出，随着接触点个数的增加，绝缘屏蔽与铝套之间的分压电压逐渐上升，且上升的趋势呈现非线性。采用 Parabola 抛物线模型对数据点进行拟合，结果显示，R 平方值达到 0.99845，模型方程式为：$y=0.59+0.32163x+0.15993x^2$。该模型对数据的拟合效果理想。Parabola 模型揭示了连续不良接触点个数与分压电压之间的关系，且由于电缆结构固

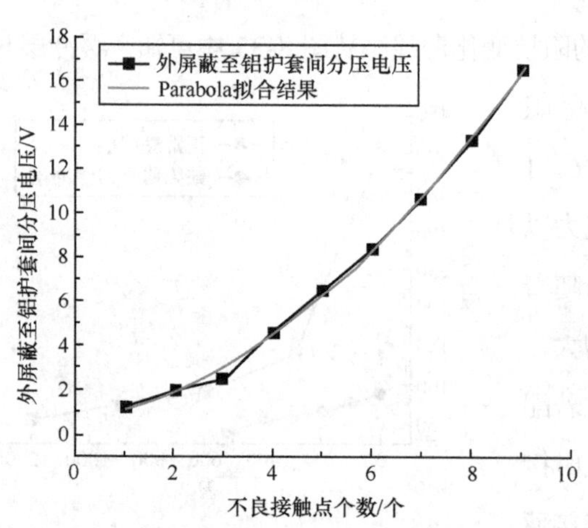

图 8-34 分压电压随连续不良接触点个数变化情况及其拟合结果

定，随着绝缘屏蔽与铝套之间分压电压的上升，气隙层间的场强也随之增大，当场强超过皱纹绝缘纸的起始放电电压时，就会出现放电现象。因此，可以通过放电模拟试验，测量皱纹绝缘带的放电起始电压，进而通过 Parabola 模型，确定对应的不良接触点个数，即可计算出所需缠绕绝缘带的长度。

为获取皱纹绝缘纸与缓冲阻水带的组合层起始放电电压，结合实际缓冲层与铝套之间的接触情况，使用铝套、缓冲阻水带与皱纹绝缘纸试样设计并进行了若干组放电模拟试验，试验原理图如图 8-35 所示。试验系统主要由升压系统、高压引线、测量系统、计算机后台系统和试样等组成。其中皱纹铝套螺纹单元为 5 个，皱纹绝缘纸平均厚度为 0.74mm，缓冲层平均厚度为 1.96mm，试样总厚度约为 2.7mm。用砝码模拟电缆线芯重量，根据铜及交联聚乙烯的密度以及与试样相对应的体积，计算得到重量约为 1000g。将皱纹铝套连接至高压电极，并放置于试样上方，试样下方垫置铝板，最后将铝板与接地点进行连接，采用这种接线方式既能够模拟缓冲层与皱纹铝套波谷之间的接触情况，又能够在暗光环境下直接从外部观察放电情况。

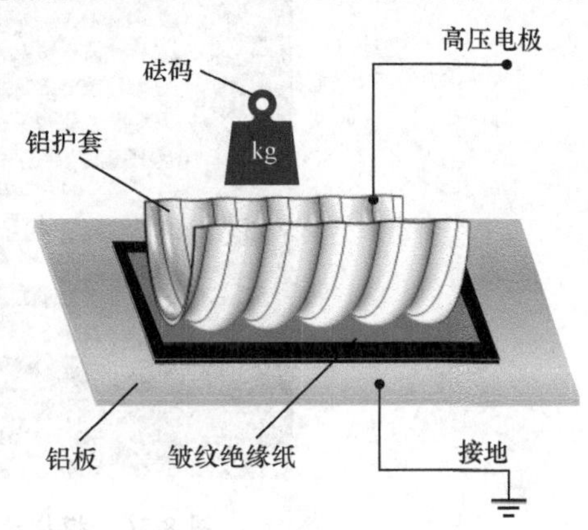

图 8-35　放电模拟试验接线图

在放电模拟试验中，环境温度 24℃，升压速度设置为 0.1kV/s，电压变化范围为 0～5kV，峰降电压设置为 0.3kV，每组试验进行 5 次加压操作，并对放电起始电压进行记录，试验记录结果见表 8-10。

根据表 8-10 数据可知，当缓冲层与皱纹绝缘纸作为试样时，5 次试验的起始放电电压均集中在 0.8～1.1kV。造成同组试验数据出现波动的原因是：在模拟放电试验中，由于介质的不均匀性，导致试样的放电现象具有随机性，使得起始放电电压出现相对变化。

表 8-10　　阻水带+皱纹绝缘纸的放电起始电压结果

试验次数	放电起始电压/kV
1	0.98
2	0.80
3	0.98
4	1.05
5	0.80

对试验过程中以及试验结束后的现象进行记录：在试验过程中，出现间歇性电火花放电，并伴有较强闪光以及破裂声。试验结束后，取出试样进行观察，发现皱纹绝缘纸与铝套紧密接触处出现放电伤痕，皱纹绝缘纸被击穿，铝套和缓冲层上留下形状一致的放电痕迹，如图 8-36 所示。

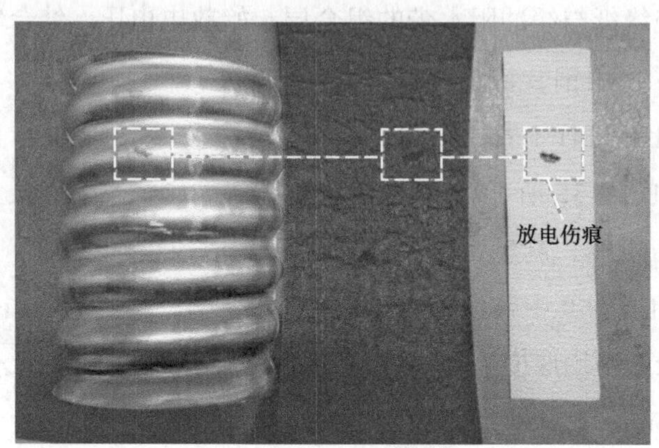

图 8-36　模拟放电试验在试样上的放电痕迹

根据放电模拟试验结果可知，若在缓冲层外侧采用绕包皱纹绝缘带的方式模拟缺陷，当电缆绝缘屏蔽与铝套之间的分压电压最低达到 0.8kV，就很可能有放电现象的产生。根据不良接触点个数与分压电压的 Parabola 模型，可以计算得 0.8kV 分压电压下对应得不良接触点个数约为 70 个，当皱纹铝套节距为 25mm 时，对应得电缆径向长度为 1.75m，对应所需绝缘皱纹带长度 S 可用下面计算公式求得：

$$S = n \cdot \sqrt{(2\pi r)^2 + L^2} \tag{8-23}$$

式中：n 为节距个数；r 为缓冲层外侧半径；L 为皱纹铝套节距长度。综上所述，为了能够使人工缺陷电缆出现明显的放电现象，缓冲层外侧绕包的皱纹绝缘纸径向长度至少为 1.75m。

三、人工可控缺陷电缆气隙层厚度确定

缓冲层与铝套之间存在过盈配合以及间隙配合两种情况。为了使人工缺陷电缆更容易放电，需要采用电气连接情况相对较差的间隙配合。因此需要确定气隙层厚度，以在实际缺陷电缆生产过程中进行准确的参数设置。

利用三维有限元电场仿真模型，在缓冲层外侧设置一层皱纹绝缘纸层，用于模拟实际皱纹绝缘纸缠绕在缓冲层外侧的情况。同时在模型的几何参数设置中，通过参数化扫描的方式，使电缆的最大空气间隙厚度 d 分别在 1.6mm、2.6mm、4.6mm、6.6mm、

8.6mm 和 10.6mm 这 6 个厚度值进行变化，计算每种厚度下对应的电场，得到图 8-37（a）～（f）所示的电场云图。由图 8-37 中可知，不同气隙厚度下的电场极大值均出现在电缆底部皱纹绝缘纸与铝套接触的区域。随着缓冲层与铝套之间的空气间隙厚度增大，皱纹绝缘带表面的电场最大值亦在增加。这是由于电场分布对电缆的几何结构变化敏感，当空气间隙厚度增大时，气隙层所呈现出的剖面形状将愈加不均匀，电场更容易畸变，从而出现场强集中的现象。因此在生产缺陷电缆的过程中，可以在允许的范围内使气隙层尽可能大。结合皱纹绝缘纸模拟放电试验结果分析，若要使得人工缺陷电缆尽可能放电，缓冲层与铝套之间的电压至少为 1.1kV。对于缠绕了厚度为 0.74mm 的皱纹绝缘带的缺陷电缆，其缓冲层与铝套间最低击穿电场约为 1.49kV/mm，故在生产缺陷电缆时，考虑控制铝套与缓冲层之间的最大单边气隙厚度为 6.6mm，以达到足够的击穿场强产生放电。

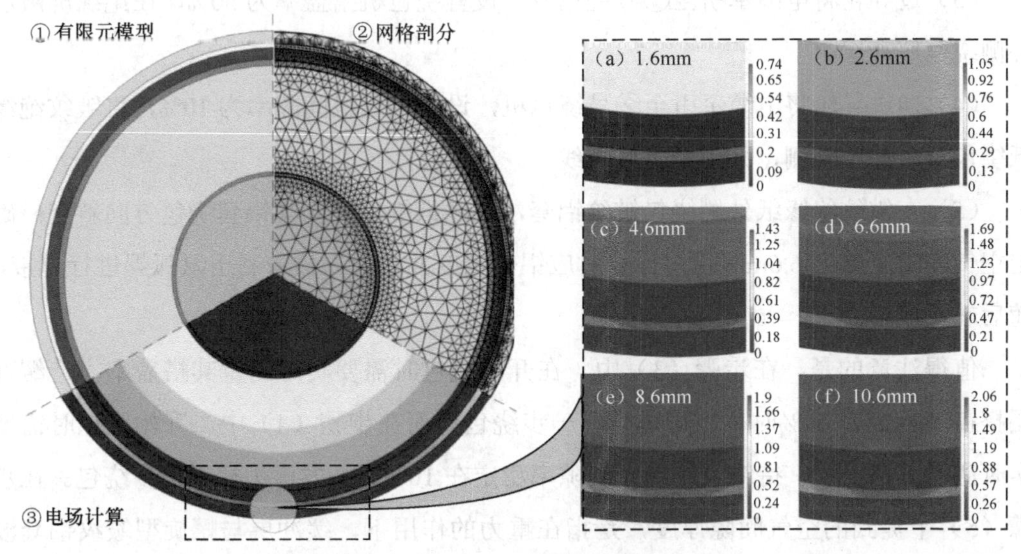

图 8-37 不同气隙厚度下的电场云图

四、人工可控缺陷电缆的制作

在确定了缺陷电缆的关键参数之后，便可以开始制作人工可控缺陷电缆。图 8-38 展示了缺陷电缆的制作流程，缺陷电缆制造方法主要包括以下步骤：

（1）如图 8-38 制造流程图所示，导体通过拉丝设备拉出单丝，单丝经过拉丝退火，并用框绞机制成绞合导体。

（2）利用三层共挤工艺将导体屏蔽层、绝缘层、绝缘屏蔽层挤包至绞合导体的外周，并与绝缘层牢固黏结。

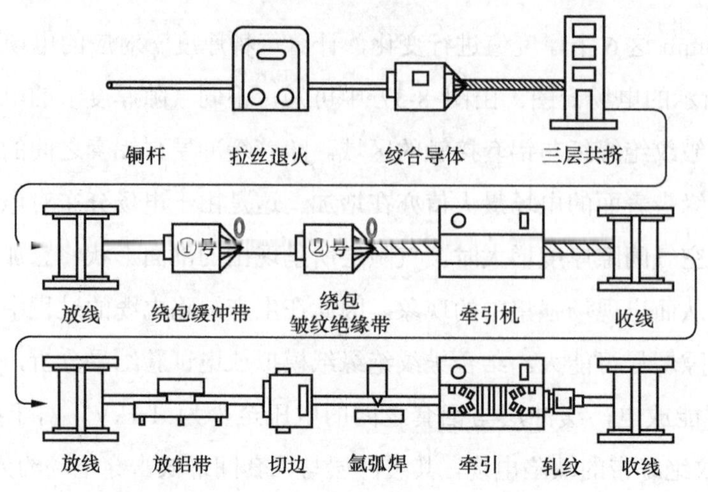

图 8-38 人工可控缺陷电缆制作流程示意图

（3）过导轮将电缆牵引至①号绕包机，设置绕包机搭盖率为 50%，在绝缘屏蔽层外侧绕包缓冲层。

（4）通过导轮将电缆牵引至②号绕包机，设置绕包机间隙率为 10%，将皱纹绝缘纸绕包至缓冲层外侧，并用牵引机收线。

（5）在皱纹绝缘纸外侧绕包皱纹铝套，绝缘纸绕包方向与铝套绕包方向斜交；确定空气间隙厚度为 6.6mm 后，计算对应铝带宽度并切边，接着利用氩弧焊进行焊接，随后轧纹成形。

值得注意的是，在步骤（3）中，在开始绕包时需要实时测量其搭盖率，待缓冲层搭盖率稳定在 50%时，方可进行下一步绕包。而在步骤（4）中，开始绕包时需要实时测量其搭盖率，待皱纹绝缘纸间隙率稳定在 10%时，方可进行下一步绕包。在步骤（5）中提到的空气间隙厚度，是指在重力的作用下，缓冲层与螺旋型皱纹铝套波谷底部紧密接触时，电缆本体顶部的缓冲层与波峰内侧的气隙最大厚度。

8.4.3 高压电缆缓冲层修复方法有效性验证

一、人工可控缺陷电缆局部放电试验

前文通过建立的理论模型确定了能够使人工可控缺陷电缆放电的纵向最短缺陷长度以及对应的气隙层厚度。同时仿真分析指出，随着电缆内部白斑的发展，沿着电缆轴向的缺陷支路将逐渐增加，进而提高缓冲层与铝套之间的放电风险。为分析缺陷的连续长度对实际电缆的影响，本节对不同缺陷长度下的人工可控缺陷电缆（YJLW03—

64/110，导体截面 800mm²）进行了局部放电试验，通过局部放电试验验证电压分布计算模型对放电风险量化的有效性。

截取一根长 17m 的缺陷可控电缆作为实验样品。利用该电缆样品在屏蔽室搭建局部放电信号检测平台。实验平台主要由计算机、电压发生器、补偿电容器和局部放电检测仪组成。试验示意图如图 8-39 所示。在试验中，电压以 1kV/s 的速度缓慢升高至 $1.0U_0$（U_0=64kV）再缓慢下降。本试验分别设置皱纹绝缘纸轴向长度分别为 0.5、1、2、4 和 6m 五种缺陷情况，对电缆的放电量 Q 进行检测。图 8-40 展示了不同缺陷长度下电缆在 64kV 电压下的放电信号脉冲图。

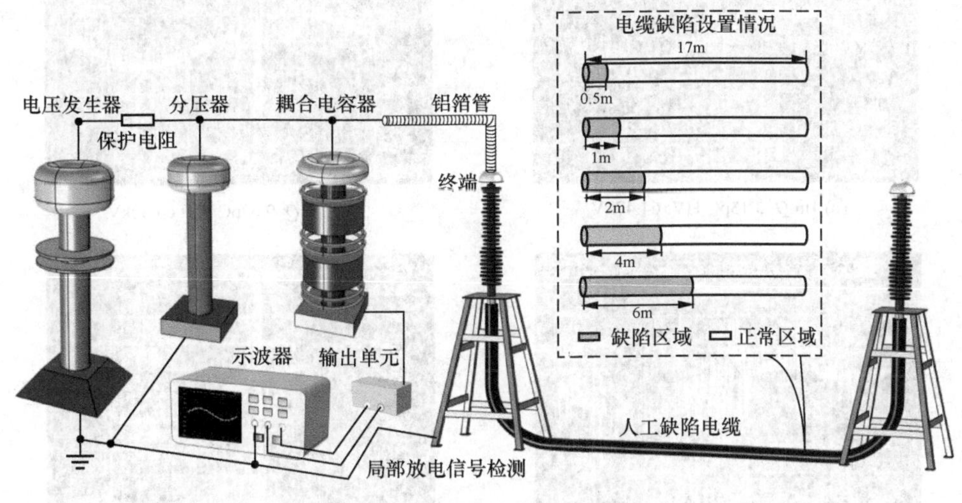

图 8-39 局部放电试验示意图

从图 8-40 中可以看出，试验场地的背景噪声为 1.57pC，即局部放电试验的检测灵敏度为 3.14pC。当缺陷轴向长度为 0.5m、1m 时，均没有出现超过声明灵敏度的可检测的放电信号。当缺陷轴向长度为 2m 时，试验过程中开始出现局部放电信号，这也印证了理论分析中连续缺陷长度需要大于 1.75m 才可放电的结论。随着缺陷长度的进一步加长，放电次数逐渐增多，放电量也逐步增大，这是由于人工缺陷电缆在设计制作时在缓冲层与铝套之间预留了较大的气隙厚度，使得气隙层的不均匀度增加，而缓冲层外侧绕包的皱纹绝缘纸也使得缓冲层与铝套之间的电气连接不良，随着缺陷长度的增加，绝缘屏蔽与铝套之间的分压电压会升高，进而产生场强局部集中点。当电缆内部缓冲层与铝套间的场强超过皱纹绝缘纸的击穿场强时，便会出现放电现象。

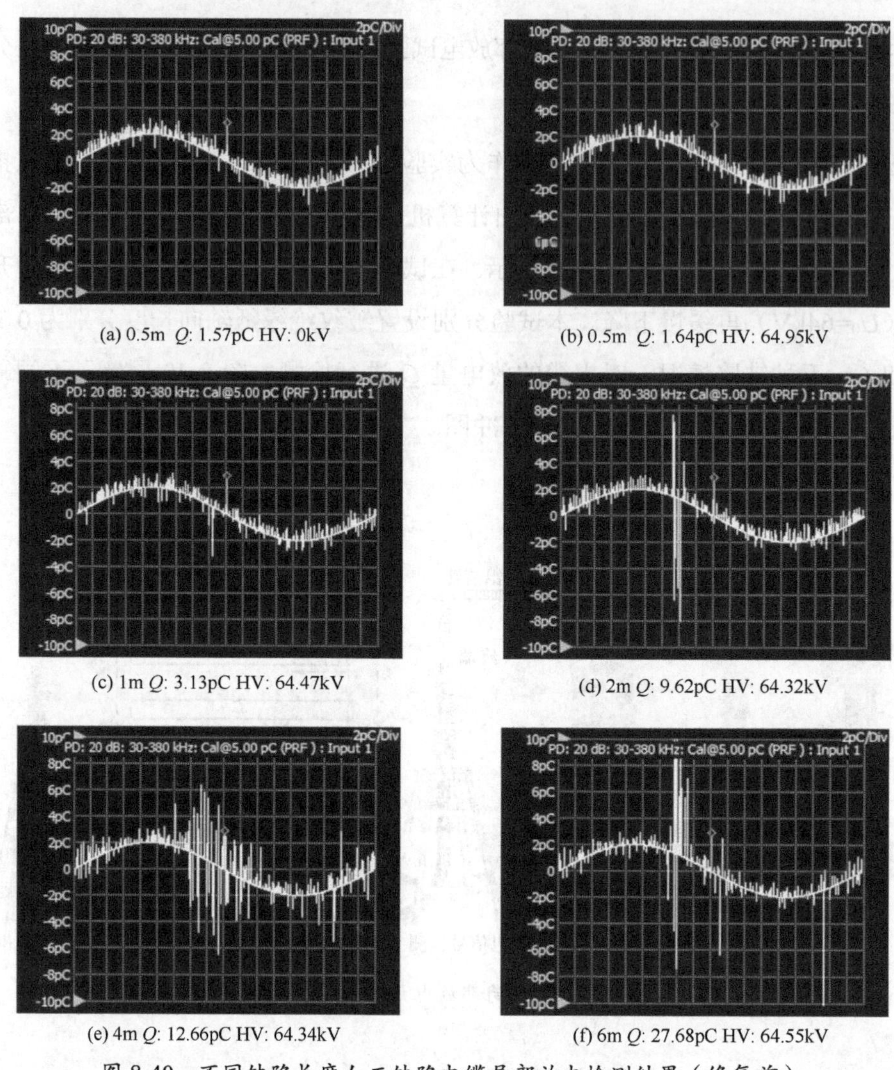

(a) 0.5m Q: 1.57pC HV: 0kV　(b) 0.5m Q: 1.64pC HV: 64.95kV

(c) 1m Q: 3.13pC HV: 64.47kV　(d) 2m Q: 9.62pC HV: 64.32kV

(e) 4m Q: 12.66pC HV: 64.34kV　(f) 6m Q: 27.68pC HV: 64.55kV

图 8-40　不同缺陷长度人工缺陷电缆局部放电检测结果（修复前）

二、缺陷电缆修复后局放检测试验及分析

在向缺陷电缆内部灌注满导电修复液并撤下注入装置后，按照 GB/T 11017.1—2024 试验标准进行局部放电测试回路连接。试验终端使用水终端，将电缆端部插入去离子水，可以降低电缆本体绝缘处的场强、均匀化电场[22]。在铝套外侧缠绕一层绝缘纸，以防止出现铝套对地高压导致的放电现象。图 8-41 为修复后局部放电试验现场图。测量人工缺陷电缆在修复后的局部放电信号如图 8-42 所示。

从图 8-42（a）中可以看出，在未施加电压时，试验现场的背景噪声为 1.17pC。电压在 1.0U_0、1.5U_0、1.75U_0 下对应的局部放电信号也均为 1.17pC。上述试验结果说明，在注入修复液后，随着导体电压的提高，修复后的缺陷电缆未见放电信号。

图 8-41　缺陷电缆修复后局部放电试验现场图

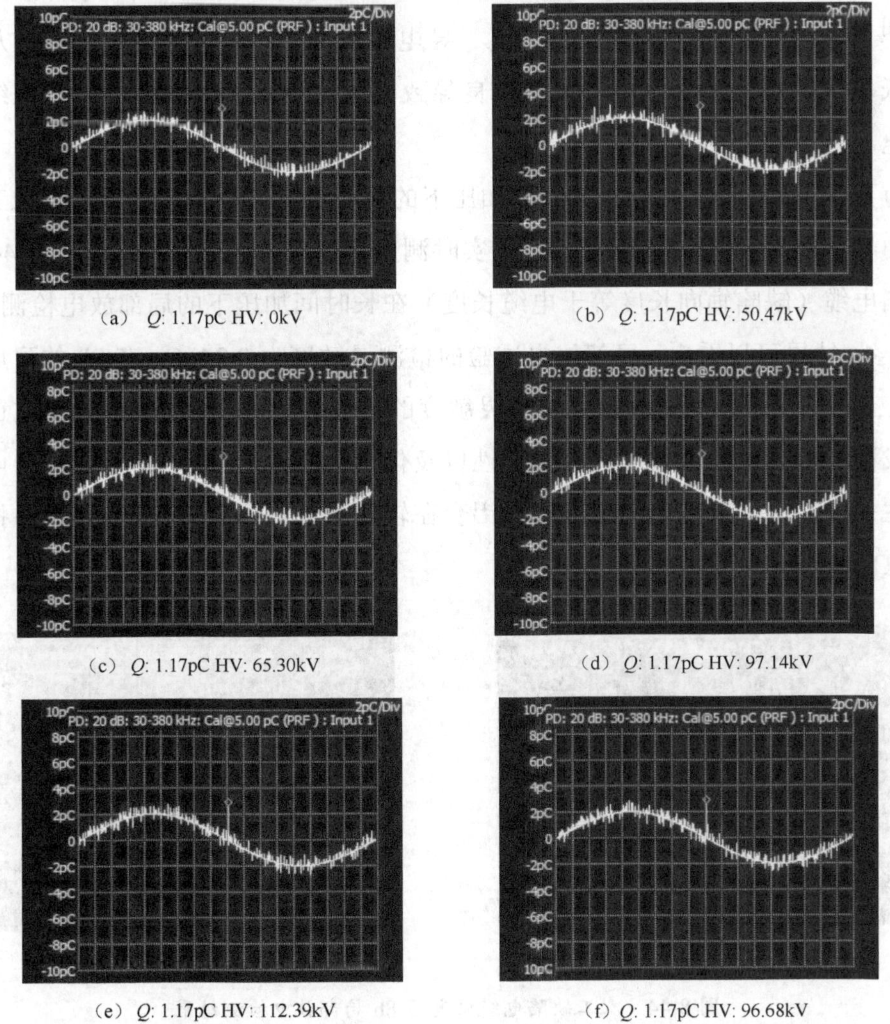

（a） Q: 1.17pC HV: 0kV　（b） Q: 1.17pC HV: 50.47kV

（c） Q: 1.17pC HV: 65.30kV　（d） Q: 1.17pC HV: 97.14kV

（e） Q: 1.17pC HV: 112.39kV　（f） Q: 1.17pC HV: 96.68kV

图 8-42　17 m 人工缺陷电缆局部放电检测结果（修复后）

图 8-43 展示了（缺陷覆盖全长的）人工缺陷电缆在修复前后局部放电信号量随导体电压的变化。从图 8-43 中可以发现：在修复前，由于电缆缓冲层外侧间隙式包覆着皱纹绝缘纸，因此缓冲层与铝套之间电气连接不良，电缆内部存在着明显的放电信号。当导体电压增加至 $1.75U_0$ 时，放电量可达到 21.97pC。在注入导电修复液后，缺陷电缆的缓冲层与铝套之间通过修复液形成一道导电通路，修复液也通过皱纹绝缘纸的包覆间隙浸湿缓冲层，使得导电通路进一步延伸至绝缘屏蔽，从而大大降低了气隙层之间由于电气接触不良导致的放电风险，有效地抑制了电缆缓冲层放电。

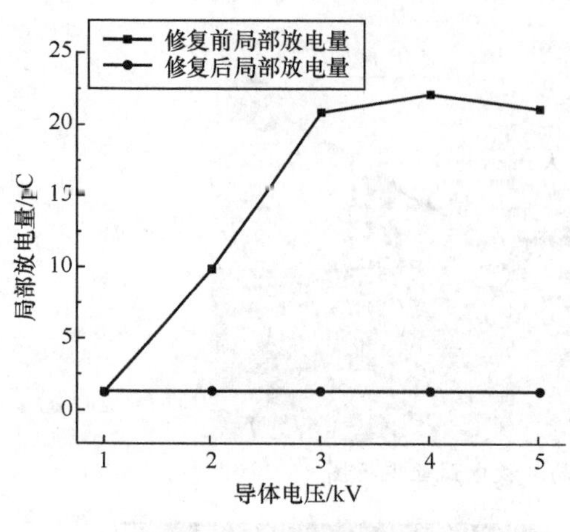

图 8-43　缺陷电缆修复前后放电量

为了进一步验证修复液在长时间加压下的局部放电信号抑制效果，为人工缺陷电缆的导体施加 8h 的 $1.5U_0$ 电压，并实时测量其局部放电信号情况。图 8-44 为人工缺陷电缆（缺陷轴向长度等于电缆长度）在长时间加压下的局部放电检测结果。从图 8-44 结果可以看出，局部放电试验的检测灵敏度为 2.24pC，在 8h 的耐压试验中，人工缺陷电缆没有出现超过申明灵敏度的可检测的放电信号。由于前文已论证过加成型导电硅橡胶具有良好的相容性以及化学稳定性，因此可以推论：导电修复液的注入能够保持缺陷电缆缓冲层与铝套在较长时间内电气的良好连接，并抑制放电现象的出现。

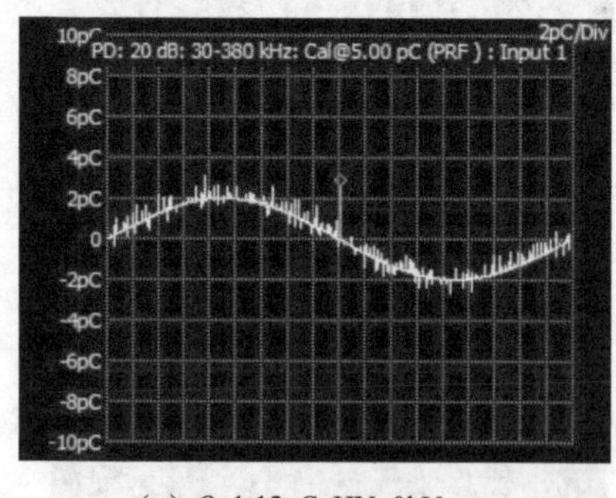

（a）Q: 1.12pC　HV: 0kV

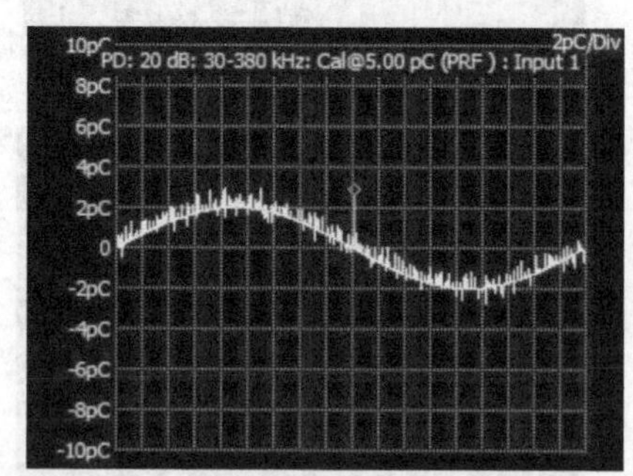

（b）Q: 1.12pC　HV: 96.07kV

图 8-44　人工缺陷电缆修复后 8h 局部放电检测结果

8.5 小　　结

在高压电缆缓冲层烧蚀放电故障频发的背景下，立足于以加成型导电硅橡胶作为修复液的缓冲层缺陷修复方法，对缓冲层在注入修复液后的评估模型、修复液性能以及修复效果进行了研究。首先，对电缆传统分布式等效电路进行优化，建立了适用于注入修复液后的缓冲层电压分布计算模型，并给出了模型中各参数的计算方法；其次，建立了高压电缆三维数值仿真模型，研究了修复液注入体积与电导率对气隙层电场分布的影响；再次，以制备的不同质量分数的修复液作为研究对象，设计实验分析了修复液的电气性能以及固化性能；最后，通过对比分析白斑缺陷电缆在修复前后的绝缘屏蔽悬浮电位以及放电情况，验证了修复方法的有效性，主要得到以下结论：

（1）缓冲层与铝套间缺陷的存在会使得界面间出现高达 3.8kV/mm 的场强，远大于电气连接良好时的电场最大值（仅为 4.9×10^{-4}kV/mm）。随着修复液注入体积的增加，接触界面电场最大值会逐渐下降，当电导率为 1×10^{-5}S/m 修复液完全覆盖缺陷界面后，场强最大值可以稳定在 0.1kV/mm 以下，因此修复液注入电缆的体积需要以是否能完全覆盖缺陷来衡量。当修复液电导率提高至 1×10^{-3}S/m 后，缓冲层与铝套接触边缘电场得到极大改善，修复液覆盖区域的场强均匀程度也得到了显著提高。

（2）缓冲带不导电产物生成导致绝缘屏蔽与铝套之间出现的电位差，是造成缓冲层烧蚀放电的直接原因。当修复液炭黑质量分数提升至 1.2%～1.5%时，修复液的电阻率急剧下降，炭黑的分散性能也显著提高。在电缆气隙层中注入炭黑质量分数大于 1.2%的修复液后，能够大幅降低绝缘屏蔽与铝套之间的等效电阻，恢复缓冲层与铝套之间的电气连接，并抑制腐蚀产物的生成，减轻缓冲层的放电烧蚀现象。

（3）加成型导电硅橡胶具有黏度突变的固化特点，在常温（23℃）下的可操作时间在 180～240min 内。随着温度上升，修复液固化时间减少，在 40℃下的可操作时间在 70min 内。

（4）局部放电试验结果表明，电缆轴向缺陷长度越长，局部放电量越大，放电次数也逐渐增加，当缺陷长度为 6m、背景噪声为 1.57pC 时，最大放电量可达到 27.68pC。采用“中间注入、两端流出、集液口朝上”的修复液灌注方法，能够保证修复液填满气隙层。当修复后的人工缺陷电缆导体电压在 $1.0U_0$～$1.75U_0$ 变化时，均未出现放电信号，同时修复后的耐压试验表明，使用加成型导电硅橡胶作为修复液，能够在相对长的时间内保持绝缘屏蔽与铝套之间的电气连接状态。

本章参考文献

[1] 宋鹏先，张华，朱晓辉，等. 一种基于石墨注入的高压电缆缓冲层修复方法研究[J]. 绝缘材料，2023, 56(10): 84-90.

[2] 曲国安，罗汪彬，赵新院，等. 一种高压电缆缓冲层烧蚀修复技术[J]. 电线电缆，2023(5): 17-22.

[3] Chen Y, Zhou K, Kong J, 等. Hydrogen evolution and electromigration in the corrosion of aluminium metal sheath inside high-voltage cables[J]. High Voltage, 2022, 7(2): 260-268.

[4] 刘晓明，李俐莹，蔡巍，等. 电场场域可视性复杂网络模型研究[J]. 电工技术学报，2016, 31(3): 89-96.

[5] 刘英，陈佳美. 高压 XLPE 电缆阻水缓冲层电–热场分析及模拟烧蚀试验研究[J]. 中国电机工程学报，2022, 42(4): 1260-1271.

[6] 赵琦，周凯，孔佳民，等. 高压 XLPE 电缆阻水缓冲层烧蚀机理研究现状[J]. 绝缘材料，2022, 55(4): 20-28.

[7] 陈杰，李文杰，刘顺满，等. 铝套结构对 XLPE 电缆绝缘屏蔽层悬浮电位影响[J]. 电力工程技术，2022, 41(6): 147-153, 162.

[8] 欧阳本红，李文杰，刘英，等. 高压 XLPE 电缆阻水缓冲层烧蚀机理[J]. 高电压技术，2021, 47(9): 3153-3162.

[9] 余震明. BDD-2 型电缆半导电电阻测量装置的研制[J]. 电线电缆，2008(1): 13-15.

[10] 王文旭. 硅橡胶耐磨性能的研究[D]. 南昌：南昌大学，2020.

[11] 柯其宁. 高透紫外氟硅橡胶的性能及其固化动力学研究[D]. 武汉：湖北工业大学，2021.

[12] 代晓青，肖加余，曾竟成，等. 等温 DSC 法研究 RFI 用环氧树脂固化动力学[J]. 复合材料学报，2008(4): 18-23.

[13] Wang. S, Jiang. L. Definition of superhydrophobic states[J]. Advanced Materials, 2007, 19 (21): 3423-3424.

[14] Stalder. A , Melchior. T, Müller. M, et al. Low-bond axisymmetric drop shape analysis for surface tension and contact angle measurements of sessile drops[J]. Colloids and Surfaces A: Physicochemical and Engineering Aspects, 364(1-3), 72-81.

[15] 冯圣玉. 有机硅高分子及其应用[M]. 北京：化学工业出版社，2004: 141-144.

[16] 刘艳花. 特殊浸润性表面的构建及其自修复性能研究[D]. 兰州：兰州大学，2016.

[17] 张焕侠. 碳纤维表面和界面性能研究及评价[D]. 上海: 东华大学，2014.

[18] 丁彬，熊春明，耿向飞，等. 致密油纳米流体增渗驱油体系特征及提高采收率机理[J]. 石油勘探与开发，2020, 47(4): 756-764.

[19] 凌颖，黄嘉盛，李濛，等. 基于硅橡胶基调控的高压电缆缓冲层缺陷修复研究[J]. 广东电力，2023, 36(7): 84-93.

[20] 黄宇，吴长顺，孙利. 高压电缆用缓冲层材料体积电阻率测试方法研究[J]. 电气技术，2020, 21(10): 123-126, 132.

[21] Wu. Z, Lai. Q, Zhou. W, et al, Analysis of influencing factors on buffer layer discharge for high-voltage XLPE cable[J]. IET Generation, Transmission & Distribution, 2022, 16(20): 4142-4157.

[22] 高德健. HVDC 电缆终端电场分布特性及试验终端的设计[D]. 哈尔滨：哈尔滨理工大学，2017.

第9章

平滑铝套电力电缆研究

平滑铝套高压电力电缆作为一种紧凑型护层结构电力电缆，由于铝套与缓冲阻水层之间实现面接触，可有效减少铝套与缓冲阻水层之间接触不良现象，对降低高压电缆缓冲阻水层烧蚀故障风险、提升高压电力电缆运行可靠性具有重要意义。目前，国内已有多家高压电缆生产企业具备平滑铝套电缆设计开发和批量化生产能力，取得平滑铝套电缆型式试验报告。本章首先介绍平滑铝套电缆的结构设计，其次对其载流能力与皱纹铝套电缆进行对比分析，最后介绍成品试验评价。

9.1 结构设计研究

平滑铝套电缆与皱纹铝套电缆典型结构如图 9-1 所示。对于相同规格的电缆，两种结构从导体至绝缘屏蔽部分完全相同，只是缓冲带/阻水带、铝套、防腐层和外护套部分不同[1]。中电协团体标准《66kV～500kV 交联聚乙烯绝缘平铝套电力电缆》规定：除了平铝套结构外，电缆的截面范围和电缆结构（如导体、导体屏蔽、绝缘和绝缘屏蔽、缓冲层以及外护套）的要求应符合相应标准 GB/T 11017.2、GB/T 18890.2 或 GB/T 22078.2 的规定。

（a）平滑铝套电缆　　（b）皱纹铝套电缆

图 9-1　平滑铝套电缆与皱纹铝套电缆典型结构设计

在平滑铝套被挤出或焊接后，为了避免铝套太紧烫伤缓冲层或缆芯，铝套与缓冲层间应留有一定间隙。通常铝套需要经缩径工艺处理，从而使其较为紧密地包覆在缓冲层上[2]。缩径后，缓冲层与铝套紧密接触，当缓冲层与铝套采用“负间隙”设计时（缓冲层外径大于铝套内径），由于缓冲带基材为半导电聚酯纤维无纺布，其内部含有大量气隙，受铝套挤压为负间隙时仍具有一定可压缩量。

9.1.1 考虑绝缘热膨胀的缓冲层间隙设计研究

假设电缆绝缘线芯膨胀前的体积为 V_0，体积膨胀系数为 α，经过 ΔT 的温升后，电缆绝缘线芯膨胀后的体积 V_1 可表示为

$$V_1 = V_0\left(1+\alpha\Delta T\right) \tag{9-1}$$

由于铜的体积膨胀系数比 XLPE 小一个数量级，导体屏蔽、绝缘、绝缘屏蔽热膨胀系数相近，故电缆绝缘线芯的热膨胀近似认为是由 XLPE 绝缘系统（包括导体屏蔽、绝缘、绝缘屏蔽）引起的，即

$$V_1 = \frac{\pi\left(D_1^{\ 2} - d^2\right)h_1}{4} = \frac{\pi\left(D_0^{\ 2} - d^2\right)h_0\left(1+\alpha\Delta T\right)}{4} \tag{9-2}$$

式中：D_0、D_1 分别为膨胀前后的电缆绝缘线芯外径；h_0、h_1 分别为膨胀前后的电缆绝缘线芯长度；d 为导体外径。

假设膨胀前后电缆绝缘线芯长度不变，即 h_1-h_0，则电缆绝缘线心膨胀后外径 D_1 可表示为

$$D_1 = \sqrt{D_0^{\ 2}\left(1+\alpha\Delta T\right) - d^2\alpha\Delta T} \tag{9-3}$$

电缆绝缘线芯外径的膨胀量为 D_1-D_0。

为验证电缆绝缘线芯在运行温度下的膨胀量，进行绝缘膨胀试验验证。取经过去气的 FY-YJLP03 64/110 1×800、FY-YJLP03 127/220 1×2500 电缆绝缘线芯各 12 根，每根长度为 300mm。在室温（10℃）下用 π 尺测量每根电缆绝缘线芯的两端和中间位置外径，取平均值。

每次将 3 根电缆绝缘线芯在距离两端 10mm 处用铜线缠绕两圈，间隔排列，分别水平悬挂在 30、50、70、90℃的烘箱中 2h，膨胀试验示意图如图 9-2 所示。2h 后，依次取出电缆绝缘线芯，立即测量两端和中间位置的外径，记录数据，取平均值，试验结果如图 9-3 点线所示，可得电缆绝缘线芯的膨胀量随温度近似线性增长。

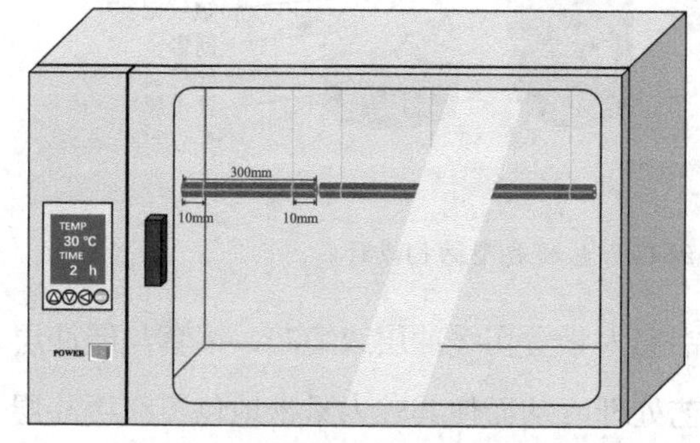

图 9-2　电缆绝缘膨胀试验示意图

电缆绝缘线芯受热膨胀时，不仅在径向上膨胀，还在轴向上延伸。在相同的体积膨胀条件下，由于轴向长度的增加，线芯外径的增量会减小，故式（9-3）计算结果较大，需对体积膨胀系数进行修正，当修正后的体积膨胀系数 $\beta=\alpha/2.2$ 时，修正后的膨胀量如图 9-3 虚线所示，未修正前公式计算的膨胀量如图 9-3 实线所示。

当可压缩厚度过小时，平滑铝套电缆运行热膨胀可能导致绝缘层受挤压损伤，影响电缆的电气性能；当可压缩厚度过大时，绝缘膨胀后仍无法达到优化配合尺寸，影响缓冲层与铝套的接触。

电缆运行受热膨胀时，缓冲带的空气可压缩厚度吸收电缆绝缘线芯膨胀，缓冲带与铝套紧密接触而不挤压绝缘层，故将含空气的蓬松无纺布缓冲带厚度等效为无纺布不可压缩厚度和空气可压缩厚度两部分。使用测厚规测量一层缓冲带压紧前后厚度分别为 1.95mm、

0.57mm，即一层缓冲带的可压缩厚度为 1.38mm，如图 9-4（a）所示。

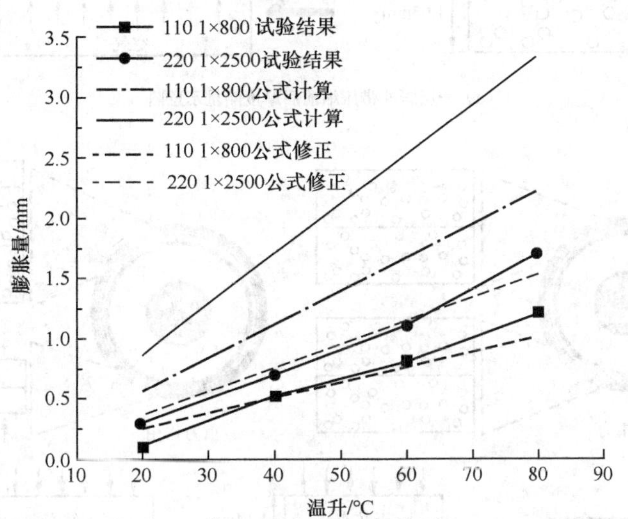

图 9-3　不同温升下平滑铝套电缆绝缘膨胀量

以 220kV 平滑铝套电缆为研究对象，截面积为 1200mm^2，电缆线芯结构尺寸见表 9-1。

表 9-1　220kV 1200mm^2 平滑铝套电缆线芯尺寸

结构名称	厚度/mm	外径/mm
导体	—	42
导体屏蔽	2.6	47.2
XLPE 绝缘	24.0	95.2
绝缘屏蔽	1.0	97.2

根据修正后的电缆绝缘膨胀公式（9-3）计算，220kV 1200mm^2 平滑铝套电缆在运行温度下的膨胀量为 1.43mm，故需要两层缓冲带来吸收热膨胀，电缆绝缘线芯顶部和底部共四层缓冲带厚度为 7.8mm。

当电缆水平敷设时，考虑重力因素，电缆绝缘线芯底部缓冲带被压缩，而顶部缓冲带未被压缩，具有一定可压缩空间，铝套与缓冲带之间根据电压等级（绝缘厚度）单侧留有 0.3～0.5mm 的间隙[3]。由于缓冲带内部含有大量气隙，使得传热效果变差，影响绝缘的散热，故空气的可压缩厚度尽可能减小。

此外，由于铝套缩径工艺差异、不同缓冲带实际厚度差异等因素，需留有 0.5～1.0mm 裕度。综合重力作用、绝缘膨胀等因素，四层缓冲带的可压缩厚度可设计为 2.59～3.29mm，如图 9-4（b）所示；电缆绝缘线芯顶部和底部的缓冲层可压缩厚度，即缓冲层和铝套之间的负间隙大小可设计为 1.3～1.6mm。

（a）一层缓冲带压缩前后厚度测量示意图

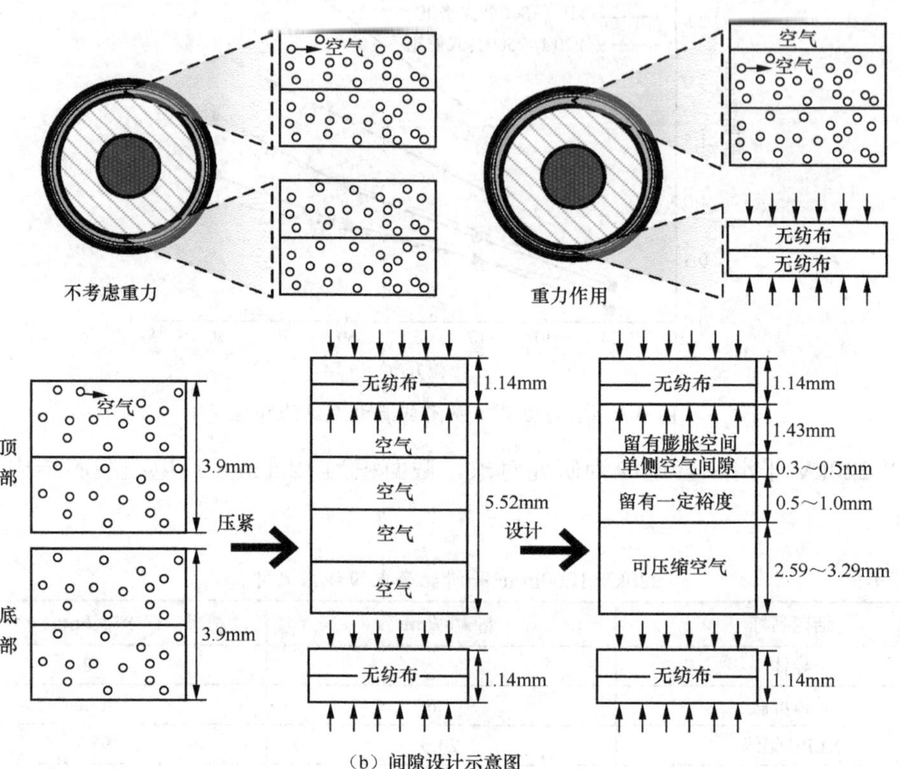

（b）间隙设计示意图

图 9-4　缓冲带压缩前后厚度和间隙设计示意图

9.1.2　电缆电场强度、温度、热应力仿真研究

为了研究不同空气间隙对平滑铝套电缆电场分布的影响，不同缓冲层厚度对温度、热应力分布的影响，建立了 220kV 1200mm² 平滑铝套电缆模型。

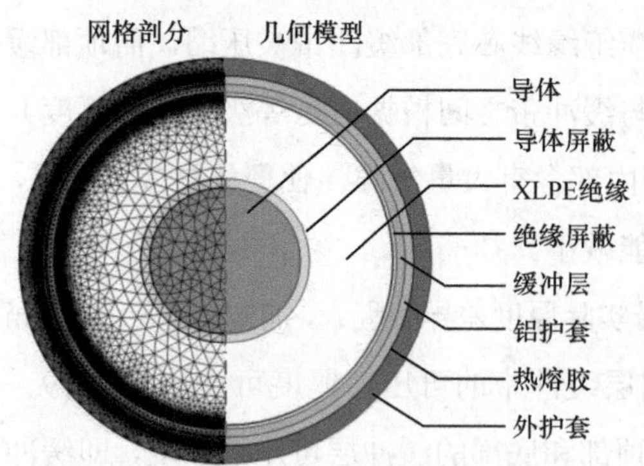

图 9-5　平滑铝套电缆几何模型和网格剖分

由于平滑铝套电缆的长度与外径相比可视为无限长，故可忽略电缆终端对其本体的电场和热场变化影响。不考虑缆芯受重力的影响，将其结构简化为平面模型，即同心圆结构，建立 220kV 1200mm² 平滑铝套电缆二维仿真模型，其几何模型如图 9-5 右所示；

电缆结构尺寸及仿真相关物理参数见表 9-2[4]。网格剖分如图 9-5 左所示，对导体和绝缘结构使用较精细的网格划分，对其他结构使用超精细的网格划分。

表 9-2　　220kV 1200mm^2 平滑铝套电缆结构尺寸及仿真相关物理参数

结构名称	厚度 /mm	外径 /mm	相对介电常数	电导率 ρ /(S · m^{-1})	导热系数 λ /[W/(m · K)]	热膨胀系数 α /(1 · K^{-1})	杨氏模量 E /(GPa)	泊松比 v
导体	—	42	1×10^4	6×10^7	400	1.8×10^{-5}	100	0.326
导体屏蔽	2.6	47.2	100	2	0.658	1.812×10^{-4}	3.366×10^{-3}	0.439
XLPE 绝缘	24.0	95.2	2.5	1×10^{-14}	0.406	2.911×10^{-4}	1.785×10^{-2}	0.439
绝缘屏蔽	1.0	97.2	100	2	0.608	2.378×10^{-4}	2.709×10^{-2}	0.439
缓冲层	2.0×2	102	2.25	1.25×10^{-4}	0.092	3.356×10^{-3}	2.173×10^{-2}	−0.7
铝套	2.4	106.8	1×10^4	3.57×10^7	237	2.3×10^{-5}	25.5	0.32
热熔胶	0.1	107	2.25	1×10^{-14}	2.28	5.5×10^{-4}	5.840×10^{-2}	0.4
PE 外护套	5.0	117	2.25	1×10^{-14}	0.41	8.56×10^{-6}	0.172	0.439

1．电场边界条件

在平滑铝套电缆的导体上施加相电压幅值 179.6kV，导体周围将产生电场，由于工频 50Hz 电压下电场随时间变化缓慢，计算时可按电准静态场来处理。电准静态场的基本方程组如下式所示：

$$\nabla\times\boldsymbol{H}=\boldsymbol{J}+\frac{\partial\boldsymbol{D}}{\partial t}\tag{9-4}$$

$$\nabla\cdot\boldsymbol{D}=\rho\tag{9-5}$$

$$\nabla\times\boldsymbol{E}=0\tag{9-6}$$

$$\nabla\cdot\boldsymbol{B}=0\tag{9-7}$$

式（9-4）～式（9-7）中：$\boldsymbol{H}$ 为磁场强度；$\boldsymbol{J}$ 为电流面密度；$\boldsymbol{D}$ 为电位移矢量；ρ 为电荷密度；$\boldsymbol{E}$ 为电场强度；$\boldsymbol{B}$ 为磁感应强度。由于铝套端部采取接地，认为铝套沿长度方向均为零电位，故将铝套与缓冲层的交界面设置为零电位。

2．温度场边界条件

固体传热模块控制方程为

$$\rho_1C_1\boldsymbol{v}\cdot\nabla T=\nabla\cdot\left(\lambda\nabla T\right)+Q_1\tag{9-8}$$

式中：ρ_1 为固体材料的密度；C_1 为固体材料常压下的比热容；$\boldsymbol{v}$ 为速度矢量；T 为材料的温度；λ 为固体材料的导热系数；Q_1 为固体材料的热源。

在电缆中，热源为载流在导体中产生的焦耳热，电热耦合模块的控制方程为

$$\rho_2 C_2 \frac{\partial T}{\partial t} + \rho_2 C_2 \boldsymbol{v} \cdot \nabla T = \nabla \cdot \left(\lambda \nabla T \right) + \boldsymbol{J} \cdot \boldsymbol{E} \tag{9-9}$$

式中：ρ_2 为材料的密度；C_2 为材料在常压下的比热容。

平滑铝套电缆温度场仿真设置敷设环境为空气，设置空气的自然对流传热系数为 5.6 W/（$m^2 \cdot K$），空气温度为 20℃。

3．*应力场边界条件*

应力场控制方程为

$$\rho_2 \frac{\partial^2 \boldsymbol{u}}{\partial t^2} = \nabla \cdot \boldsymbol{s} + F_v \tag{9-10}$$

$$\boldsymbol{s} = \boldsymbol{s}_0 + \boldsymbol{C} : \left(\boldsymbol{\varepsilon} - \boldsymbol{\varepsilon}_0 - \boldsymbol{\varepsilon}_{\text{th}} \right) \tag{9-11}$$

$$\boldsymbol{C} = \boldsymbol{C}\left(E, v \right) \tag{9-12}$$

$$\boldsymbol{\varepsilon} = \frac{1}{2}\left(\nabla u + \left(\nabla u \right)^T \right) \tag{9-13}$$

$$\boldsymbol{\varepsilon}_{\text{th}} = \boldsymbol{\alpha}\left(T - T_{\text{ref}} \right) \tag{9-14}$$

式（9-10）～式（9-14）中：u 为位移；$\boldsymbol{s}$ 为应力张量；$\boldsymbol{s}_0$ 为初始值；F_v 为体积力；$\boldsymbol{\varepsilon}$ 为应变张量；$\boldsymbol{\varepsilon}_0$ 为初始值；$\boldsymbol{\varepsilon}_{\text{th}}$ 为应变分量；$\boldsymbol{C}$ 为弹性矩阵；E 为杨氏模量；v 为泊松比；$\boldsymbol{\alpha}$ 为热膨胀系数向量；T_{ref} 为应变参考温度。

温度变化引起的热膨胀并不直接产生热应力，由于内外约束而无法自由膨胀时，就会产生热应力。平滑铝套电缆正常运行时，XLPE 绝缘、屏蔽层、缓冲层会升温并向外膨胀，而铝套约束了它们向外膨胀的趋势，故将铝套设为固定约束。

基于上述模型，仿真计算平滑铝套电缆不同空气间隙的电场分布，避免缓冲层承受较高的电场强度而与铝套产生局部放电现象。在电热耦合作用下，仿真计算不同缓冲层厚度的温度分布，避免电缆承受过大的电流使线芯导体温度升高，导致绝缘老化。在电-热-应力的耦合作用下计算热应力分布，避免过大的热应力破坏电缆结构，导致电缆位移、弯曲过大、反复弯曲变形使铝套产生疲劳应变等。

4．*电场分布仿真*

原参数的平滑铝套电缆电场分布如图 9-6 所示，由图 9-6 可得平滑铝套电缆的电场强度最大值在绝缘层靠近导体的位置，最大值为 10.9kV/mm，绝缘层向外电场强度逐渐减小。XLPE 绝缘层的电场强度从靠近导体屏蔽的位置到靠近绝缘屏蔽的位置逐渐减小。电缆缓冲层与平滑铝套紧密接触时，其接触界面的电场强度最大值仅为 3×10^{-4}kV/mm。

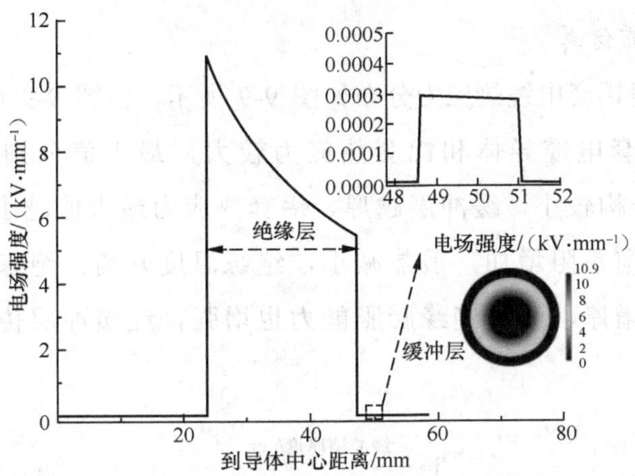

图 9-6 原参数的平滑铝套电缆电场分布

在重力作用下缓冲层与铝套接触不良产生空气间隙时，电场分布如图 9-7 所示。由图 9-7 可知，在空气间隙为 0.5mm 时，缓冲层的电场强度可以忽略不计。缓冲层与铝套间的局部小气隙可通过旁路对地短接，故缓冲层的空气间隙可以忽略不计。

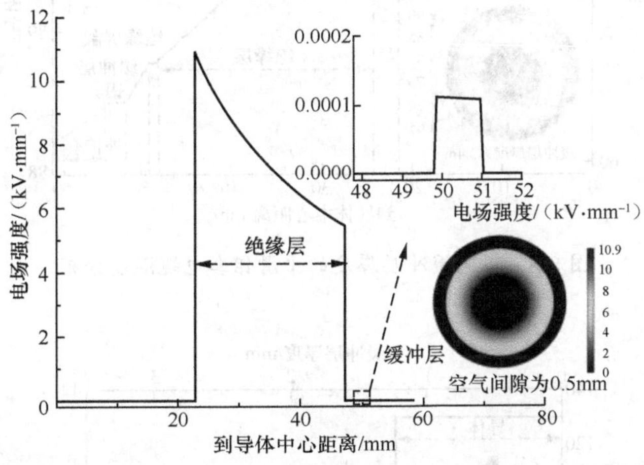

图 9-7 重力作用下存在空气间隙时的平滑铝套电缆电场分布

5．温度分布仿真

在电热耦合作用下，导体中通过的电流为 2250A，仿真计算原参数的平滑铝套电缆的温度分布如图 9-8 所示。由图 9-8 可得，此时平滑铝套电缆导体最高温度为 90℃，沿着电缆径向由内向外各层的温度逐渐降低。由于缓冲层内含大量的静止空气，导热系数较小，其热阻在电缆本体热阻中占有一定的比重。缓冲层的厚度增加，电缆导热性能下降，影响绝缘散热；导体最高温度升高，导致电缆的载流能力下降。

6．热应力分布仿真

原参数的平滑铝套电缆热应力分布如图 9-9 所示。由图 9-9 可知，导体温度为 90℃时，平滑铝套电缆导体和铝套热应力较大，最大值分别为 130.4MPa 和 39.5MPa，其他结构较小。缓冲层越厚，铝套热应力最大值越小，其原因可能是缓冲层增厚则电缆热阻增加，散热减小，绝缘温度升高，绝缘线芯膨胀外径增加。但是缓冲层增厚，吸收绝缘膨胀能力也增强，经缓冲层传导到铝套上的热应力减小。

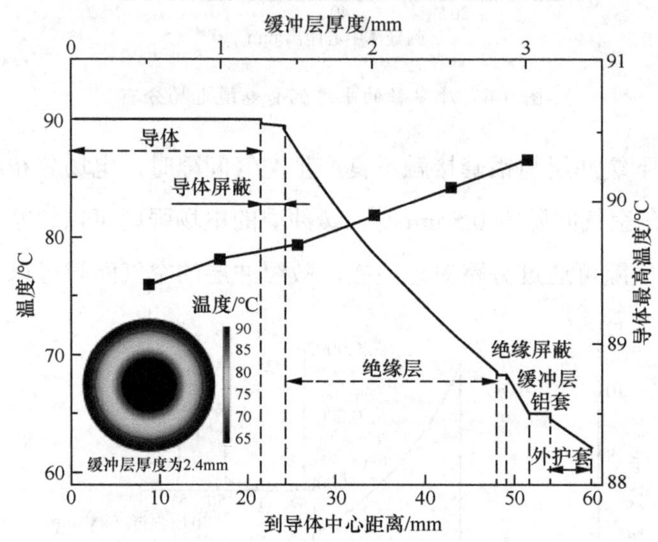

图 9-8　不同缓冲层厚度的平滑铝套电缆温度分布

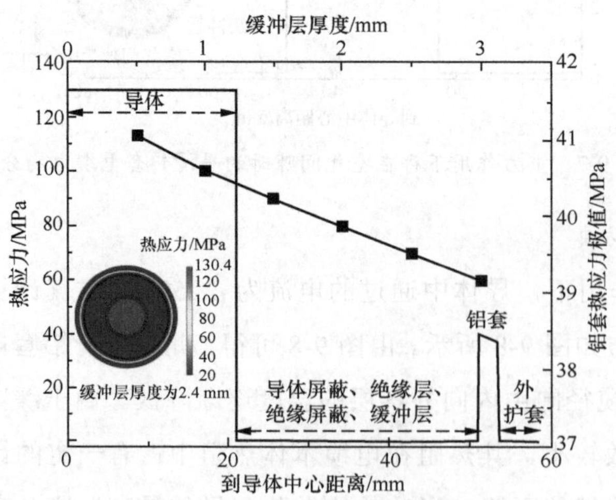

图 9-9　不同缓冲层厚度的平滑铝套电缆热应力分布

综合考虑电场强度、温度和热应力仿真结果，在平滑铝套电缆缓冲层设计时，应在满足绝缘热膨胀的同时尽可能减薄缓冲层厚度，增加电缆的载流能力，避免铝套承受过大的热应力。

9.1.3　机械应力仿真研究

1．铝套厚度

在充分考虑机械性能后，平滑铝套的标称厚度应根据故障电流容量确定，工程有特殊要求时可由制造商和用户协商确定。按照 GB/T 42397—2023《考虑非绝热效应时允许短路电流的计算》，通过下式计算一定短路电流（持续时间 1s）以确定平滑铝套厚度。

$$I_{\mathrm{AD}}\left(K,S,\theta_{\mathrm{f}},\theta_{\mathrm{i}},\beta,t\right)=K\cdot S\cdot\sqrt{\frac{\ln\left(\dfrac{\theta_{\mathrm{f}}+\beta}{\theta_{\mathrm{i}}+\beta}\right)}{t}} \tag{9-15}$$

式中：K 为与载流体材料有关的常数；S 为载流体几何截面积；θ_{i} 为起始温度；θ_{f} 为终止温度；β 为 0℃时载流体电阻温度系数的倒数；t 为短路持续时间。

平滑铝套电缆结构紧凑，经弯曲上电缆盘时，由于内侧铝套没有弹性收缩空间，向电缆盘内侧弯曲时铝套起皱或弓起，影响电缆外观质量。采用三点弯曲或四点弯曲方式对试样施加弯曲力，可以测定其弯曲力学性能。由于四点弯曲的弯曲分布均匀，可以更加真实地反映电缆受力状态，故平滑铝套电缆在上盘时的弯曲半径用四点弯曲模拟，根据标准 YB/T 5349—2014，四点弯曲示意图如图 9-10 所示。

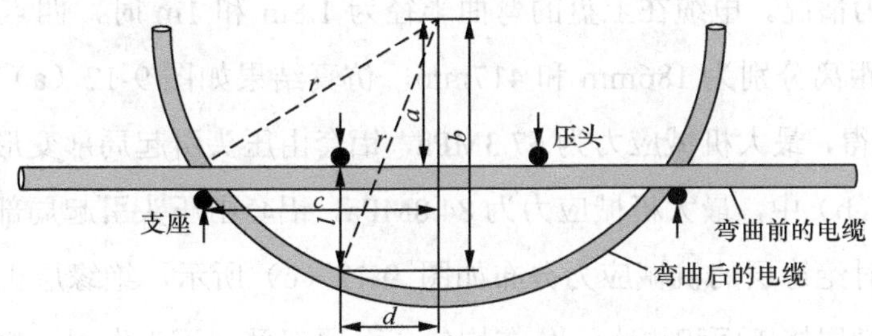

图 9-10　电缆四点弯曲示意图

其中，四点弯曲模拟中压头的下压距离 l 由式（9-16）可得：

$$l=\sqrt{r^{2}-d^{2}}-\sqrt{r^{2}-c^{2}} \tag{9-16}$$

式中：r 为电缆上盘的半径；c 为两个支座之间距离的 1/2；d 为两个压头之间距离的 1/2。

对平滑铝套结构电缆进行简化，包括导体、绝缘层和铝套。其中，绝缘层由导体屏蔽、XLPE 绝缘和绝缘屏蔽组成。缓冲层等效为不可压缩部分和空隙两部分，不可压缩部分并入绝缘层。考虑重力的影响，缓冲层被压缩，缆芯底部与铝套接触，而顶部与铝套之间存在缓冲空间。

通过使用有限元软件 ABAQUS/Explicit 建立 220kV 1200mm^2 平滑铝套电缆简化结构四点弯曲仿真模型，如图 9-11 所示。其中，电缆长度为 2m，压头和支座为半径 60mm 的圆柱，两个压头的距离为 0.56m，两个支座的距离为 1.68m。各层结构的材料弹性和塑性参数参考文献[5]，压头竖直向下运动。对支座施加对称边界条件并约束其所有自由度。在所有结构之间设置摩擦因数 0.15。

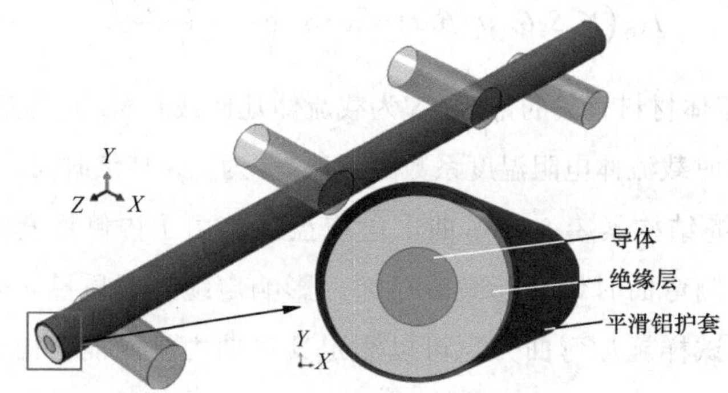

图 9-11　平滑铝套电缆简化结构四点弯曲仿真模型

由于缓冲层可压缩厚度的变化对铝套的形变很小[5]，所以需要研究电缆在不同弯曲半径下的受力情况。电缆在上盘的弯曲半径为 1.8m 和 1m 时，四点弯曲仿真模型中压头的下压距离分别为 186mm 和 417mm，仿真结果如图 9-12（a）（b）所示。由图 9-12（a）可得，最大机械应力为 67.3MPa，铝套由压头引起局部变形，但并没有起皱。而图 9-12（b）中，最大机械应力为 84.8MPa，铝套由压头引起局部变形，且电缆弯曲起皱；此时绝缘层的机械应力分布如图 9-12（c）所示，绝缘层机械应力较小，缆芯底部的绝缘层挤压面积更大，分布均匀，而顶部受到压头作用，挤压面积较小，分布不均匀，铝套的弯曲起皱没有影响到绝缘层。由于重力的作用，缆芯底部与铝套接触，没有弯曲空间，绝缘层机械应力较大，而缆芯顶部有一定的缓冲空间，电缆弯曲时，绝缘层挤压影响较小。

通过仿真 220kV 平滑铝套电缆在不同下压距离的铝套顶部机械应力如图 9-13 所示。由图 9-13 可得，电缆中间和两端的机械应力较小，压头所处位置的机械应力最大；压头下压距离增大，电缆的机械应力不断增大，其中，压头所处位置的铝套应力变化较明显。

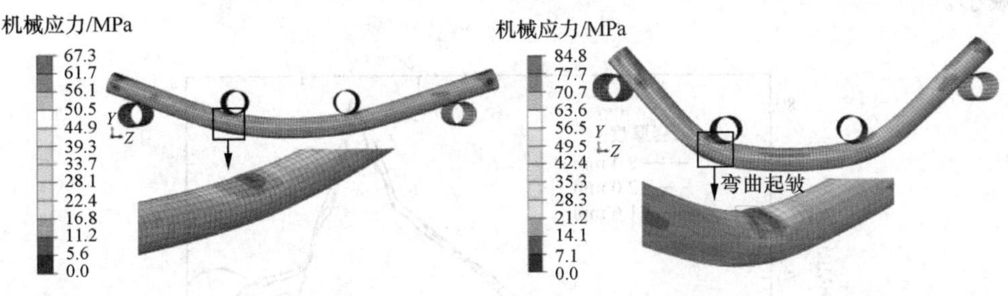

（a）位移为186mm时铝套机械应力分布　（b）位移为417mm时铝套机械应力分布

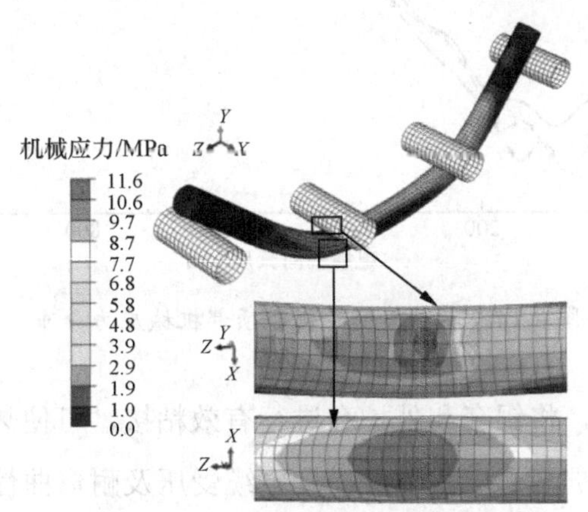

（c）位移为417mm时绝缘层机械应力分布

图 9-12　平滑铝套电缆四点弯曲仿真机械应力分布

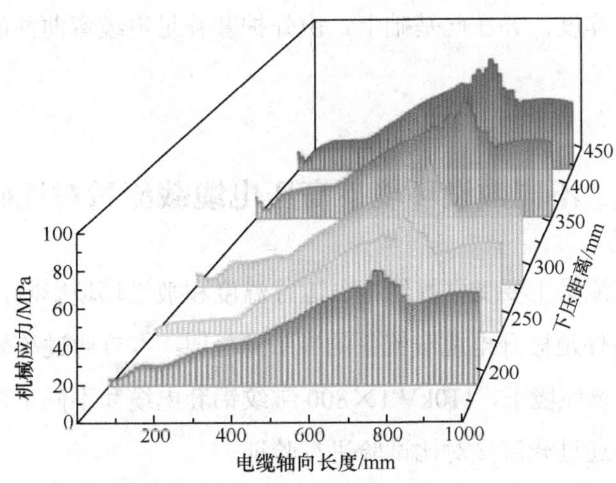

图 9-13　220kV 平滑铝套电缆在不同下压距离的铝套顶部机械应力

此外，铝套的厚度也会影响平滑铝套电缆的机械性能。保持压头下压距离为417mm，仿真不同平滑铝套厚度的顶部机械应力分布如图9-14所示，由图可得，随着铝套厚度的增加，铝套顶部的最大机械应力略微增加，电缆中间位置处的应力显著减小。

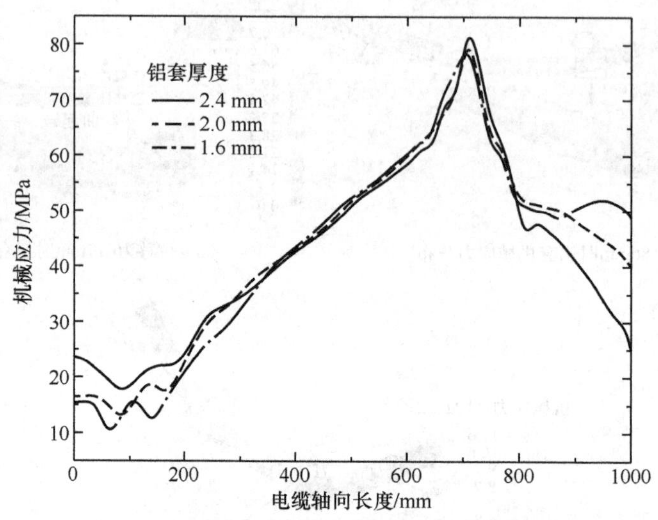

图9-14　不同厚度的铝套顶部机械应力分布

对于平滑铝套电缆，将铝套和外护套进行有效粘接，可使热熔胶起到界面应力传递的作用，使铝套和外护套形成整体，提升电缆受压及耐弯曲性能、避免铝套起皱并损伤绝缘。复合结构耐受切向压应力的有效厚度增加，使得抵抗弯曲变形的能力增强[6]。由于铝套与外护套粘接后整体抗弯强度取决于复合护套的总厚度，推荐按照电缆短路容量要求确定铝套厚度，并在此基础上，由外护套补足电缆弯曲性能所需的复合护套总厚度[7]。

9.2　不同敷设环境下高压电缆载流量对比研究

高压电缆的载流量主要受电缆结构、运行温度和敷设环境影响，合理设计电缆结构、运行和敷设条件是提升电缆载流量的有效途径[8]。本节通过等效热阻法计算在空气、穿管和直埋敷设环境下，110kV 1×800皱纹铝套电缆和不同工艺的平滑铝套电缆的稳态载流量，并通过载流量对比试验进行验证。

9.2.1　等效热阻法

根据 IEC 60287 标准[9]，高压单芯电缆载流量计算公式为：

$$I=\sqrt{\frac{\theta-\theta_0-W_d\left(0.5T_1+T_2+T_3+T_4\right)}{RT_1+R\left(1+\lambda_1\right)T_2+R\left(1+\lambda_1+\lambda_2\right)\left(T_3+T_4\right)}} \tag{9-17}$$

式中：I 为导体电流；θ 为导体温度；θ_0 为电缆敷设环境温度；W_d 为绝缘介质损耗；T_1 为导体与金属护套之间绝缘热阻；T_2 为金属护套与铠装之间内衬层热阻；T_3 为外护套热阻；T_4 为周围介质热阻；R 为导体交流电阻；λ_1 为金属护套损耗因数；λ_2 为铠装损耗因数。

高压电缆一般只有金属套结构，没有铠装层，故 $T_2=0$。由于实验室进行载流量试验时，没有施加电压，仅通过感应方式施加电流，故介质损耗 $W_d=0$，$\lambda_2=0$。此外，试验时电缆样品的金属套不形成回路，不产生环流损耗，可以忽略金属套的涡流损耗，故取 $\lambda_1=0$。因此，式（9-17）可简化为

$$I=\sqrt{\frac{\theta-\theta_0}{R\left(T_1+T_3+T_4\right)}} \tag{9-18}$$

由于导体与金属护套之间除导体屏蔽、绝缘和绝缘屏蔽外，还有由缓冲带材和空气隙组成的缓冲层，而绝缘层与缓冲层的热阻差异较大[10]，故将导体与金属护套之间绝缘热阻 T_1 分为两层计算，一层为绝缘层热阻 T_{11}，包括导体屏蔽、绝缘、绝缘屏蔽热阻，一层为缓冲层热阻 T_{12}，即 $T_1=T_{11}+T_{12}$。

$$T_1=\sum\left[\frac{\rho_i}{2\pi}\times\ln\left(1+\frac{2t_i}{d_i}\right)\right] \tag{9-19}$$

式中：ρ_i、t_i、d_i 分别为绝缘层或缓冲层的热阻系数、厚度、外径。高压电缆等值热路模型如图 9-15 所示。

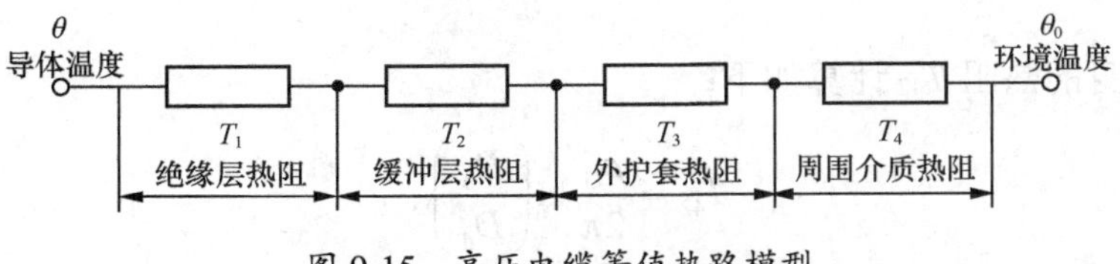

图 9-15　高压电缆等值热路模型

平滑铝套电缆和皱纹铝套电缆外护套热阻 T_3 计算分别如式（9-20）、式（9-21）：

$$T_3=\frac{\rho_3}{2\pi}\times\ln\left(1+\frac{2t_3}{d_3}\right) \tag{9-20}$$

$$T_3=\frac{\rho_3}{2\pi}\times\ln\left(\frac{D_{oc}+2t_3}{\frac{D_{it}+D_{oc}}{2}+t_s}\right) \tag{9-21}$$

式（9-20）、式（9-21）中：ρ_3 为外护套的热阻系数；t_3、d_3 分别为外护套的厚度、外径；D_{oc}、D_{it} 分别为与皱纹铝套波峰、波谷内表面相切的假象同心圆柱体的直径；t_s 为金属套的厚度。

空气敷设时，周围介质热阻 T_4 计算如下：

$$T_4=\frac{10^3}{\pi d_3 h\left(\Delta\theta_s\right)^{1/4}} \tag{9-22}$$

式中：对于皱纹铝套电缆 $d_3=D_{oc}+2t_3$；h 为散热系数，$h=Z/(D_e)^g+E$，对于单芯电缆 $Z=0.21$，$E=3.94$，$g=0.60$。

直埋敷设时，周围介质热阻 T_4 计算如下：

$$T_4=\frac{\rho_T}{2\pi}\times\ln\left(u+\sqrt{u^2-1}\right) \tag{9-23}$$

式中：ρ_T 为土壤热阻系数；$u=2000L/d_3$，L 为电缆埋深。

空气中穿管敷设时，管道中电缆的周围介质热阻由三部分组成，即电缆表面和管道内表面之间空气热阻 T_{41}、管道本身热阻 T_{42}、管道周围介质热阻 T_{43}。

管道和电缆之间的热阻 T_{41} 计算如下：

$$T_{41}=\frac{U}{1+0.1\times(V+Y\theta_m)d_3} \tag{9-24}$$

式中：U、V 和 Y 为与敷设条件有关的常数，塑料管道 $U=1.87$，$V=0.312$，$Y=0.0037$；θ_m 为电缆管道间填充空隙的介质平均温度，管内壁与电缆表面的温差一般为 20℃[11]。

管道本身的热阻 T_{42} 计算如下：

$$T_{42}=\frac{\rho_G}{2\pi}\ln\left(\frac{D_o}{D_d}\right) \tag{9-25}$$

式中：ρ_G 为管道材料热阻系数；D_o、D_d 分别为管道外径和内径。

管道周围介质的热阻 T_{43}，用管道的外径取代电缆的外径计算如下：

$$T_{43}=\frac{10^3}{\pi D_o h\left(\Delta\theta_s\right)^{1/4}} \tag{9-26}$$

试验时，只对电缆通电流，交流电阻计算只考虑集肤效应 y_s，不考虑邻近效应因数 y_p：

$$R=R_0\left[1+\alpha_{20}\left(\theta_c-20\right)\right]\left(1+y_s\right) \tag{9-27}$$

$$y_s=\frac{{x_s}^4}{192+0.8{x_s}^4} \tag{9-28}$$

$${x_s}^2=\frac{8\pi f}{R'}k_s\times10^{-7} \tag{9-29}$$

式（9-27）～式（9-29）中：R_0 为 20℃导体的直流电阻；θ_c 为导体最高工作温度。其中，分割圆线 k_s=0.435，紧压圆绞线 k_s=1。

一段 110kV 1×800 皱纹铝套电缆、三段不同电缆厂生产的平滑铝套电缆的几何参数见表 9-3。其中，皱纹铝套电缆和平滑铝套电缆 A、B 是五分割导体结构，平滑铝套电缆 C 是紧压导体结构。皱纹铝套电缆缓冲层采用两层缓冲阻水带，铝套轧纹深度为 4.5 mm，防腐层为沥青。平滑铝套电缆 A 采用一层缓冲阻水带，平滑铝套电缆 B 采用两层缓冲阻水带和一层金属丝布带；平滑铝套电缆 C 采用一层缓冲阻水带；防腐层均为热熔胶。

表 9-3　　110kV 800mm² 电缆结构参数

结构	厚度/外径（mm）			
	皱纹铝	平滑铝 A	平滑铝 B	平滑铝 C
导体	—/35.0	—/35.2	—/35.0	—/34.0
导体屏蔽	1.9/38.8	2.1/39.4	1.9/38.8	1.2/36.4
绝缘层	16.0/70.8	16.0/71.4	16.0/70.8	16.0/68.4
绝缘屏蔽	1.2/73.2	1.0/73.4	1.2/73.2	1.0/70.4
缓冲层	2×2.0/78.5	1×2.0/79.0	2×2.0+1×0.45/78.0	1.2/72.4
铝套	2.0/92.5	2.0/83.0	2.0/82.0	1.9/76.2
防腐层	0.25/93.0	0.25/83.5	0.25/82.5	0.25/76.7
外护套	4.5/102.0	6/95.5	7/96.5	4.5/85.7

通过等效热阻法计算 110kV 1×800 电缆在环境温度为 29℃的空气、空气中穿管

和直埋敷设环境下的稳态载流量，计算结果见表 9-4。

表 9-4　等效热阻法计算 110kV 800mm² 电缆载流量

敷设环境	导体工作温度/℃	皱纹铝套电缆/A	平滑铝套电缆 A/A	平滑铝套电缆 B/A	平滑铝套电缆 C/A
空气	90	1407.5	1514.9	1517.1	1527.2
空气中穿管（PVC管，外径和厚度为160/5mm）	90	1333.3	1426.8	1427.9	1492.0
直埋（埋深 0.3m）	90	1493.6	1622.7	1623.7	1719.2

9.2.2　载流量对比试验

为了验证等效热阻法计算高压电力电缆载流量的可靠性，可采用皱纹铝套电缆和平滑铝套电缆的载流量对比试验。

试验回路主要包括穿芯式变压器、电流互感器、110kV 1×800 皱纹铝套电缆（一段）、不同厂家相同规格的平滑铝套电缆（三段）和温控在线检测系统。回路两侧用同型号的皱纹铝套电缆连接，其中，铝套类型、电缆型号、导体结构和热电偶编号见表 9-5。将四个电缆样品串联成一条回路，每个样品长度为 15m，离地 0.4m，样品之间通过夹具连接。在空气、空气中穿管和直埋敷设条件下的电缆载流量对比试验示意图和现场图如图 9-16 所示。

表 9-5　铝套类型、电缆型号、导体结构和热电偶编号

铝套类型	型号	导体热电偶编号
皱纹铝	ZC-YJLW03-Z 64/110kV 1×800	T1～3
平滑铝 A	ZA-YJLP03-Z 64/110kV 1×800	T4～6
平滑铝 B	FY-YJLP03 64/110kV 1×800	T7～10
平滑铝 C	YJLP03-Z 64/110kV 1×800	T11～12

根据 TICW 15—2012《电缆载流量测试标准》进行电缆载流量对比试验，通过穿心式变压器对回路进行通流加热，每根电缆分别布置三个测量导体温度的热电偶，热电偶均布置在电缆样品上表面。测量导体的热电偶间隔 1m，保证热电偶任意两点的温度不超过±2℃。通过温控在线检测系统实时采集监控导体温度，将温度的平均值作为导体的温度值。

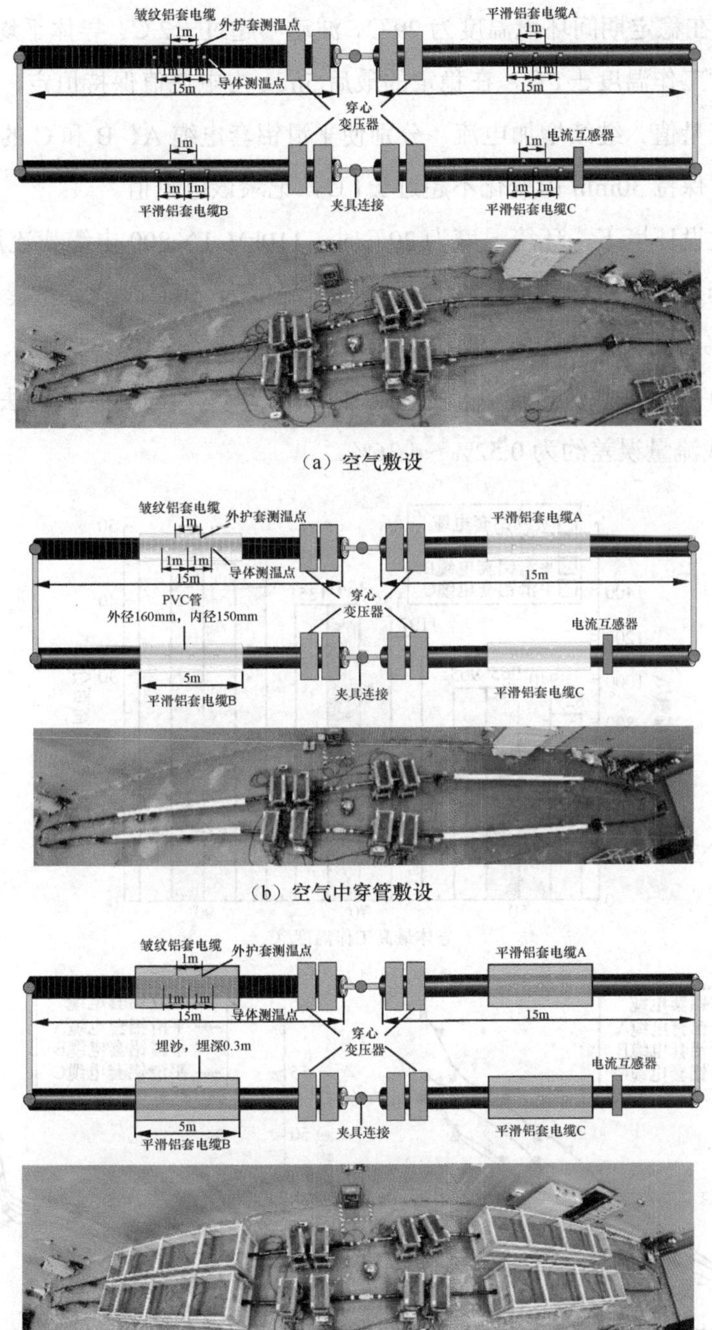

(a) 空气敷设

(b) 空气中穿管敷设

(c) 直埋敷设

图 9-16　电缆载流量对比试验示意图和现场图

分别在空气、空气中穿管和直埋敷设条件下，调整电流使皱纹铝套电缆导体平均温度稳定在工作温度 50℃、70℃和 90℃。载流量的测试过程不少于 5h，结束前的 30min

为稳定阶段，在稳定期间环境温度为 29℃，波动不超过±2℃。导体平均温度在 30min 内变化不超过工作温度±1℃，在稳定的最后 5min 内电流值保持恒定，其值为该环境温度下的载流量值。继续增加电流，分别使平滑铝套电缆 A、B 和 C 的导体温度达到工作温度，并保持 30min 内变化不超过±1℃，记录该电流值。

在空气敷设环境下，环境温度为 29℃时，110kV 1×800 电缆载流量如图 9-17 所示，平滑铝套电缆比皱纹铝套电缆在导体工作温度为 50℃时载流量提高了 13.3%、16.3%、16.3%，在导体工作温度为 70℃时载流量提高了 7.1%、12.1%、12.9%，在导体工作温度为 90℃时载流量提高了 7.6%、12.0%、9.2%。与等效热阻法相比工作温度为 90℃时的载流量误差约为 0.52%～4.36%。

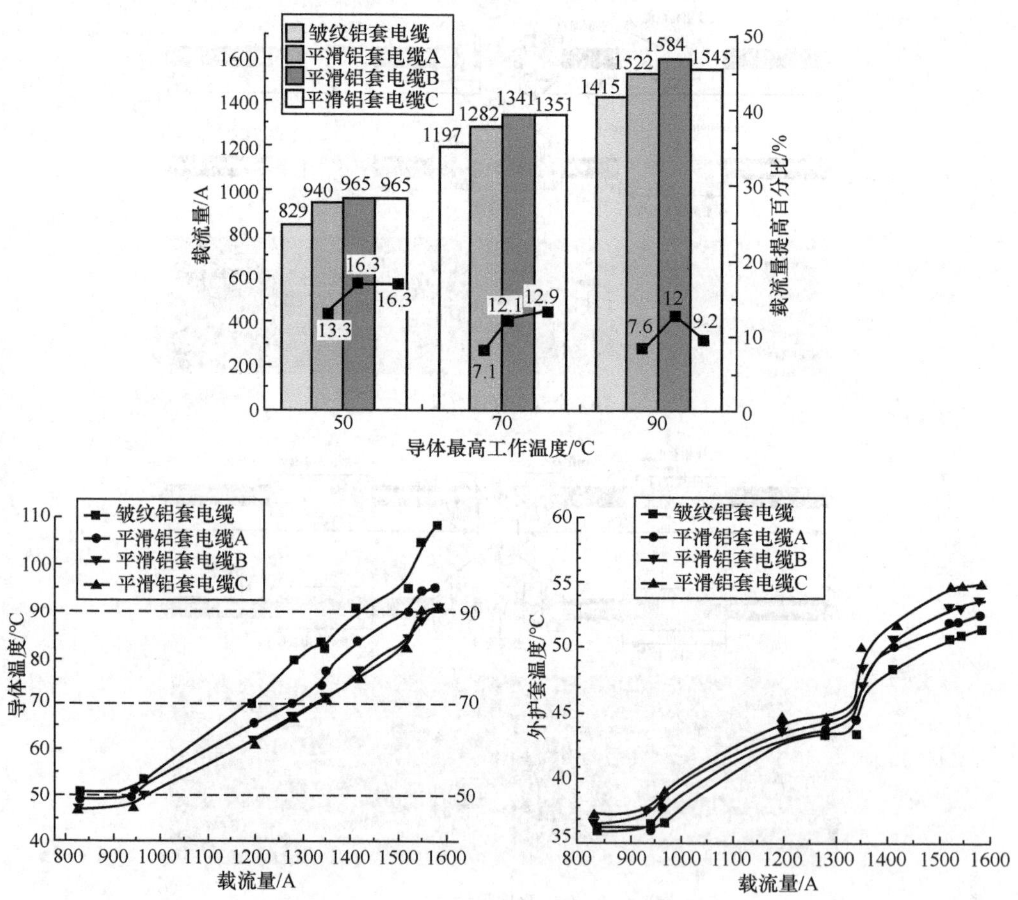

图 9-17 空气敷设电缆载流量和温度对比

在空气中穿管敷设，环境温度为 29℃时，其中，PVC 管的外径为 160mm，内径为 150mm，110kV 1×800 电缆载流量如图 9-18 所示，平滑铝套电缆比皱纹铝套电缆在导体工作温度为 50℃时载流量提高了 11.5%、32.5%、16.4%，在导体工作温度为 70℃时载流量提高了 5.1%、19.2%、10.4%，在导体工作温度为 90℃时载流量提高了 6.5%、15.7%、8.1%。与等效热阻法相比工作温度为 90℃时载流量误差约为 5%～14%。

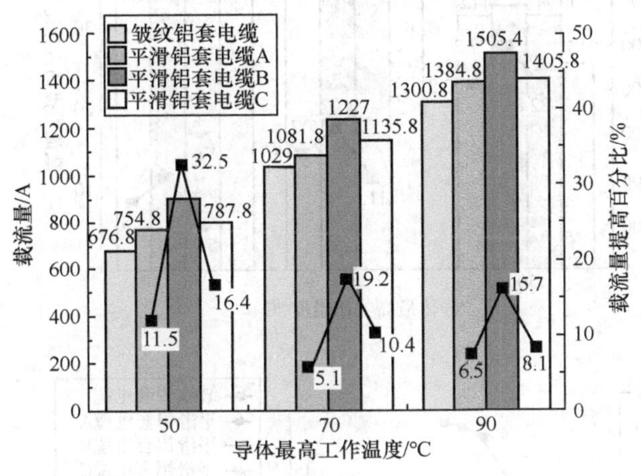

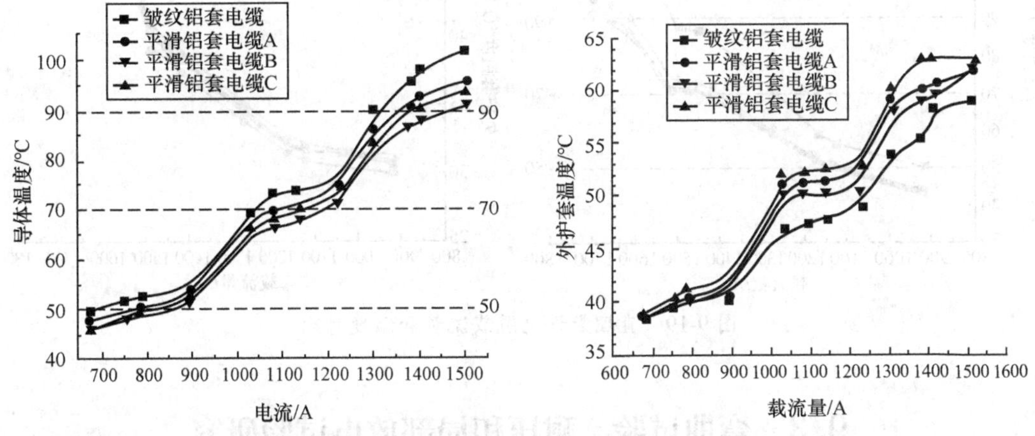

图 9-18　空气中穿管敷设电缆载流量和温度对比

在直埋敷设，环境温度为 29℃时，埋深为 0.3m，填充的沙子微湿，110kV 1×800 电缆载流量如图 9-19 所示，平滑铝套电缆比皱纹铝套电缆在导体工作温度为 50℃时载流量提高了 22.8%、27.3%、22.8%，在导体工作温度为 70℃时载流量提高了 11.5%、17.7%、14.1%，在导体工作温度为 90℃时载流量提高了 5.7%、11.7%、8.8%。与等效热阻法相比工作温度为 90℃时载流量误差约为 0.99%～4.38%。

皱纹铝套电缆导体温度整体高于平滑铝套电缆，而平滑铝套外护套温度整体高于皱纹铝套电缆，故平滑铝套电缆的导体温升和散热能力优于皱纹铝套电缆，能够更有效地传输电力，降低能源损耗。

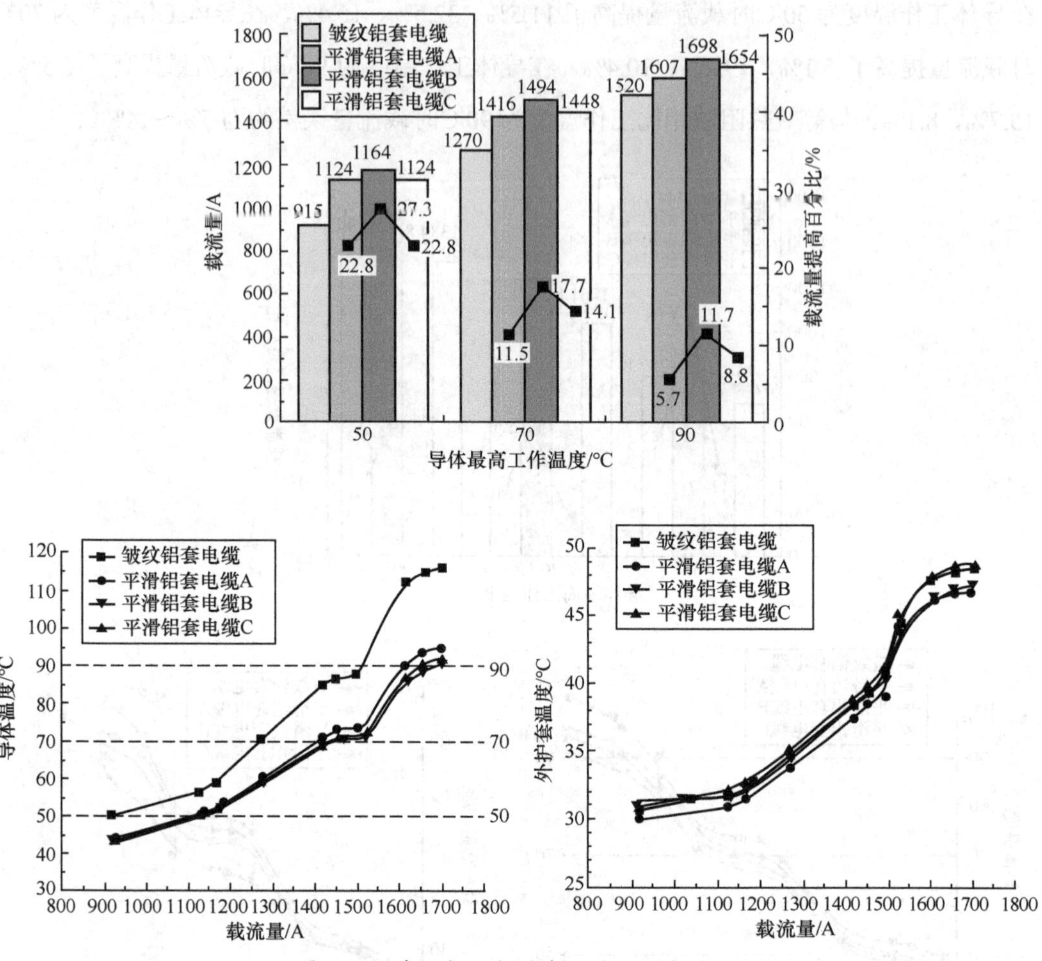

图 9-19　直埋敷设电缆载流量和温度对比

9.3　弯曲试验、耐压和局部放电试验研究

皱纹铝套电缆弯曲时，皱纹铝套有收缩空间，铝套弹性收缩，一般不会出现弓起或起皱现象。而平滑铝套电缆没有皱褶，内侧铝套没有弹性收缩空间，弯曲性能相对较差。目前，电缆厂进行的弯曲试验所采用的弯曲半径较大，在实际电缆安装敷设时可能会遇到较小的弯曲情况，故对平滑铝套电缆的弯曲性能进一步研究。

9.3.1　平滑铝套电缆试样

某电缆制造商生产的 64/110 1×800、127/220 1×2500 平滑铝套电缆试样其结构参数见表 9-6。

表 9-6　　平滑铝套电缆试样结构参数

结构	厚度/外径（mm）	
	64/110 1×800	127/220 1×2500
导体	—/35.0	—/61.5
导体屏蔽	1.9/38.8	2.2/65.9
绝缘层	16.0/70.8	24.0/113.9
绝缘屏蔽	1.1/73.0	1.2/116.3
缓冲层	2×2.0（缓冲阻水带）+1×0.5（金属丝布带）/78.0	3×2.0（缓冲阻水带）+1×0.5（金属丝布带）/122.5
铝套	2.0/82.0	2.0/126.5
热熔胶	0.25/82.5	0.25/127.0
外护套	7/96.5	5.0/137.0

9.3.2　试验方法

根据 GB/T 11017—2014[12]、GB/T 18890—2015[13]中的规定分别对 64/110 1×800、127/220 1×2500 平滑铝套电缆进行弯曲试验。

（1）在电缆弯曲试验前，开展局部放电、耐压试验等电气试验。

（2）分别将电缆试样在环境温度下围绕在不同直径的筒体上弯曲至少三圈，然后展直，过程中电缆没有轴向移动。接着将试样沿电缆轴线旋转 180°，重复上述过程，如此作为一个循环，共进行三次弯曲循环。图 9-20 为电缆弯曲试验的装置，包括五个不同直径的弯曲轴（2.8m、2.5m、2.2m、1.9m、1.6m）。

图 9-20　电缆弯曲装置

（3）在最小弯曲半径试验后，若外护套表面光滑，无开裂、错位、褶皱等不良现象，开展耐压、局部放电及相应裕度等规定的例行试验。

9.3.3 结果与分析

1．弯曲试验前的局部放电、耐压试验

根据相关标准分别对 64/110 1×800、127/220 1×2500 平滑铝套电缆进行弯曲试验前的局部放电、耐压试验，试验结果分别见表 9-7。

表 9-7　平滑铝套电缆弯曲试验前的局部放电、耐压试验结果

试验项目	GB/T 11017—2014 要求	110 1×800 平滑铝套电缆	GB/T 18890 2015 要求	220 1×2500 平滑铝套电缆
局部放电	试验电压在 $1.5U_0$（96kV）时无可检测出的放电	通过	试验电压在 $1.5U_0$（190kV）时无可检测出的放电	通过
耐压试验	试验电压在导体和金属屏蔽/金属套间逐渐地升到 $2.5U_0$（160kV），然后保持 30min	通过	试验电压在导体和金属屏蔽/金属套间逐渐地升到 $2.5U_0$（318kV），然后保持 30min	通过

2．弯曲试验

64/110 1×800 平滑铝套电缆的外径为 96mm，分别在筒体直径为 2.2m、1.9m 和 1.6m 上进行弯曲试验，即筒体直径为电缆外径的 23 倍、20 倍和 17 倍，弯曲试验过程如图 9-21 所示。在 17 倍电缆外径弯曲试验后，平滑铝套电缆表面无开裂、错位、褶皱，如图 9-22 所示。

图 9-21　64/110 1×800 平滑铝套电缆弯曲试验

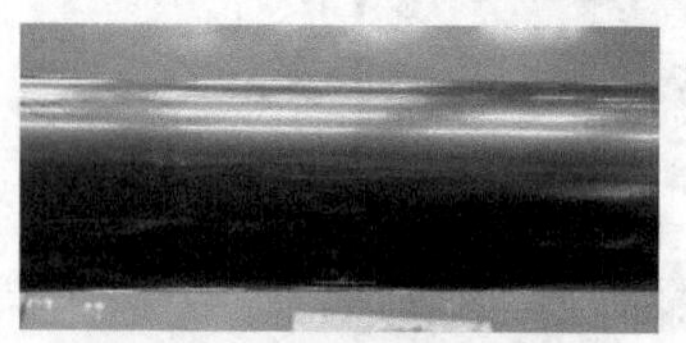

图 9-22　17 倍电缆外径弯曲试验后平滑铝套电缆表面光滑

127/220 1×2500 平滑铝套电缆的外径为 138mm，分别在筒体直径为 2.5m、2.2m 上进行弯曲试验，即筒体直径为电缆外径的 18 倍、16 倍，弯曲试验过程如图 9-23 所示。在 18 倍电缆外径的筒体直径上弯曲后表面无开裂、错位、褶皱，但在 16 倍电缆外径的

筒体直径上弯曲后表面出现褶皱，如图 9-24 所示。

图 9-23　127/220 1×2500 平滑铝套电缆弯曲试验

3．弯曲试验后的局部放电、耐压试验

64/110 1×800 在 17 倍电缆外径的筒体直径上进行弯曲试验后，外护套表面光滑，无开裂、错位、褶皱等现象，进行耐压、局部放电及相应裕度等规定的例行试验，试验结果如图 9-25 所示。试验电压应逐渐升到 1.75U_0(112kV) 并保持 10s，然后慢慢地降到 1.5U_0(96kV)。在 1.5U_0 下，未发现超过灵敏度的放电。在 2.5U_0(160kV)，30min 无绝缘击穿或闪络，延长时间到 1h 顺利通过。

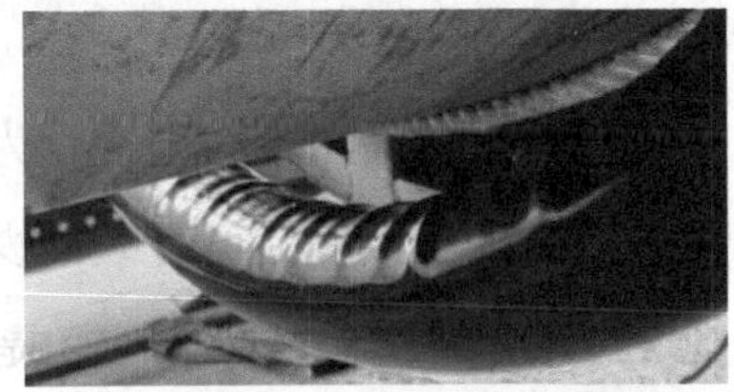

图 9-24　16 倍电缆外径弯曲试验后平滑铝套电缆表面起皱

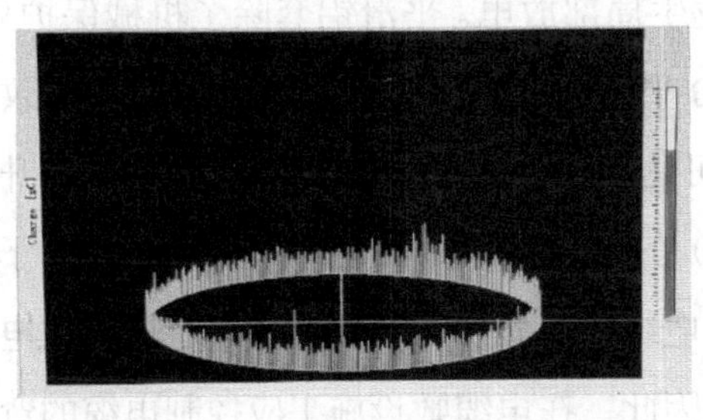

（a）U=96kV; Q=3pC

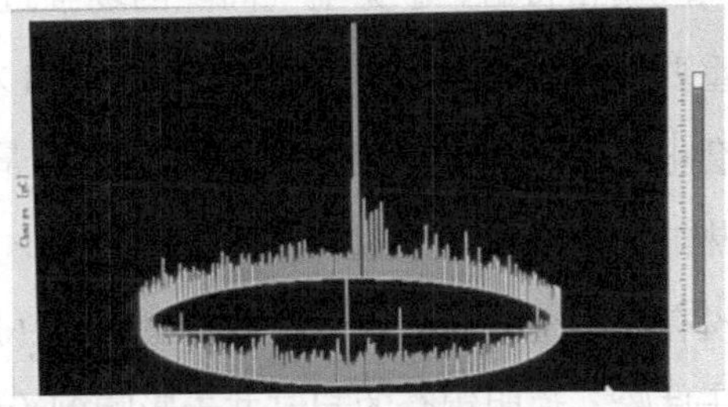

（b）U=160kV; Q=3.9pC

图 9-25　局部放电和耐压试验结果

127/220 1×2500 在 16 倍的电缆外径弯曲试验后，外护套表面起皱，进行耐压、局部放电及相应裕度等规定的例行试验，试验结果如图 9-26 所示。试验电压应逐渐升到 1.75U_0(223kV) 并保持 10s，然后慢慢地降到 1.5U_0(190.5kV)。在 1.5U_0 下，未发现超过灵敏度的放电。在 2.5U_0(318kV)，30min 不发生绝缘击穿或闪络。

127/220 1×2500 在 16 倍的电缆外径弯曲试验后，这是由于铝套没有收缩空间而起皱导致外护套弓起，影响电缆外观质量，但是顺利通过了局部放电和耐压试验，说明铝套的起皱并未影响到绝缘。

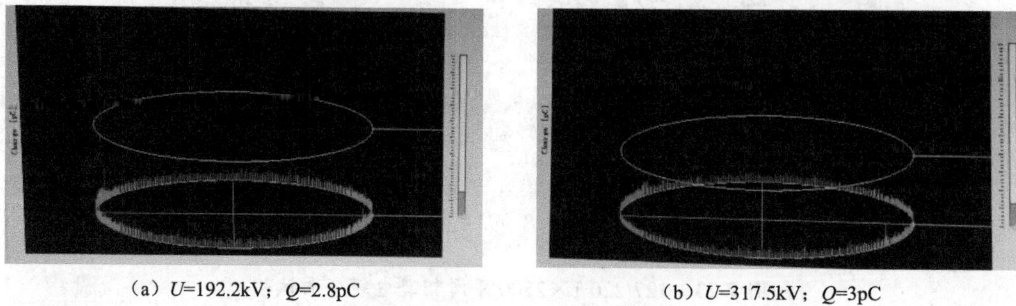

（a）U=192.2kV；Q=2.8pC （b）U=317.5kV；Q=3pC

图 9-26 局部放电和耐压试验结果

9.4 小 结

平滑铝套高压电力电缆作为一种紧凑型护层结构电力电缆，由于铝套与缓冲阻水层之间实现面接触，可有效减少铝套与缓冲阻水层之间接触不良现象，对降低高压电缆缓冲阻水层烧蚀故障风险、提升高压电力电缆运行可靠性具有重要意义（铜丝屏蔽+铝塑复合结构也可起到相近的作用）。在缓冲层设计时，满足绝缘热膨胀的同时可减薄缓冲层的厚度，提高电缆载流量，避免铝套承受过大的热应力；缓冲层与平滑铝套之间应紧密接触，避免空气间隙的场强过大发生局部放电。平滑铝套除了机械保护外，更重要的是能够承受短路电流。110kV 1×800 平滑铝套电缆的载流量比同规格皱纹铝护套电缆在不同敷设环境下均有提高，最高可达 15.7%，且平滑铝套电缆导体温升、散热能力优于皱纹铝套电缆。220kV 1×2500 在 16 倍的电缆外径弯曲试验后，由于铝套没有收缩空间而起皱导致外护套弓起，影响电缆外观质量，但顺利通过了局部放电和耐压试验。说明铝套的起皱并未影响到绝缘。因此，在电缆敷设施工应控制电缆的弯曲半径，避免弯曲半径过小损伤电缆。

本章参考文献

[1] 金金元，陈志忠，陈朝晖，等. 平滑铝套电缆涂覆技术及安全性能分析[J]. 电力安全技术，2022, 24(4): 42-47.

[2] 金金元，陈朝晖，叶香微，等. 无缝平滑铝套电缆的设计及应用[J]. 电力安全技术，2023, 25(8):

68-72.

[3] 汪传斌，金海云. 高压 XLPE 绝缘电力电缆缓冲层与金属护层结构设计仿真计算与优化[J]. 电线电缆，2018(3): 6-12+16.

[4] 刘英，陈嘉威，赵明伟，等. 高压 XLPE 电缆平滑铝复合护套的弯曲特性及结构设计[J]. 电工技术学报，2021, 36(23): 5036-5045.

[5] 云腾. 110kV 高压 XLPE 电缆护层结构特性分析及优化设计研究[D]. 济南，中国：山东大学，2020.

[6] 金金元，陈志忠，陈朝晖，等. 复合平滑铝套电缆防腐-黏结涂覆用热熔胶选用[J] 光纤与电缆及其应用技术，2023, (2): 14-17, 26.

[7] Liu Ying, Chen Jiawei. Design of Smooth Aluminum Bonded Sheaths in HV XLPE Cables Based on the Bending Performance Research[J]. IEEE Access, 2020, 8102493-102501.

[8] 李珊珊，严有祥，陈丽安，等. 高压 XLPE 电缆缓冲层结构对载流量的影响研究[J]. 供用电，2019, 36(1): 87-92.

[9] International Electrotechnical Commission. Electric cables-calculation of the current rating - Part 1-1: Current rating equations (100 % load factor) and calculation of losses – General: IEC 60287-1-1—2014[S]. Geneva, Switzerland: International Electrotechnical Commission, 2014.

[10] 夏云海，王晓峰，闫志雨，等. 平滑铝套和皱纹铝套 XLPE 绝缘高压电缆载流量研究[J]. 青海电力，2021, 40(3): 15-18,72.

[11] 马国栋. 电线电缆载流量. 2 版[M]. 北京：中国电力出版社，2013.

[12] 国家市场监督管理总局，国家标准化管理委员会. 额定电压 110kV（U_m=126kV）交联聚乙烯绝缘电力电缆及其附件 第 1 部分：试验方法和要求：GB/T 11017.1—2024[S]. 北京：中国标准出版社，2024.

[13] 中华人民共和国国家质量监督检验检疫总局，国家标准化管理委员会. 额定电压 220kV（U_m=252kV）交联聚乙烯绝缘电力电缆及其附件 第 1 部分：试验方法和要求：GB/T 18890.1—2015[S]. 北京：中国标准出版社，2015.

第10章

皱纹铝套电力电缆缓冲层缺陷研究成果的应用案例

高压皱纹铝套电力电缆以其优良的性能得到广泛应用，但缓冲层缺陷问题一直是制约其安全运行的关键因素之一。本书前面章节内容深入研究了皱纹铝套电力电缆缓冲层缺陷的机理、检测及修复技术。本章将结合工程实际，主要介绍皱纹铝套电力电缆缓冲层缺陷研究成果的应用案例。首先介绍电力电缆缓冲层材料、结构及工艺管控；其次介绍缓冲层气体检测方法在电缆运行与维护方面的应用；接着介绍修复液在典型缓冲层缺陷电缆的修复工艺与效果评估，最后介绍平滑铝套电缆的应用现状。

10.1　电力电缆缓冲层材料、结构及工艺管控

高压电缆标准 GB/T 11017.2—2024《额定电压 110kV(U_m=126kV) 交联聚乙烯绝缘电力电缆及其附件　第 2 部分：电缆》[1]规定“缓冲层应采用半导电弹性材料，或具有纵向阻水功能的半导电弹性阻水材料。阻水带和阻水绳应具有吸水膨胀性能。缓冲层和纵向阻水材料应与其相接触的其他材料相容。绕包用的半导电缓冲带的体积电阻率应与电缆挤包的绝缘半导电屏蔽的体积电阻率相适应”。

行业标准 JB/T 10259《电缆和光缆用阻水带》[2]中给出了一些缓冲带的性能项目和指标，但从近二十几年的使用情况看，高压电缆出现的缓冲层材料白斑、烧蚀、电缆击穿等故障现象，与对半导电聚酯纤维缓冲带材料的特性了解不深入有关，特别是在高压电缆结构设计不合理及与其他材料相容性未掌握；对缓冲层材料特性或性能指标及其测试条件未明确规定。分析 JB/T 10259 标准中阻水带的技术指标要求，其更侧重于通信电缆和光缆的要求，与高压电缆对缓冲层材料的要求还有很大的差异。

针对高压电缆缓冲层烧蚀问题，经过二十多年时间的事故调研[3]~[6]、分析研究和反复试验验证，对高压电缆缓冲层烧蚀的成因机理有了充分的了解，在高压电缆缓冲层带材的材料优化、结构优化以及工艺管控等方面都有了深入的研究，在标准化方面也有了一定进展。

1. 缓冲层材料优化

目前，高压电缆使用的缓冲带类型主要包括半导电缓冲带（BHD）、半导电缓冲阻水带（BHZD）、半导电阻水带（BZD）、半导电丁基胶带（BIIRD）、半导电铜丝纤维混编带（BTD）、铜丝纤维混编带（TD）、半导电铜丝纤维混编阻水带（BTZD）。在之前的标准中并没有对这些缓冲带的尺寸（长度、宽度和厚度）、膨胀速率、膨胀高度、pH 值、含水率等指标提出具体要求，在对缓冲层问题分析的基础上，目前业内制定了团体标准 T/CEEIA 610—2022《额定电压 110kV 及以上电力电缆缓冲层用半导电包带》[7]，规定了额定电压 110kV 及以上电力电缆缓冲层用半导电包带（以下简称半导电带）的产品型号、规格、表示方法、技术要求、试验方法、检验规则及标识、包装、运输和存储等内容。表 10-1 列出了不同缓冲带材所需满足的常用技术指标要求。

表 10-1　　不同类型缓冲带材常用技术指标

序号	项目	单位	技术指标						
			BHD	BHZD	BZD	BIIRD	BTD	TD	BTZD
1	断裂强度	N/cm	≥40	≥40	≥40	≥120	≥50	≥100	≥50
2	纵向断裂伸长率	—	≥12%	≥12%	≥12%	≥25%	≥5%	≥12%	≥5%
3	含水率	—	≤5%	≤5%	≤5%	—	≤5%	≤5%	≤5%
4	pH 值	—	7.0～8.0	7.0～8.0	7.0～8.0	—	7.0～8.0	7.0～8.0	7.0～8.0
5	表面电阻	Ω	≤500	≤500	≤500	≤1000	≤50	≤2	≤50
6	体积电阻率	Ω·cm	$\leq1\times10^4$	$\leq2\times10^4$	$\leq2\times10^4$	$\leq1\times10^5$	≤100	≤2	≤100
7	热稳定性（230℃×20s）								
	膨胀高度	mm	—	≥初始值	≥初始值	—	—	—	≥初始值
	表面电阻	Ω	≤500	≤500	≤500	≤1000	≤50	≤2	≤50
	体积电阻率	Ω·cm	$\leq1\times10^4$	$\leq2\times10^4$	$\leq2\times10^4$	$\leq1\times10^5$	≤100	≤2	≤100
8	热老化（135℃×168h）								
	表面电阻	Ω	≤500	≤500	≤500	≤1000	≤50	≤2	≤50
	体积电阻率	Ω·cm	$\leq1\times10^4$	$\leq2\times10^4$	$\leq2\times10^4$	$\leq1\times10^5$	≤100	≤2	≤100
	pH 值	—	7.0～8.0	7.0～8.0	7.0～8.0	—	7.0～8.0	7.0～8.0	7.0～8.0

2．缓冲层结构优化

高压电缆缓冲层除了保护电缆因受热膨胀而受伤的缓冲作用外，还有一个重要的作用是保证绝缘外屏蔽和金属护套之间的良好电气连接，提供电容电流或者短路电流的导通路径。从对缓冲层故障电缆的解剖结果来看，普遍存在缓冲层与铝套间隙公差尺寸过大的情况。为了尽可能增大导通路径，需要增大半导电缓冲带与铝套之间的接触面积，因此皱纹铝套的轧纹可以适度加深，保证在任何情况下铝套波谷的整个圆周都与缓冲层接触。此外，在这种结构情况下缓冲层还可适度加厚，保证铝套波谷与绝缘屏蔽层之间的缓冲层厚度和间隙能吸收绝缘热膨胀带来的直径增加值[8]。

另外，为了评估缓冲带与金属护套之间的整体电气接触性能，在满足缓冲带本身性能参数的基础上还应对成品电缆进行测试；可采用接触电阻测试方法，完成高压电缆测评组批次测评，包括不同规格、金属套和缓冲层形式等，如缓冲层间接触电阻特性评价方法[9][10]。

3．制造与安装工艺管控

在电力电缆制造中，工艺管控对保证产品质量具有重要作用，从缓冲层故障电缆分析可知，缓冲带受潮是白色粉末形成的必要条件。若缓冲层是阻水型的，那么半导电缓冲层生产全过程（包装、运输、绕包、绕包后电缆线芯存放以及电缆附件安装）都要严格做好防潮措施。电缆一旦金属护套工序完成，就应该进行端头密封避免潮气入侵；电缆附件安装时，电缆分断与端部密封工作要同步，特别是在气候潮湿地区，空气湿度比较大时更应注意。总之，阻水型半导电缓冲带是极易吸潮的材料，从生产到电缆敷设安装结束的各个环节都要考虑防潮问题[7]~[9]。

10.2 电力电缆缓冲层运行与维护

缓冲层内部的气体成分和含量是评估电缆健康状况的重要指标。通过分析这些气体，可以及时发现电缆内部的潜在问题，如局部放电、热老化、化学分解等。这些问题如果不及时发现和处理，可能会导致电缆性能下降，甚至引发故障，影响电力线路的安全稳定运行。通过对在运电缆缓冲层进行取气和气体分析，可以有效地监测和评估电缆的运行状态，预测其剩余寿命，从而帮助运维人员采取适当的维护和修复措施，避免意外停电和经济损失。

第五章已经对高压电缆缓冲层各阶段的产气机理进行分析，并且在实验条件下验证了不同阶段下特征气体的有效性。本节内容将介绍在运高压电力电缆缓冲层取气和气体分析的实际应用案例。

选取了中国南方电网有限责任公司管辖的两回实际运行的110kV电缆线路进行试验。按照第五章所介绍的取气方法抽取了其中的缓冲层气体，并且通过电缆解剖的方式对缓冲层缺陷状态进行观察和评价。两回试验线路的电缆信息见表 10-2。

表 10-2 在运高压电力电缆线路信息

电缆线路	电压等级/kV	截面积/mm²	运行年限/年	敷设方式	长度/km
#1	110	800	2	电缆沟	2.5
#2	110	800	8	电缆沟	2.5

两回电缆均安装在同一电缆沟中，为保证数据的多样性和可靠性，共抽取了 60 个气体样品数据进行分析。试验电缆示意图以及气体采样位置分布如图 10-1 所示。根据电缆缓冲层烧蚀的不同损伤程度，将缺陷等级划分为轻微缺陷（少量白斑）、中级缺陷（较多白斑、缓冲带烧蚀）、严重缺陷（屏蔽层发生烧蚀）以及紧急缺陷（主绝缘发生烧蚀）。

对现场采集的缓冲层气体，使用安捷伦 Agilent GC-8890 气相色谱仪进行分析测试。根据文献的研究，选取了 H_2、CH_4、CO、CO_2、O_2 以及 N_2 作为特征气体变量，下面将介绍电缆缓冲层特征气体分布情况以及统计特征[11]。

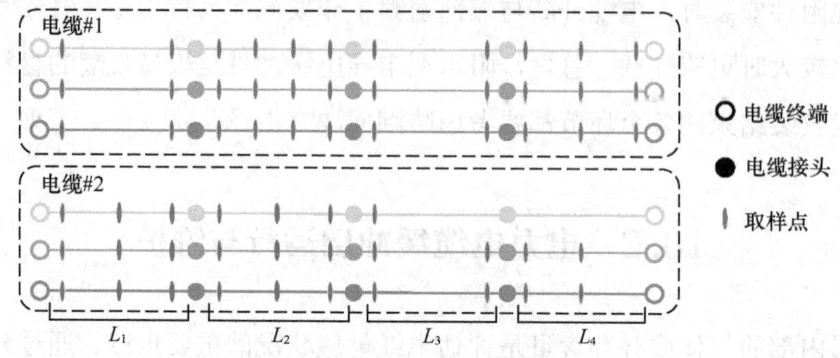

图 10-1 测试电缆线路和气体采样示意图

首先对电缆#1 线路进行分析。对于第一段的三相电缆，从图 10-2 可以看出，其 A、B 和 C 三相电缆的两处取样点 H_2 浓度很高，平均浓度值达 55%，另外该段电缆的 CO 和 CO_2 浓度也较高，O_2 含量减少，结合缓冲层 CH_4、H_2、CO 和 CO_2 的产气机理可以判断，该段电缆缓冲层处于紧急缺陷阶段。

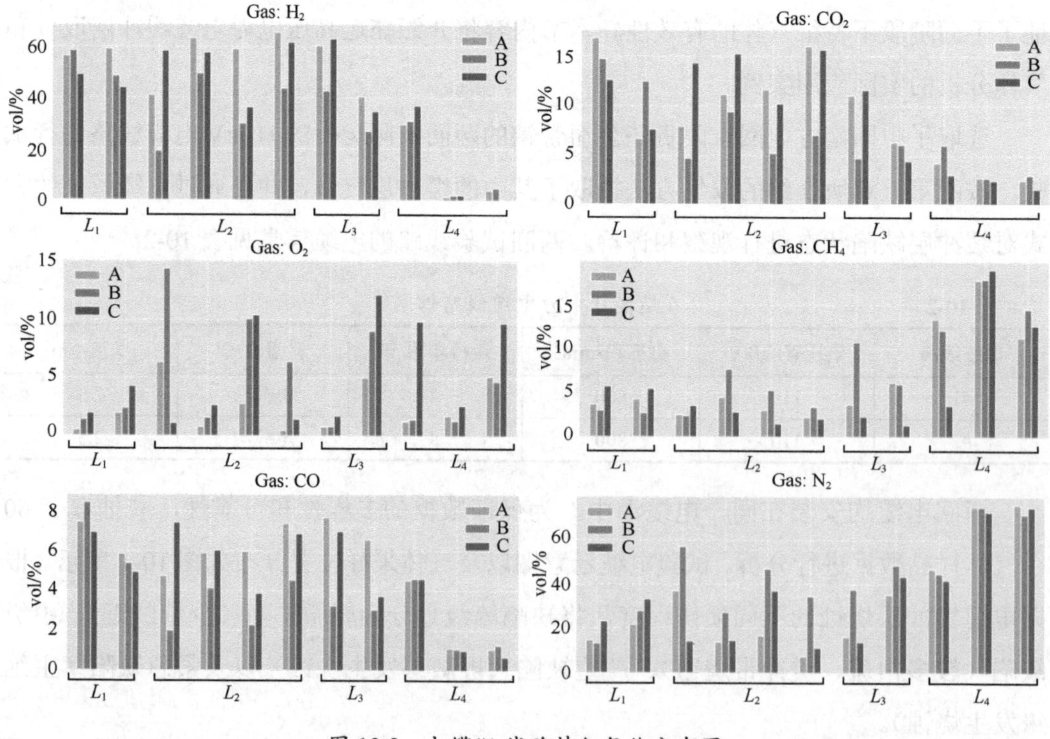

图 10-2 电缆#1 线路特征气体分布图

对第二段的三相电缆，从图 10-2 可以看出，其 A、B 和 C 三相电缆的四处取样点 H_2 浓度都处于很高水平，平均浓度值达 42%，另外该段电缆的 CO 和 CO2 浓度也较高，O_2 含量减少，结合缓冲层 CH_4、H_2、CO 和 CO_2 的产气机理可以判断，该段电缆缓冲层处于紧急缺陷阶段。

对第三段的三相电缆，从图 10-2 可以看出，其 A、B 和 C 三相电缆的两处取样点 H_2 浓度都处于很高水平，平均浓度值达 40%，另外该段电缆的 CO 和 CO_2 浓度也较高，O_2 含量减少，结合缓冲层 CH_4、H_2、CO 和 CO_2 的产气机理可以判断，该段电缆缓冲层处于严重缺陷阶段。

对第四段的三相电缆，从图 10-2 可以看出，其 A、B 和 C 三相电缆的三处取样点中，第一处的 H_2 浓度处于较高水平，平均浓度值达 35%；另外该段电缆的 CO 和 CO_2 浓度也较高；但另外两处采样点的 H_2 浓度较低，CH_4 含量较高；结合缓冲层 CH_4、H_2、CO 和 CO_2 的产气机理可以判断，该段电缆缓冲层采样点 1 位置周围处于严重缺陷阶段，其他位置电缆缓冲层处于轻微缺陷阶段。

然后对电缆#2 线路进行分析。对第一段各相电缆，从图 10-3 可以看出，其 B 相电缆三处取样点的 H_2 浓度普遍偏高，最大值达 38%；另外该段电缆的 CO 和 CO_2 浓度也较高，结合缓冲层 H_2、CO 和 CO_2 的产气机理可以判断，该段 B 相电缆缓冲层内部发生了严重缺陷。A 相和 C 相电缆 H_2、CO 和 CO_2 浓度较低，可判断缓冲层处于轻微缺陷阶段。

对第二段各相电缆，从图 10-3 可以看出，其 A 相电缆三处取样点的 H_2 浓度普遍偏高，最大值达 38%；另外该段电缆的 CO 和 CO_2 浓度也普遍较高，结合缓冲层 H_2、CO 和 CO_2 的产气机理可以判断，该段 A 相电缆缓冲层内部发生了严重缺陷。B 相和 C 相电缆的 H_2 浓度平均值达 10%，另外 CO 和 CO_2 浓度也偏高，O_2 浓度下降，由此可判断 B 和 C 相电缆缓冲层处于中级缺陷阶段。

对第三段电缆，只选取了电缆始末两处作为采样点，且由于工期原因 A 相电缆只取了一个样品。从图 10-3 结果可以看出这两处采样点的结果差别比较大，原因是两个位置的采样时间不一致，中间间隔了一个晚上，一端开孔后电缆内部气体会逐渐泄露，因此第三段电缆只有第一处位置的是有效数据。从图 10-3 结果可以看出，第三段的 A、B 和 C 三相电缆中 H_2 浓度在 7%左右，且 CO 和 CO_2 浓度较高，结合缓冲层 H_2、CO 和 CO_2 的产气机理可以判断，这三相电缆缓冲层均处于中级缺陷阶段。

对第四段电缆，由于作业工期影响，只抽取了 B 相和 C 相电缆两处位置的气体。从图 10-3 结果可以看出，该段电缆几乎不含 H_2，从缓冲层缺陷发展机理可以推断该段 B、C 相电缆缓冲层处于正常状态，A 相电缆因为缺乏相关数据而无法判断。

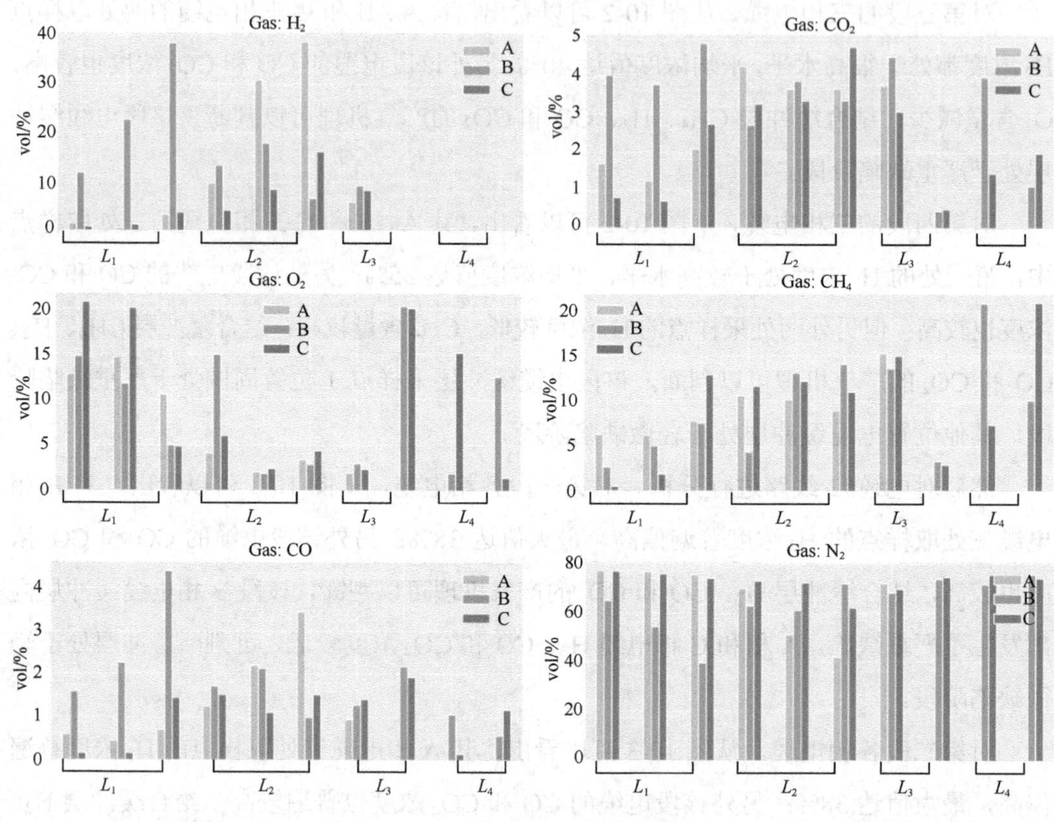

图 10-3　电缆#2 线路特征气体分布图

为分析不同缺陷等级下的各项特征气体分布规律，绘制了不同气体之间的变化关系图，如图 10-4 所示。对角线表示四种缺陷等级下不同特征气体浓度的直方分布图，横轴为气体百分百浓度。

从图 10-4 中可以看出，H_2 与 CO 和 CO_2 浓度有着很强的正相关关系，而与 N_2 浓度有着很强的负相关关系。另外，在 CH_4 含量方面，正常以及轻微缺陷情况下的 CH_4 含量要高于严重和危急缺陷状态下的 CH_4 含量。因为在严重或紧急缺陷情况下，CH_4 可能参与了烧蚀反应，因此含量降低，而正常或轻微缺陷条件下含有较高浓度的 CH_4，是因为这些 CH_4 由电缆长时运行下主绝缘材料 XLPE 交联反应析出，积存在电缆缓冲层这一密闭结构。

在 O_2 含量方面，从图 10-4 统计结果可以看出其差异性比较大，即使在正常缓冲层中 O_2 含量也从 0%～20%不等；因为除了缓冲层烧蚀过程会消耗 O_2 产生 CO、CO_2 等气体，O_2 还会与以 EBA 为基底绝缘外屏蔽材料、交联聚乙烯等材料反应，生成羟基（这也是电缆交联聚乙烯会发黄的原因）。因此，缓冲层发生严重缺陷时可以推断 O_2 浓度；但反过来，O_2 浓度降低不能推断缓冲层一定发生了严重缺陷，因为 XLPE 主绝缘、EBA 的自然老化也会消耗 O_2，进而使有机材料中的羟基（-OH）增加（这也是 XLPE 主绝缘变黄的原因）。

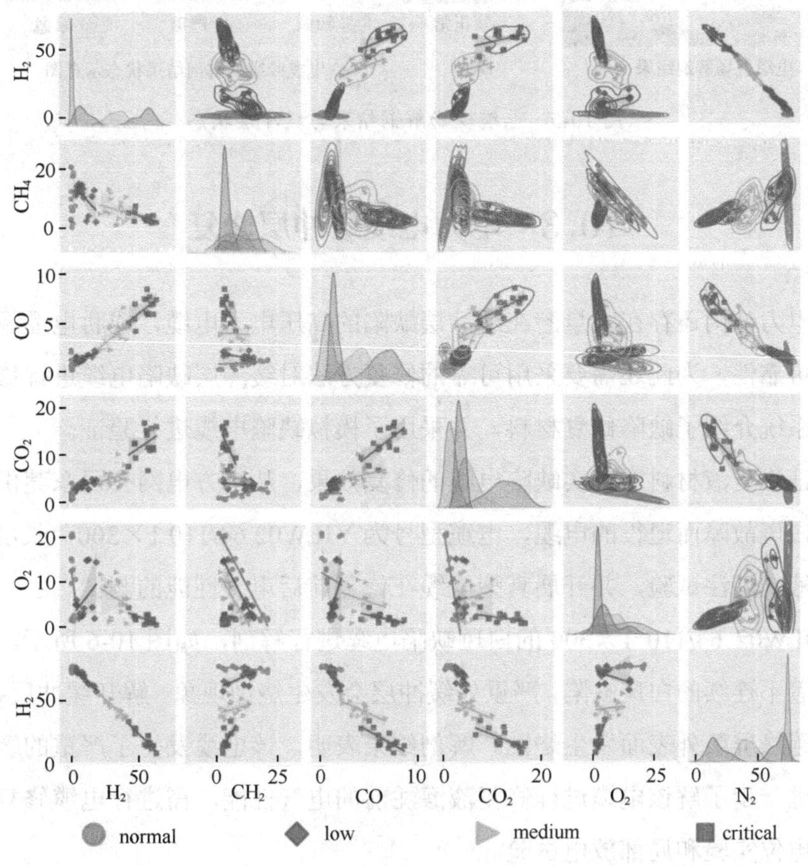

图 10-4　高压电缆缓冲层特征气体统计分布

图 10-5 展示了两回电缆线路在采样点的铝套开窗解剖结果以及对应的电缆状态关系图；对比图 10-2 和图 10-3 气体检测结果可知，气体检测结果中 H_2、CO、CO_2 等气体成分以及含量可作为判断缓冲层状态的重要依据。这些气体成分及含量与现场电缆解剖结果中的白斑及烧蚀缺陷具有一致性，也充分验证了基于缓冲层特征气体对高压电力缓冲层进行状态评估的可行性和有效性。

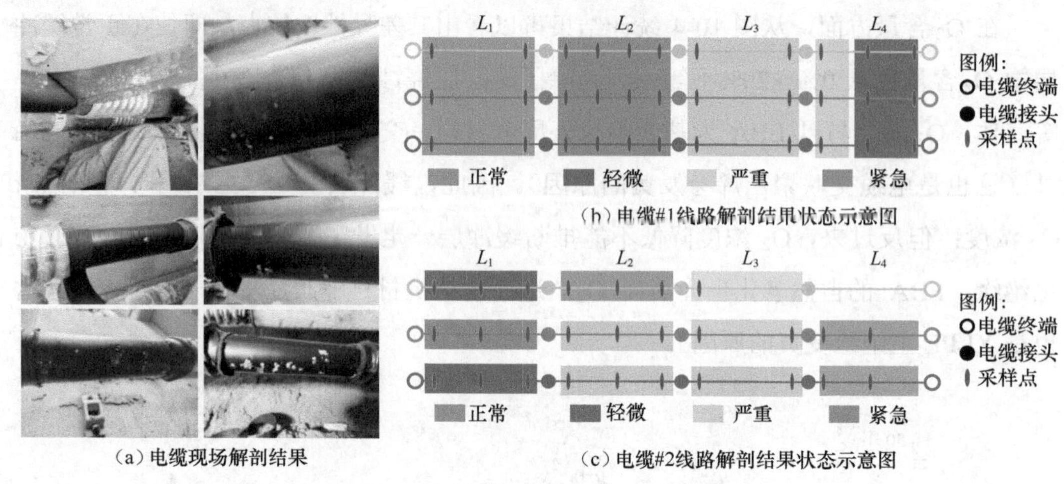

（a）电缆现场解剖结果　（b）电缆#1线路解剖结果状态示意图　（c）电缆#2线路解剖结果状态示意图

图 10-5　电缆现场解剖结果与缓冲层状态

10.3　电力电缆缓冲层修复

目前电力部门还存在大量潜在缓冲层缺陷的高压电力电缆，威胁电缆系统运行的安全性和可靠性，为此还需要采用可靠的修复方法对缓冲层缺陷电缆进行修复。第八章节已经系统介绍了缺陷修复材料，并采用了模拟缺陷电缆进行验证。

为验证修复液材料对真实缺陷电缆的修复效果，从南方电网公司东莞供电局获取了一根因白斑故障而退役的电缆，电缆型号为 YJLW02 64/110 1×300，长度为 17m，用于修复液的灌注试验，并开展真型电缆在修复前后电气性能的测试。

对 YJLW02 64/110 1×300 的白斑缺陷电缆进行解剖，如图 10-6 所示。该电缆缓冲层上附着不连续的白斑缺陷，严重处缓冲层会发生烧蚀现象。解开缓冲层绕包带后，能观察到绝缘屏蔽外表面发生烧蚀。解剖结果表明，该电缆发生了严重的缓冲层烧蚀缺陷，为进一步了解该电缆进行修复液灌注前的电气性能，需进行电缆修复前绝缘屏蔽的悬浮电位实验和局部放电试验。

缺陷电缆悬浮电位测试回路设置如图 10-6 所示，电缆导体一端与串联谐振系统相连，另一端开路。皱纹铝套经铜带缠绕后接地。在近开路端电缆外屏蔽、高压端处电缆外屏蔽、铝套处均设置铜箔引出线。

导体施加电压，从 0 至 90kV 逐步升压，使用万用表测量铝套与近开路端电缆外屏蔽间分压电压 U_1、铝套与高压端处电缆外屏蔽间分压电压 U_2，测量结果如图 10-6 所示。测量结果表明，绝缘屏蔽悬浮电位与导体施加电压成正比关系，但是悬浮电位并不高，在导体施加电压为 90kV 时，绝缘屏蔽悬浮电位最大值为 2.41V。根据 3.1.2 节白斑缺陷高压电缆等效电网络模型可知，电缆白斑缺陷区域越长，越靠近白斑区域中心，绝缘屏蔽的悬浮电位越高；在白斑缺陷区域和正常区域的交接点处，绝缘屏蔽的悬浮电压会急剧下降。因此，绝缘屏蔽悬浮电位的测量与白斑区域的分布和测量点的选取相关。在解剖本实验缺陷电缆时，也能发现该电缆的白斑缺陷并不是连续分布。同时，为了保持实验电缆的完整性，在测量绝缘屏蔽悬浮电位时只能选择电缆两端的点进行测量。这些因素共同导致了试验中绝缘屏蔽悬浮电位测量结果相对较小。

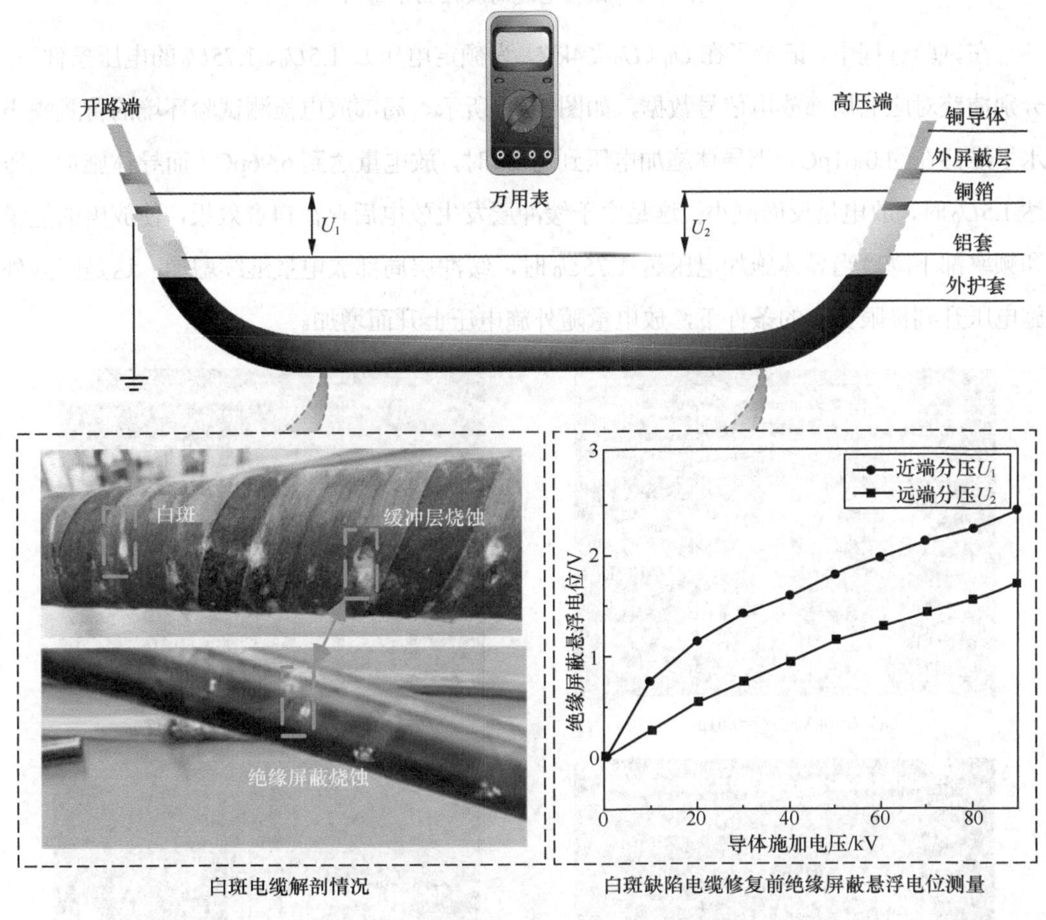

图 10-6 白斑缺陷电缆修复前绝缘屏蔽悬浮电位测量情况

根据国家标准 GB/T 11017.1—2024 关于局部放电试验的规范，对该白斑缺陷电缆进行局部放电检测试验。在信号处理方面，局部放电信号滤波器的中心频率被设定为 205kHz，而其带宽则达到了 350kHz；这样的设置有助于更有效地提取和分析局部放电信号。试验的具体接线与布置方式如图 10-7 所示。

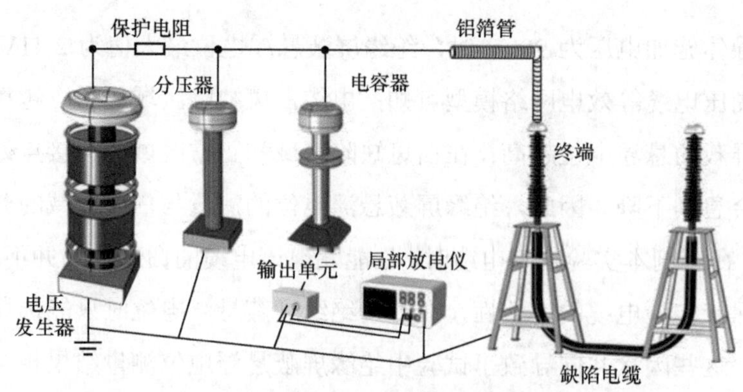

图 10-7 缺陷电缆局放检测示意图

在试验过程中，记录了在 U_0（U_0=64kV，为额定电压）、1.5U_0、1.75U_0 的电压条件下，分别捕获对应的局部放电信号数据，如图 10-8 所示。局部放电检测试验环境的背景噪声水平维持在约 0.61pC。当导体施加电压到达 U_0 时，放电量达到 6.96pC。而导体施加电压达 1.5U_0 时，放电量反而减小；这是由于缓冲层发生放电后存在自愈效果，使放电的能量和频率都下降。当导体施加电压达 1.75U_0 时，缓冲层局部放电量继续增加；这是因为外施电压升到极限自愈的条件下，放电量随外施电压上升而增加。

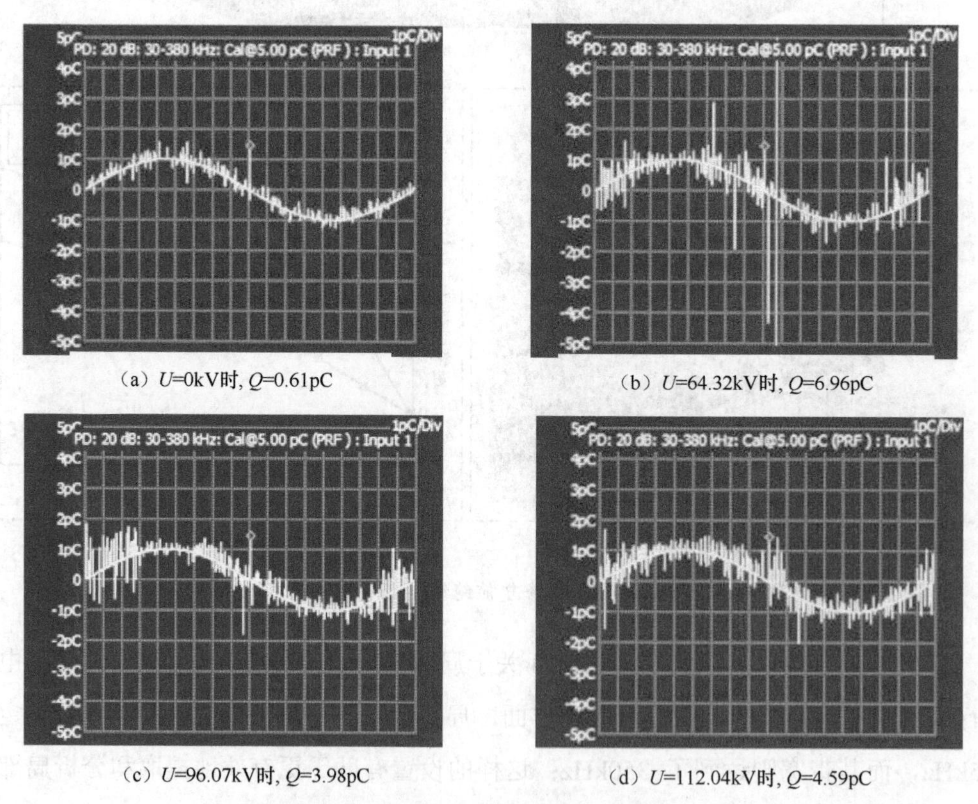

（a）U=0kV时, Q=0.61pC （b）U=64.32kV时, Q=6.96pC

（c）U=96.07kV时, Q=3.98pC （d）U=112.04kV时, Q=4.59pC

图 10-8 修复前缺陷电缆局部放电信号

向缺陷电缆内部灌满修复液，撤下修复液灌注装置，待 1 周修复液完全凝固后，按照图 10-6 测试白斑缺陷电缆修复后绝缘屏蔽悬浮电位，如图 10-9 所示。当注入修复液后，绝缘屏蔽悬浮电位明显降低，远端分压比近端分压降低得更明显，且修复后绝缘屏蔽悬浮电位与导体施加电压呈线性关系。根据电缆等效电网络模型分析，近端分压所包含的单位白斑缺陷节距较少，注入修复液后对近端绝缘屏蔽层的影响有限，因此近端分压降低的幅度较小。在缺陷电缆修复前，绝缘屏蔽至铝套的分压与导体电压呈非线性关系。这是因为白斑绝缘介质形成了一个电容结构，其中绝缘介质的电容值与施加在导体上的电压有关，导致绝缘屏蔽悬浮电位呈波动变化。然而，当注入修复液后，修复液在固化后呈阻性，从而使得绝缘屏蔽悬浮电位的变化与导体电压变化之间呈线性关系。

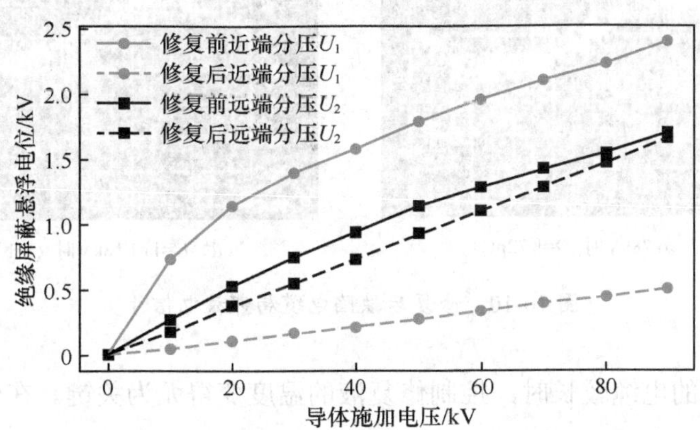

图 10-9 缺陷电缆修复前后绝缘屏蔽悬浮电位变化情况

拆除绝缘屏蔽悬浮电位测量装置后，根据图 10-7 对修复后缺陷电缆进行局部放电测量试验。在试验过程中，同样记录了在 U_0、$1.5U_0$、$1.75U_0$ 的电压条件下对应的局部放电信号数据，如图 10-10 所示。试验结果表明，在注入炭黑质量分数为 1.5% 的导电修复液后，缺陷电缆没有检测到放电信号。对修复后的电缆进行解剖，修复液能够覆盖缓冲层白斑缺陷且基本填满气隙层。根据电缆等效电网络模型可知，注入炭黑质量分数为 1.5%的导电修复液在固化后导电率高于 1×10^{-3}S/m，能旁路掉白斑等效电容，为电缆内部的径向电流提供泄放通路，降低了缓冲层与铝套间的电位差，从而大幅降低了气隙层之间由于电气接触不良导致的放电风险，且修复液能填充铝套内部的腐蚀区域与缓冲层的烧蚀部分，确保电场沿电缆更均匀地分布，从而使电场均匀化。

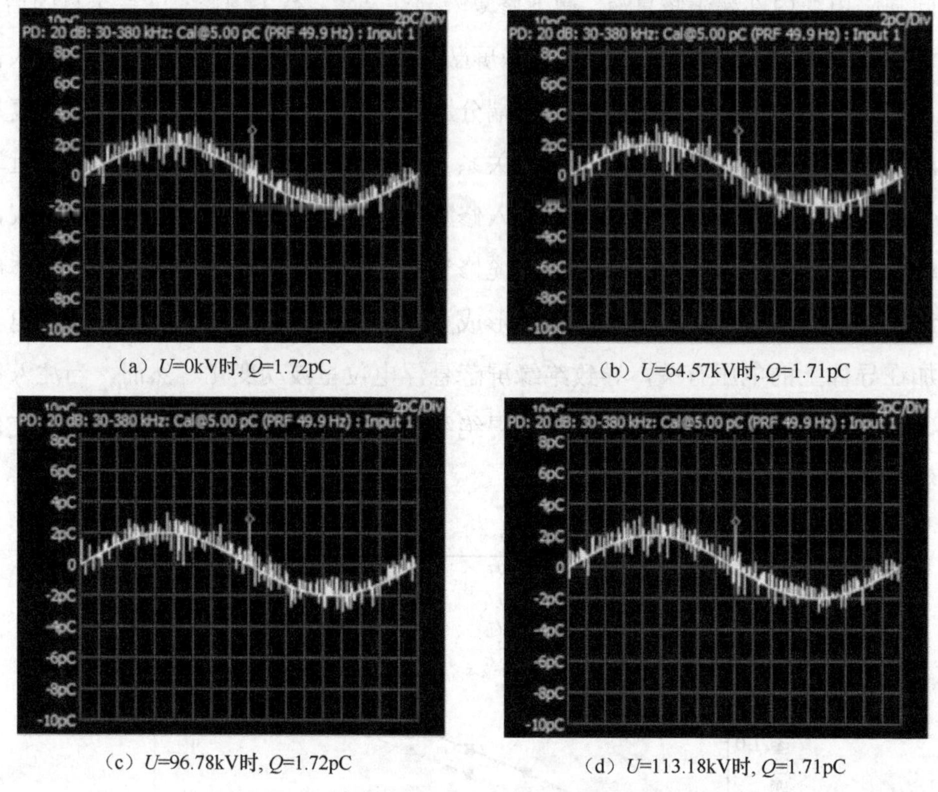

（a）U=0kV时, Q=1.72pC　　（b）U=64.57kV时, Q=1.71pC

（c）U=96.78kV时, Q=1.72pC　　（d）U=113.18kV时, Q=1.71pC

图 10-10　修复后缺陷电缆局部放电信号

当需要修复的电缆较长时，控制修复液的温度变得尤为关键。在较低的温度下，修复液能够保持较低的黏度，从而更顺利地注入电缆中。过高的温度会导致修复液迅速固化，可能在注入过程中就已经开始固化，从而无法完全填满电缆的气隙层和缓冲层，影响修复效果。

因此，在实际操作中，应根据电缆的长度和修复条件，合理选择修复液的温度。对于长电缆的修复，建议采用较低的温度，确保修复液能够顺利注入并均匀分布，同时，也应考虑到修复效率。

10.4　平滑铝套电缆

对于封闭金属套结构的高压电缆，目前主要有平滑铝套和皱纹铝套两种结构形式，平滑铝套结构电缆主要应用于英国、法国等欧洲国家。皱纹铝套电缆主要应用于日本、韩国、中国等亚洲国家。此外，还有“铜丝屏蔽+铝塑复合”的产品结构。近年来，亚洲地区高压电缆发生了多起皱纹铝套结构电缆缓冲层烧蚀引起的故障，引发了行业内对平滑铝套结构高压电缆的重视[12]~[15]。

在知识产权方面，国内相关企业近年来在平滑铝套方面开展了大量布局。2008 年 9 月，天水铁路电缆有限公司提出了铝套电缆的生产工艺发明专利（CN200810111377.9），主要提出了高频感应焊接铝套的生产工艺。虽然使用铝带包覆电缆后变成圆形的工艺与其他铝套生产技术相同，但不是采用氩弧焊，而是利用电流加热的方式。2010 年 7 月，浙江万马电缆股份有限公司提出了新型平滑铝套电缆的实用新型专利申请（CN20102069307.9）。2014 年 12 月，浙江晨光电缆股份有限公司提出了一种挤包平铝套高压电力电缆实用新型专利申请（CN201420786295.2）。2017 年 1 月，金良赞提出了一种平滑铝套高防水铁路电缆的实用新型专利申请（CN201720087390.X）。2017 年 7 月，无锡市曙光电缆有限公司提出了一种平滑铝套超高压电力电缆的发明专利申请（CN201710591773.5）。最近几年，更多的电缆企业开始了平滑铝套结构电缆方面的专利布局，包括青岛汉缆、中天科技、山东鲁能泰山等。

在产品制造方面，目前浙江晨光、浙江万马、青岛汉缆、中天科技、山东鲁能泰山等企业均具备了平滑铝套产品制造能力，且已完成电缆产品的型式试验和成果鉴定。

在产品工程应用方面，国内已开展了一些基本试点应用，主要试点工程信息见表 10-3。

表 10-3　　平滑铝套电缆国内试点应用工程信息汇总

序号	投运时间	电压等级/kV	工程名称	电缆型号	电缆长度/km	制造单位
1	2020 年	110	国网厦门供电公司林青线、锦灌线高铁迁改工程	1×800	3.375	浙江晨光
2	2020 年	110	国网北京市电力公司南槐一二 110kV 电缆线路迁改工程	1×800	1.44	浙江晨光
3	2020 年	110	国网浙江省电力有限公司杭州供电公司 110kV 上沙 1301 线工程项目	1×630	3.33	浙江晨光
4	2021 年	220	国网北京市电力公司北副中心 220kV 线路改造项目	1×2500	1.185	浙江晨光
5	2021 年	110	国网北京市电力公司锅炉厂南路西延定南线电力工程 110kV 线路改造项目	1×800	1.47	浙江晨光
6	2021 年	110	南通 110kV 北区变	ZC-YJLP03+02-Z 64/110KV 1×630	6.09	中天科技

续表

序号	投运时间	电压等级/kV	工程名称	电缆型号	电缆长度/km	制造单位
7	2021 年	220	南通 220kV 兆群-红叶输变电工程	ZC-YJLP03-Z 127/220KV 1×2000	2.2	中天科技
8	2021 年	220	深圳 220kV 水贝至金贸线路工程	ZRA YJLP03 127/220KV 1×1200	3.465	中天科技
9	2021 年	220	深圳 220kV 水贝至金贸线路工程	FY-YJLP03 127/220KV 1×1200	0.235	中天科技
10	2022 年	110	国网嘉兴电力浙江嘉兴美国空气化学 110kV 电缆改造工程	1×630	11.48	浙江晨光

平滑套结构高压电缆的主要优势及特点如下：

（1）一定程度上解决皱纹铝套高压电缆结构半导电缓冲层的“烧蚀”问题。平滑铝套结构由于没有起伏的皱纹结构，可以保证金属套与半导电缓冲层与绝缘屏蔽间的均匀连接，解决了由于现有结构（皱纹铝套）带来的气隙及接触不良所引发的半导电阻水带烧蚀问题。

（2）综合成本相对低，经济效益高。由于减少了皱纹结构，平滑铝套有效减小了电缆的外径，由此带来一定的降本优势。

平滑套高压电缆的主要缺点及不足如下：

（1）平滑铝套没有皱纹，更易制造，但相比皱纹铝套需要更大的弯曲作用力，而且这种电缆一旦弯曲到位，很难再改变其位置。

（2）平滑铝套敷设安装时一般需要更大的弯曲半径、更大的运输盘具和更大的检修空间，间接增加了运输和安装成本。

（3）弯曲机械性能：IEEE Std 635—2004 标准中规定，对于外径小于 19mm、19～38mm 以及大于 38mm 的平滑铝套电缆，其弯曲半径不能小于电缆护套外径的 10、12 及 15 倍；而对于皱纹铝套电缆，弯曲半径最小值规定为电缆护套外径的 7 倍。两种铝套结构在弯曲性能上的差异显而易见。

（4）由于平滑铝套与缓冲层基本没有间隙，因此在与电缆附件金属外壳连接时，若直接如皱纹铝套电缆一样进行封铅连接，则会更可能烫伤电缆绝缘屏蔽层，因此需采用特殊的工装及安装工艺，施工安装更加复杂。

总体而言，由于平滑铝套结构可以保证金属套与半导电缓冲层与绝缘屏蔽之间的紧密电气接触和均匀连接，可解决由于现有常规结构（皱纹铝套）带来的气隙及接触不良所引发的半导电阻水层烧蚀问题，因而具有良好的应用前景。

10.5 小　　结

本章主要介绍皱纹铝套电力电缆缓冲层缺陷研究成果的应用案例。首先介绍了电力电缆缓冲层材料、结构及工艺管控方面取得的应用成果；其次介绍了基于特征气体检测在电力电缆缓冲层运行与维护方面的实际应用案例；再次提供了半导电修复液材料在真型缓冲层缺陷电缆的修复工艺及修复效果评估；最后说明平滑铝套高压电力电缆的应用现状。

本章参考文献

[1] 上海电缆研究所. 额定电压 110kV（U_m=126kV）交联聚乙烯绝缘电力电缆及其附件 第 2 部分：电缆[S]. 2024.

[2] 全国电线电缆标准化技术委员会. 电缆和光缆用阻水带[S]. 2014.

[3] 张静，王伟，徐明忠，等. 高压电缆缓冲层轴向沿面烧蚀故障机理分析[J]. 电力工程技术，2020, 39(3): 180-184.

[4] 赵琦，周凯，孔佳民，等. 高压 XLPE 电缆阻水缓冲层烧蚀机理研究现状[J]. 绝缘材料，2022, 55(4): 20-28.

[5] 邱玮，章宇聪，谢亿，等. 高压 XLPE 电缆缓冲层缺陷研究现状综述[J]. 绝缘材料，2024, 57(4): 13-21.

[6] 孟峥峥，李旭，于洋，等. 高压 XLPE 电缆缓冲层故障研究现状综述[J]. 中国电力，2021, 54(4): 33-41,55.

[7] 上海电缆研究所. 额定电压 110kV 及以上电力电缆缓冲层用半导电包带: T/CEEIA 610—2022[S]. 北京: 中国电器工业协会，2022.

[8] 姚林志. 高压电缆缓冲层烧蚀故障与对策分析[J]. 集成电路应用，2023, 40(3): 106-107.

[9] 徐晓峰. 高压电缆缓冲阻水层劣化机理及评价技术研究[J]. 电线电缆，2023(6): 26-29, 33.

[10] 黄宇，吴长顺，孙利. 高压电缆用缓冲层材料体积电阻率测试方法研究[J]. 电气技术，2020, 21(10): 123-126, 132.

[11] Zhou W, Li L, Cheng H, et al. Gas production analysis for the buffer layer of high-voltage

cross-linked polyethylene cables[J]. High Voltage, 2024, n/a(n/a).

[12] 刘英，陈嘉威，赵明伟，等. 高压 XLPE 电缆平滑铝复合护套的弯曲特性及结构设计[J]. 电工技术学报，2021, 36(23): 5036-5045.

[13] 焦宏所，龙海泳，王爽，等. 平滑铝套高压电缆的性能研究[J]. 电线电缆，2021(2): 19-23.

[14] 张斌山，田君杰，张建旭. XLPE 高压电缆半导电缓冲层烧蚀机理分析及平滑铝套电缆试运行建议[J]. 青海电力，2023, 42(2): 37-41,46.

[15] 金金元，蓝少龙，陈朝晖，等. 复合平滑铝套高压电缆热熔胶涂覆装置的设计[J]. 光纤与电缆及其应用技术，2021(5): 26-28,43.